화포의 이해

이영욱 저

도서출판
진영사

화포의 이해

이영욱 저

2024년 05월 30일 초판 인쇄

2024년 06월 03일 초판 발행

발행인: 박진영

발행처: 도서출판 진영사

인천광역시 부평구 주부토로 236 인천테크노밸리 U1 지식산업센터 B동 1507호

전화 : 032)505-4207

팩스 : 032)505-4206

E-mail : 0183734207@hanmail.net

신고번호 : 제2007-000001호(2007.01.19.)

ISBN: 978-89-6541-662-3 93390

값: 18,000원

머 리 말

무기(武器)는 그 시대에 필요한 형태로 인류가 시작되면서 존재하기 시작하였고, 또 인류가 존재하는 동안에는 계속적인 발전과 그 필요성이 계속 요구되고 국방과학의 발전과 더불어 새로운 첨단무기들의 지속적인 개발과 생산이 이루어질 것으로 본다.

이러한 무기체계의 발전 속에서 대량살상과 화력지원의 기본이 되는 것은 화포는 점차 고도화와 자동화, 자주화로 이어질 것으로 예상된다.

본 책은 대학의 군사관련학과에서 학문과 실전의 연구에 필요한 학생과 연구인력을 위해 화포에 대하여 구조, 기능 및 작동원리, 정비 등에 필요한 전문적인 내용을 필수적으로 구성하였다.

기간산업의 고도화에 따라 국방장비도 정밀화, 첨단화 되어가고 있으며, 이에 운용하고 정비하는 전문 기술인력이 요구되고 있다.

따라서 이 교재는 학생 및 이에 관련하여 취급하는 모든 분들에게 이론 및 실습교육의 지침서로 많은 도움이 되기를 바라는 마음으로 아래와 같이 저술하였다.

첫째, 화포에 대한 기초적인 영역을 개론으로 서술하였다.

둘째, 화포에 대해 전반적으로 어떻게 작동되는지를 이해하고 정비절차 및 고장배제를 위한 내용에 대해 서술하였다.

셋째, 부록에는 장비정비에 필요한 공구, 부수기재, 일반 및 특수공구와 무기체계 전반에 사용되는 용어들을 정리하여 이 분야를 관심있게 연구하는 분들에게 이해를 돕고자 하였다.

저자는 이 책을 통하여 총포분야를 이해하는데 조금이라도 참고가 되었으면 하는 바램이다. 끝으로 이 책의 출간을 위해 세밀한 부분까지 검토에 검토를 거듭해 주시고 격려와 위로를 더해주신 모든 분들께 그 동안의 노력과 수고에 진심으로 감사를 드립니다.

2024년 3월

저 자

차 례

제1장 개 론

제1장 개 론

제1절 개 요

분류 · 구분하는 것은 상이점과 상사점을 변별함으로써 대상을 파악하고 이해하기 위함이다. 1999년 연평해전이 벌어졌을 때 국방 관계자 한 사람은 해군의 대응사격을 묘사하면서 '76㎜ 기관포'라고 했을 때 많은 사람들이 당혹해 한적이 있다.

기관포를 쏘는 경우와 함포를 쏘는 경우가 지니는 법적 · 현실적 의미의 차이는 차치하고라도, 분당 85발을 발사하는 것이 어찌 대포이겠는가 하는 소박한 질문이었다면 다행이겠으나 세계 최고의 함포제조를 자부하는 이탈리아의 오토 메라라사(社)가 들었다면 매우 섭섭해 했을 것이다.

총과 포의 생성 연원은 비슷하고 사격 · 발사의 원리도 큰 차이가 없다. 주물(鑄物) 능력이 정교하지 못하던 시절 간단한 장치와 구조로 탄을 먼 거리까지 쏠 수 있도록 한 것이 포의 기원이고, 추진체의 연소상태를 조정 · 통제하게 되면서부터 작고 가볍게 사용하기 쉽도록 만들기 시작한 것이 총이라고 보면 용도에 따라 선택하기에 달렸지 근원이 다른 것은 아님을 이해할 수 있을 것이다.

총과 포를 변별할 때는 보통 다음과 같은 세 가지 기준을 적용한다.[1)]

첫째 2차 세계대전 이전에 일본에서는 구경의 크기가 12.7mm 이상을 포라고 하며 12.7mm 미만을 총이라 하였다. 당시 미국에서는 구경 20mm 이상을, 소련에서는 22mm 이상을 포(Cannon)라고 하였으며, 그 미만을 총 또는 소화기(Small Arms or fire arms)라 하였다.

총과 포의 구분은 특정시대의 사고방식에 의해 변해 왔는데 제2차 세계 대전 후에는 구경이 0.6″ 이상인 화기로 고저 및 방향이동이 가능하며 고정 및 이동형 포가에 거치된 형

1) 최윤대, 문장열, "군사과학기술", 1996
권재상, 세계의 첨단 무기, 총포편, 2002

태의 화기를 화포로 분류한다.

둘째 사출탄 즉 탄두가 표적에서 파열(폭발)하도록 된 것은 포, 그렇지 않으면 총으로 분류한다.

셋째 관측자와 사격자가 한사람이면 총, 두 사람 이상이면 포로 분류한다.

이상의 세 가지 조건을 충족하면 이론(異論)이 없겠지만 그것을 모두 충족치 못하고 한두 가지만 충족하거나 기준의 경계선상에 있는 경우가 문제다. 예를 들면, 90㎜나 106㎜ RR의 경우 '무반동총'이라 한다. 구경이나 탄두의 파열성 여부를 보면 포와는 달리 사격자가 인지되는 표적을 직접 사격토록 돼 있어 반동이 없는 총이라 명명됐다.

총과 포를 변별하는 기준은 위의 세 가지 조건 중 가까운 어느 쪽을 설계자나 채택하는 권위자가 그 사용 목적을 고려해 분류한다.

좀더 설명하자면 총은 손바닥 안에서 쏠 수 있는 권총과 양손으로 잡고 쏠 수 있는 장총으로 구분한다. 장총을 소총이라 부르는 것은 대포에 상대되는 작은 화기라는 뜻이고 보총이란 보병용 소총, 기총은 기병들이 마상에서 쉽게 다룰 수 있도록 짧고 자동화한 소총, 카빈을 일컫는 말이다.

혼란스러운 것이 기관단총과 자동소총일 것이다. 우선 기관단총은 기관총을 간단하게 축소해서 발사체를 물체에 거치하지 않고 양손파지(把指)로 사격할 수 있게 한 연발총이다.

한편 자동소총은 그야말로 소총을 연속 사격이 가능토록 향상시킨 것이다. 기관단총에 비해 긴 총신을 이용, 비교적 먼 거리의 표적을 조준해서 쏠 수 있고, 2~3발의 점사(點射)에서 완전 자동 상태의 연속사격까지 선택해 쏠 수 있도록 해 기관단총의 고 발사율과 소총의 조준사격 능력을 결합한 획기적으로 진보된 보병의 기본화기이다.

포의 경우 사격 방법의 차이, 즉 탄도의 높낮이에 따라 평사 · 곡사 · 박격포로 나뉜다. 표적의 상대적 위치 · 형상 · 성질에 따라 요구되는 착탄의 각도가 달라지기 때문에 선택적인 사격이 필요하다.

직사포는 저(底)탄도를 이용한다. 즉, 포구 속도가 초당 650m 이상이고 포신의 길이가 구경의 75배 이상으로 비교적 장거리의 표적을 정밀하게 사격할 수 있다. 곡사포는 포신의 길이가 구경의 22~30배 정도이고 비교적 낮은 포구 속도(400~600㎧)로 고(高)탄도를 이용한다.

직 · 곡사포는 직사포와 곡사포의 특성을 혼합한 것이다. 포신 대 구경의 비율을 37정도로 해 초속 700m가 넘는 빠른 포구 속도를 갖도록 하고 포신각을 폭넓게 조절할 수 있도록 했다. 이러한 종류의 포는 대전차탄이나 대전차유도탄 · 대공유도탄 등을 포신으로 발사할 수 있게 한 것이 특징으로 자주현가장치(自主懸架裝置)에 탑재하면 위력적인 자주포가 된다.

박격포는 가볍게 만든 곡사포라고 할 수 있다. 같은 구경이면 곡사포의 1/9~1/10 정도의 무게이고 발사각도는 매우 높아 45°~85°로 사격한다. 포신 길이 대 구경비는 20정도로 아주 짧다.

아주 특이한 형태로 직사포나 곡사포·박격포의 혼합형이 개발되고 있다. 이는 곡사포의 아주 낮은 탄도(flat trajectory : 평사탄도)에서부터 박격포의 임무까지 선택적으로 수행할 수 있고, 포미(砲尾)장전 방식을 택해 사격 속도를 크게 개선할 수 있게 되었다.

통상의 포를 구경(직경)별로 구분하면 76㎜ 이하 구경의 포를 경포(light class), 76~133㎜ 직사포와 76~155㎜의 곡사포를 중(中)포(medium class), 130㎜이의 직사포나 155㎜ 이상의 곡사포 및 로켓 발사 장치를 중(重)포(heavy class)라 한다. 이는 구소련식 편제를 기준으로 설명한 것이나 서방측도 크게 다르지 않다.

조금 특수한 예로 대공화기의 구분 방법에 약간 차이가 있다. 이 경우에는 70㎜까지를 경대공포(medium class), 100㎜ 이상을 중대공포(heavy class)라 한다.

제2절 화포의 등장 및 발전추세

1. 투석기 시대

투석기는 주로 돌을 발사하는데 사용되었지만, 종종 금속 또는 화살처럼 더 강한 탄약을 사용하기도 했습니다. 이러한 무기는 보병과 기갑차량에 대한 공격에 사용되었으며, 때로는 성벽을 뚫고 공격하는 데에도 사용되었습니다.

그림 1-1. 투석기

2. 활강포 등장

중국의 후한시대 초석과 유황 가루로 만든 화약이 터키인과 아라비안인에 의해 13세기에 유럽으로 전해졌으며 활강포가 처음 전투에 사용된 것은 100년 전쟁 3년째인 1346년 8월 구레시 전쟁[2])이었다.

여기에서 영국이 불란서에 승리를 하였지만 이 화포는 큰 활약을 못했다. 이때(14세기)의 화포는 구형(毬形)탄을 포구에 장전하는 전장포(前裝砲)였으며 재질이 동(Cu)이어서 산화하기 쉬운 단점이 있었다.

또한 이 당시 포는 크면 클수록 좋다고 하여 1453년 정복자 모하메드 Ⅱ세가 동로마제국의 콘스탄티노플[3]) 공격시 70문의 중포(重砲)를 사용하였는데, 이 포의 중량은 19톤,

2) 프랑스 왕위계승권 문제로 촉발된 영국과 프랑스 간의 전쟁으로 실제, 1337년부터 1453년까지의 약 116년간 지속, 잔 다르크도 이 당시에 나타난 국민영웅이며, 프랑스는 이 전쟁을 통해서 중앙집권으로 가는 틀을 마련함
3) 앨런 파머 「오스만 제국은 왜 몰락했는가」(원 제 The Decline and Fall of the Ottoman

직경이 62.5㎝였으며 800㎏의 돌로 만든 탄두를 16㎞이 상이나 날릴 수 있었다고 기록되어 있다. 그러나 한 번 사격하면 포의 위치나 방향이 바뀌어 1일 7발정도 사격이 고작이었다. 이 포의 사격으로 콘스탄티노플의 함락과 함께 동로마제국은 멸망하였다.

13세기부터 유럽인들은 철을 녹여서 주조하는 기술을 깨우쳐 1400년 경에는 철을 주조하여 포를 제작하는 기술이 전 유럽에 확대되어 동포(銅咆)보다는 형태는 작으나 큰 파괴력 및 탄두의 속도가 빠른 철포(鐵砲)를 만들 수 있었다.

그림 1-2. 서양의 활강포

15세기 말부터는 활강포의 개발이 활발히 이루어져 불란서의 샬루 8세는 포를 차륜 위에 설치하여 우마차에 연결하여 사용함으로써 화포의 사용가치를 배로 증가시켰으며, 후에 이것을 개선하여 말로 견인토록 하였다. 화포 후부에는 목봉을 집어넣어 포신의 고저각을 조정함으로써 사거리 조정이 가능하였다. 또한 이때는 야포로서 갈베링 포가 사용되었는데 이 포는 구경이 7.5~10㎝로 경포지만 포신의 길이는 구경의 15~44배로서 장거리까지 탄두를 비행시킬 수 있는 것이었다.

특이한 것은 15세기 말 독일인에 의하여 절구통과 같이 생긴 박격포가 발명되어 구형(毬形)의 금속탄을 발사했는데, 탄두는 높은 곡선을 그리며 단거리밖에 날아갈 수 없었으나 성벽 위 두상에 낙하하여, 탄두 또는 작열탄(내부에 폭약을 넣은 공처럼 생긴 것)을 사용하여 살상 효력을 크게 한 신무기였다. 16세기에는 많은 Cannon포가 등장하였는데 이것은 포신을 길게 하여 직사에 의해 원거리까지 발사할 수 있는 화포였다.

Empire. 1992)

이 당시 불란서의 야포는 보병의 마스케트 총보다 발사속도가 2배가 빨라 보병 출신의 나폴레옹은 19세기 초 구경이 6″와 12″인 포로 보병화력의 열세를 극복하였다.

그림 1-3. 조선시대 활강포

3. 강선포 등장

포미장전식 포의 출현은 실제로 15세기에 탄두를 포미에 장전하는 포가 출현하여 전장포와 혼용하였으나, 포미의 개구부를 큰 마개로 가스가 외부로 새지않도록 막아 사용하였다.

포미의 후부를 약간의 틈도 없이 결합한다는 것은 어려워 가스가 새기 때문에 발사압력이 저하되어 원거리까지 비행하지 못할 뿐만 아니라 자주 근탄이 생겨 폭발사고가 발생하여 도태상태에 있다가 후미가 잘 폐쇄되어 가스압력을 새지 않게 할 수 있는 장치가 개발되어 다시 사용되게 되었다.

강선포[4]의 출현은 1845년 이탈리아에서 처음 출현하였으며 1850년 이후 과도기를 넘어 발달하였는데 탄두에 회전력을 부여하므로 장거리까지 비행시킬 수 있으며 명중하였을 때 파괴력도 증가되었다. 강선포의 등장과 더불어 주퇴복좌장치(駐退複座裝置)의 발명은 포병에게 있어 혁신적인 것이었다. 왜냐하면 이로 인해 사격 후 포의 위치가 변하지

4) 강선포는 탄체의 강외 탄도 안정을 위하여 탄체를 회전시키면서 가속시키고 이를 위해 강내 표면에는 강선이 있어 탄체를 가속시킴과 동시에 회전시킨다.

않게 됨으로써 적을 보지 않고도 관측소의 보고에 따라 간접적으로 조준하여 제 2발의 탄착점을 수정하여 수 발 째에는 목표를 명중시킬 수 있게 되었을 뿐 아니라 사격속도도 현저히 증가시킬 수 있기 때문이었다. 이리하여 화약이 발명된 지 800여 년 만에 처음으로 오늘날과 같은 야포의 기능을 발휘할 수 있게 되었다.

후장(後裝)포의 약점이었던 포미 폐쇄 문제가 19세기말 2개의 방식으로 해결되었는데 나사식으로서 포미의 간격을 없애는 막음나사식 폐쇄기와 관을 옆으로 Slide시켜 개구부를 닫는 수평쇄전식 폐쇄기가 그것이었다.

후장포의 개선과 강선포의 출현으로 화포는 급속도로 발달되어 영국의 암스트롱사와 독일의 그룹사는 1880년경 속사포를 개발하여 종래에는 1발 발사시 30초 이상 소요되던 것이 1분에 숙달된 사수에 의해 12발을 사격할 수 있었다. 그러나 이 당시의 두통거리는 무엇보다도 발사시의 반동이었는데, 1897년 2명의 프랑스 장교가 75밀리 야포의 유기압 주퇴장치를 설치하여 반동을 없애므로서 이와 같은 화포의 가장 큰 문제점을 해결하였다.

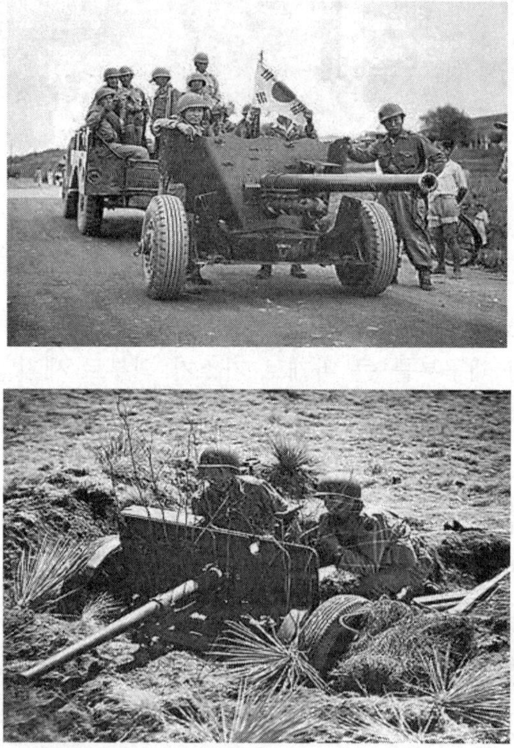

그림1-4. 한국전쟁 당시의 강선포

4. 21C 화포의 발전추세

곡사포 분야의 기술발전 추세는 표적획득 수단의 발달, 생존성 향상, 탄약 운반차량의 개발 및 무장장치 등으로 요약할 수 있다. 표적획득 수단의 발달은 GPS 수신기, 무인항공기 및 탐지레이더를 통하여 이루어지며 이를 통해 실시간 전장관리가 가시화될 것으로 예상된다. 또한 생존성 향상을 위해서는 스텔스기능, 양압시스템 등이 적용되고 있으며, 자주포에 자동적으로 탄약을 공급하는 탄약운반차가 개발되고, 자동장전이 가능한 모듈형 장약체계 등의 무장장치가 발전할 것으로 예상된다.

각국의 곡사포 특징[5]을 정리하면 다음과 같다.

첫째, 최근 미국은 신형XM777 경량 곡사포를 시험중인 것으로 알려졌다. 개발중인 XM777은 미군에서 현재 사용중인 16,000 파운드의 M198 155㎜ 견인포를 대체하기 위한 것으로 미국 육군의 Yuma Proving Ground에서 진행된 2가지의 시험을 성공적으로 완료하였다. 2000년에 시작된 이 시험은 인간공학적인 면에서의 유효성과 사표시험을 위한 것이었다. 인간공학적 요소에서 승무원 임무모델의 유효성을 평가하고, 현재의 형상이 견인포를 설치하고 회수하는데 소요되는 시간에 대한 요구조건을 만족시킬 수 있는가를 시험평가하기 위한 것이었다. 사표시험은 XM777에 의해 역시 성공을 거두었는데, XM777과 근본적으로 일치하는 현용 M198 곡사포와 나란히 비교하면서 다양한 탄과 장약을 조합해서 실시되었다.

둘째, 미군 육군에서는 최근 프랑스 업체가 제안한 155㎜ 트럭 탑재형 곡사포를 운용할 것인가에 대해 검토중인 것으로 알려졌다. Caesar라고 불리는 이 체계는 대대급 부대에서 신속한 화력지원용으로 배치하여 견인곡사포와 충돌없이 운용하기 위해 설계된 장비이다. Caesar의 기본 역할은 경장갑차량과 보조를 맞추도록 약 65mph의 신속한 기동력을 갖추어, 사격 후 이동이 가능한 곡사화력을 제공하는 것이다. 사격 위치를 정한 후 6발을 사격하고 이동하는데 소요되는 시간이 3분 이내이다. Caesar는 내장형 항법장치, 탄도컴퓨터 및 포구속도 측정용 레이더 등을 갖추어 자율적인 운용이 가능하고, 탑재된 155㎜ 52구경장 무장은 지속 및 급속사격능력을 갖추고 있다. 52구경장은 NATO 표준 모델이나 Caesar는 39구경장이다. 그리고 자동유압식 조준장치와 장전기구를 갖춘 반자동장전체계이다. 개발사에 따르면, 8문의 Caesar 자주포로 구성된 한 개 대대는 1분 이내에 1톤 이상의 탄, 1,500발의 소형 폭탄 및 48발의 스마트 대전차탄을 24마일 사거리

5) 최석철, 무기체계@현대 · 미래전, 2003

에 있는 표적에 쏟아 부을 수 있다. 연료를 재보급하지 않고 360마일을 주행할 수 있다. 전체 체계의 중량은 18톤이며, 승무원과 탄약을 적재하지 않고 C-130 Hercules 수송기로 공수가능하다.

셋째, 남아공화국은 G6 자주포의 사거리를 연장하는 연구를 진행중이다. 남아공화국의 Denel사는 155㎜ 45구경장 G6 6x6 자주포로 53.6㎞의 사거리를 정확히 사격하였다고 발표하였다. 45구경장 G6 곡사포는 원래 포탑과 체계종합을 담당한 Denel사의 LIW Division과 차체를 책임지고 있는 Vickers OMC의 지휘 하에 남아공 육군의 운용요구에 맞추어 개발된 것이다. 53.6㎞의 사거리를 얻는데 Base Bleed와 로켓 모터 기술을 결합한 신형 V-LAP(Velocity enhanced Long range Artillery Projectile)과 신형 M64 Bi-Modular 장약을 이용한 것이다. 이 신형 장약은 910㎧의 최대 포구속도를 가지고 있다.

제3절 화포의 구조 및 원리

화포의 기본구조는 포신결합체, 주퇴장치, 포가결합체로 구성되어 있다.

1. 포신결합체

포신결합체는 포열, 폐쇄기, 격발장치, 제퇴기 등으로 구성되어 있다.

포열은 탄피나 장약을 수용하는 약실과 강선이 있는 주포강으로 구분되어 탄두를 장전하여 발사되는데, 포신과 구별하여 사용하는 것이 보통이다. 왜냐하면 포열과 포신에 각각의 일련번호를 부여하여 수명관리를 해야 하기 때문이다.

폐쇄기는 약실 내에서 발생한 강력한 가스압력이 후방으로 누출되는 것을 방지해 주는 것으로 105밀리 곡사포에 사용하는 slide 형태의 수평쇄전식 폐쇄기(그림1-5)와 155밀리 곡사포에 사용하는 계단막음나사식 폐쇄기(그림1-6)가 있다. 두 가지 형태의 가장 큰 차이는 약실가스압력과 더불어 사용하는 탄의 형태에 있는데 105밀리 곡사포는 반고정식 탄을, 155밀리 곡사포는 분리장전식탄을 사용하는 것에 있다.

그림 1-5. 수평쇄전식 폐쇄기

그림 1-6. 계단막음나사식 폐쇄기

폐쇄기는 공이가 뇌관을 쳐주는 격발장치를 수용하고 있는데 폐쇄기의 후미 중앙부에 결합되어 있다.

격발장치는 수평쇄전식 폐쇄기에 사용되는 인락식 격발장치와 계단막음 나사식 폐쇄기에 사용하는 격철식 격발장치가 있다.

인락식 격발장치는 공이 뒤에 공이용수철이 있는 M13 공이틀 뭉치(그림1-7)가 있으며 105밀리 곡사포에 사용된다.

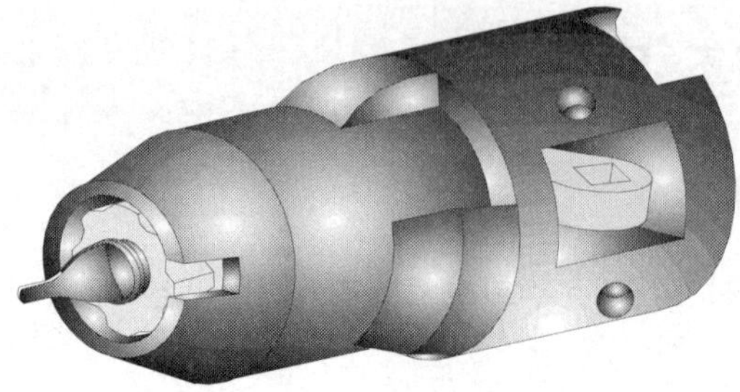

그림 1-7. M13공이틀 뭉치

격철[6]식 격발장치는 공이 앞에 공이용수철이 있는 형태로 KH179에 사용되는 M35 공이틀 뭉치(그림1-8)와 M114A1, 8" 견인 곡사포에 사용되는 M1 공이틀 뭉치(그림1-9)가 있다.

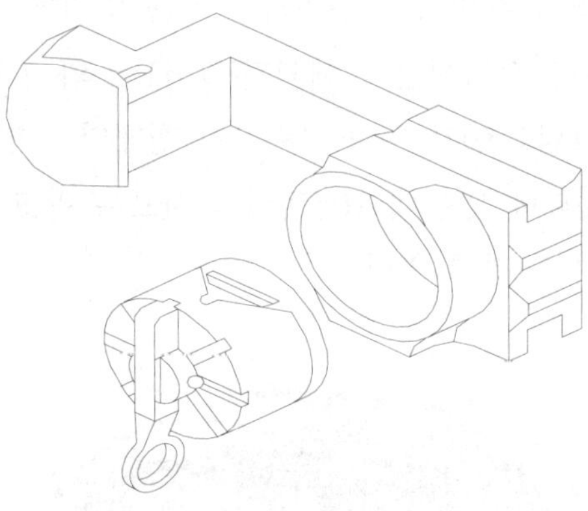

그림 1-8. M35공이틀 뭉치

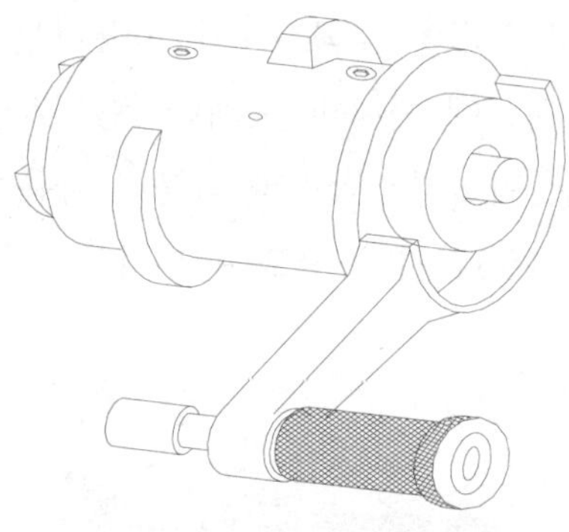

그림 1-9. M1공이틀 뭉치

제퇴기(그림1-10,11)는 사격시 발생하는 반동 즉, 주퇴력을 감소시키기 위해 포신의 끝 부분에 설치 된 장치로 탄두가 포구를 떠날 때 탄두를 밀어주던 가스가 제퇴기의 조절판에 부딪치면서 포신의 주퇴력을 약 35% 정도 감소시켜준다.

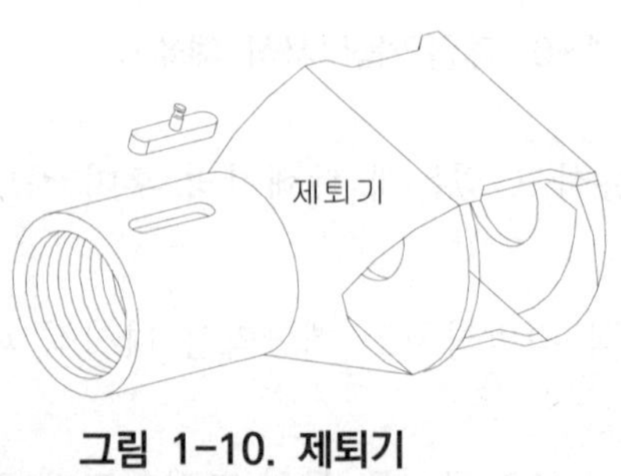

그림 1-10. 제퇴기

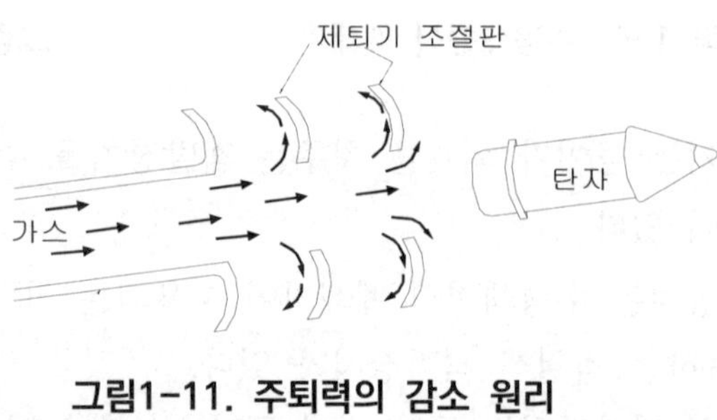

그림1-11. 주퇴력의 감소 원리

---

6) 세계의 총기백과, 총 이야기 중 해머 또는 공이치기

2. 주퇴장치

추진제의 연소에 의해 발생되는 가스압력은 탄저에 힘을 가하여 탄두를 가속시켜 포구로 추진시킨다. 탄두가 추진되는 동안 탄두에 미치는 힘과 같은 크기의 힘이 포에 작용하여 이 힘으로 인하여 포는 포구의 반대방향으로 움직이게 된다. 이와 같이 포구의 반대방향으로 움직이는 것을 주퇴(recoil)라고 부르며 주퇴운동을 하는 포의 모든 부분을 통틀어 주퇴부(recoiling mass)라고 부른다.

17세기의 포에는 주퇴부가 없었고 포신이 받는 모든 힘을 직접 포가에 전달하도록 하였으나 오늘날에는 주퇴부와 포가사이에 에너지 흡수 및 소산 장치를 두어 포가가 받는 힘을 감소시켜 준다. 그러나 계속 사격을 하기위하여서는 주퇴부가 다시 원위치로 복귀하여야 하므로 주퇴부에 작용하는 에너지의 일부를 저장하였다가 포를 복귀(counterrecoil)시키는데 사용된다. 이러한 모든 장치를 통틀어 주퇴장치(recoil system)라고 부른다. 그림1-12에는 주퇴장치가 있는 포를 보여주고 있다.

주퇴장치는 1888년 독일인 Haussner에 의하여 처음 발명되었고, 1897년 불란서의 "French75" 포에 최초로 운용되었다. 주퇴장치를 이용함으로써 사격을 신속하게 할 수 있었을 뿐만 아니라 명중도도 상당히 높아지게 되었다. 따라서 제1차 세계대전 말에는 각국의 모든 포에 주퇴장치를 채택하게 되었고 현재는 포병포 뿐만 아니라 항공기용 기관포, 전차포 및 자주포 등에도 이용되고 있다.

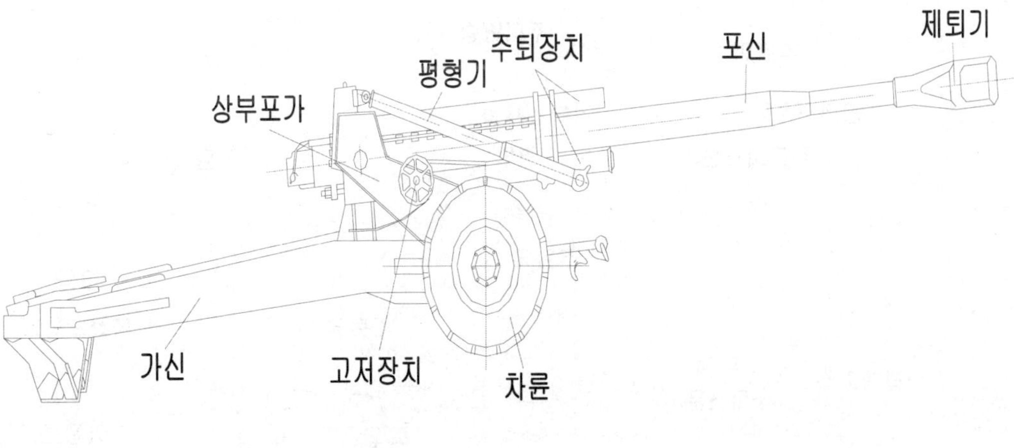

그림 1-12. 주퇴장치가 있는 화포

주퇴장치는 사격간 포와 포가에 미치는 힘을 조절하거나 제한하여, 사격을 원활하게 할 수 있도록 하는 주퇴기계의 결합체를 말한다. 주퇴기계는 주퇴에너지를 흡수 또는 소산하거나 저장하여 포를 사격위치로 복귀시키는 역할을 하는데 기능상 3개의 중요한 부분으로 구성된다. 첫째 포의 주퇴부가 일정한 거리 내에서 정지되도록 제동 역할을 하는 주퇴기, 둘째 포신 및 기타 주퇴부를 원위치로 복귀시켜 주며, 다음 사격시까지 포신이 그 위치에 있도록 해 주는 복좌기, 셋째 주퇴부가 복좌기에 의하여 원위치로 복귀할 마지막 단계에 복좌기를 제동하여 복귀 시 포가에 미치는 충격을 감소시켜주는 복좌완충장치이다.

가. 주퇴기

주퇴기는 점성이 높은 기름(주퇴유)이 들어있는 원통과 그 원통 내에서 왕복운동을 할 수 있는 피스톤으로 구성되어 있다.

통상 피스톤은 포신과 연결되고 원통은 포가에 고정되어 포신이 주퇴하는 동안 피스톤은 주퇴유를 압축하게 되어 압력이 증가한다. 이 주퇴유의 압력은 피스톤에 작용하여 주퇴부의 속도를 감소시켜 준다. 피스톤에 작용하는 주퇴유의 압력은 오리피스의 단면적에 따라 다르다. 오리피스의 단면적이란 어느 순간 유체가 흘러가는 모든 구멍의 총 단면적을 말하며, 오리피스의 단면적이 크면 유체의 흐름이 많아져 압력은 낮아지게 되며, 반면 오리피스의 단면적이 작으면 압력은 높아지고 저항력은 증가된다. 유체의 압력으로 인한 저항력 또한 피스톤이 이동한 순간속도에 따라서도 다르게 된다.

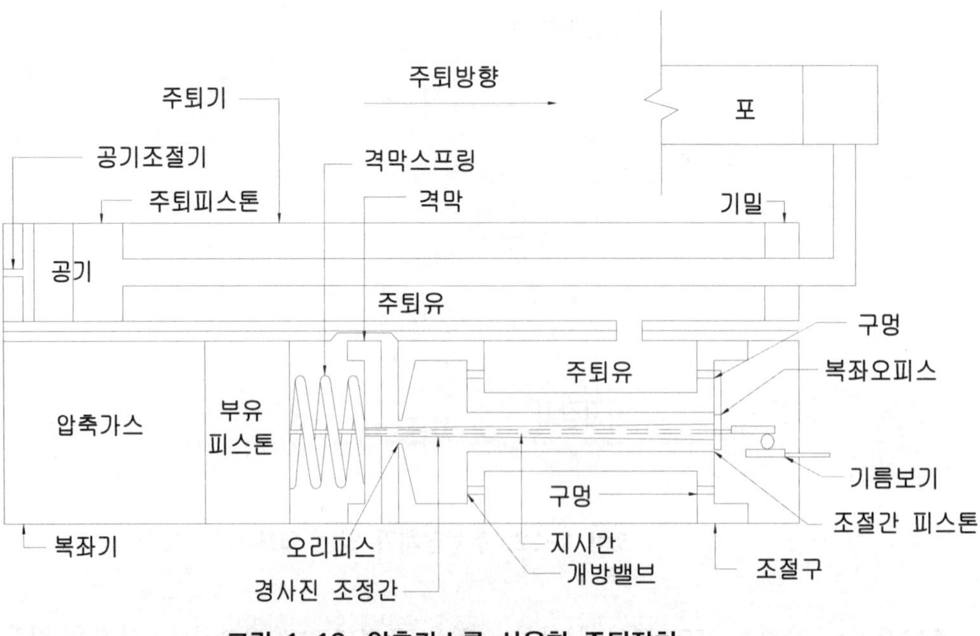

그림 1-13. 압축가스를 사용한 주퇴장치

주퇴가 일어나는 동안 포가가 안정을 유지하려면 주퇴시 저항력은 거의 일정하여야 하며 포가구조물에 미치는 힘이 가능한 작아야 한다. 따라서 오리피스의 단면적은 피스톤이 이동함에 따라 저항력이 일정하게 되도록 조절되어야 한다. 오리피스 단면적을 조절하는 몇가지 방식을 그림 1-14에 도식하였다.

그림 1-14(a)는 교축봉 방식으로 교축봉의 단면적은 축 방향으로 변하고 이는 원통에 고정되어 있으며 피스톤에는 일정한 크기의 오리피스를 만들어 준다. 피스톤이 이동함에 따라 오리피스 면적이 변하고 여기에 대응하여 유체흐름에 제한이 이루어진다. 그림 1-14(b)와 같은 교축홈 방식은 원통에 단면이 변하는 홈을 두고 피스톤에는 아무런 오리피스를 만들지 않았을 때에도 같은 효과가 발생된다. 이 두 방법 모두 주퇴이동에 따라 훌륭한 압력곡선을 그리게 된다. 통상 피스톤에 걸리는 압력이 균형을 이루도록 서로 대각선 방향에 봉이나 홈을 둔다.

또 다른 방법으로는 그림 1-14(c)와 같은 회전판 방식으로 회전판을 피스톤에 부착시키는 방법이 있다. 회전판과 피스톤에는 각각 적당한 크기의 구멍을 뚫어 놓고 회전판이 원통벽에 파놓은 충격홈을 따라 회전할 때 오리피스의 면적이 변하도록 한다.

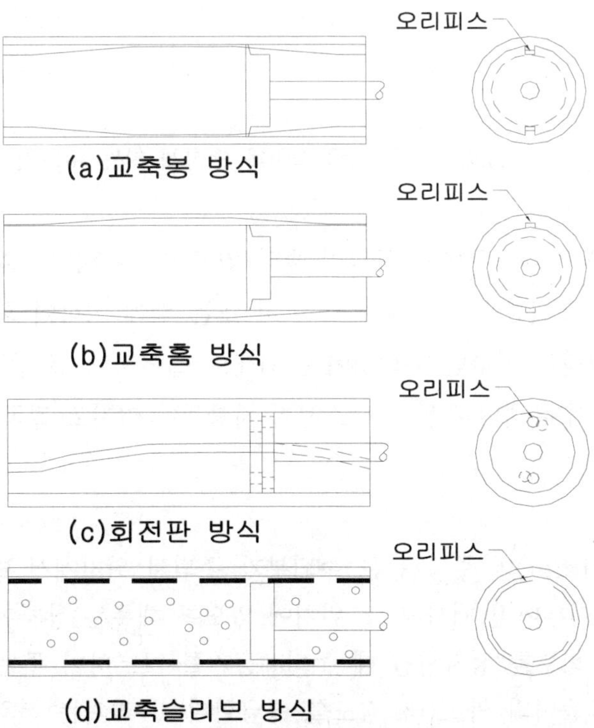

그림 1-14. 오리피스 단면적의 변화방법

오리피스의 면적을 변화시키는 데는 그림 1-14(d)와 같은 교축슬리브를 사용할 수도 있다. 교축 슬리브를 원통내에 두고 교축슬리브에는 적당한 간격으로 구멍을 뚫어 놓아 피스톤이 이동함에 따라 오리피스의 단면적이 변하도록 한다.

고각이 가능한 포의 주퇴기에서는 주퇴길이를 변화시키는 장치를 두기도 한다. 즉, 고각이 낮을 때에는 주퇴길이를 길게 하여 주고 높을 때에는 포미가 지면이나 발판에 충돌하는 것을 방지하기 위하여 주퇴길이를 짧게 하여 준다. 주퇴길이를 변화시키는 데에는 여러 가지 방법이 있으며 일반적으로 앞에서 설명한 기본형태에 또 하나의 오리피스 조절장치를 부착시킨다. 한 기본적인 형태를 그림 1-15에 도시하였다.

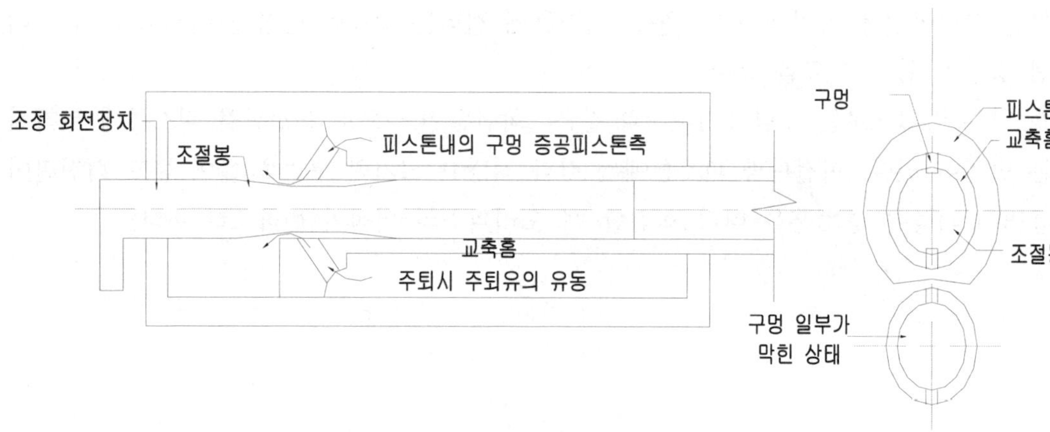

그림 1-15. 주퇴길이를 변하게 하는 주퇴기

그림 1-15에 있는 피스톤에는 구멍이 뚫려 있고 이 피스톤은 홈이 파여 있는 조절봉을 감싸며 이동된다. 조절봉은 사용에 따라 치차 또는 캠에 의하여 회전된다. 교축홈이 피스톤의 구멍과 일직선을 이루면 주퇴길이는 최대로 길어지고, 조절봉을 회전시키면 교축홈의 면적이 감소되어 유체의 유동을 감소시켜 저항력이 커지고 결국 주퇴 길이가 짧아진다.

나. 복좌기

복좌기(recuperator)의 주 기능은 주퇴부가 주퇴된 위치에서 발사위치로 복귀시켜 주고, 다음 사격이 이루어질 때까지 그 위치에 있도록 해주는 장치이다. 또한 이 장치의 추가적인 기능은 주퇴부를 정지시킬 때 주퇴제동기를 보조하여 주는 역할을 한다. 통상 복좌기는 총 주퇴제동력의 약 20% 정도를 공급한다. 복좌기는 복좌시에 필요한 에너지를 저장하는 방식에 따라 스프링식과 가스식 으로 나눈다.

(1) 스프링식

스프링식 복좌기(그림1-16)는 복좌기가 별도로 되어 있지만 실제로 스프링을 주퇴기 내에 두는 경우도 있으며, 때때로 포신 주위에 스프링을 두어 간결하게 제작하기도 한다. 포신이 사격 위치에 있을 때에 포의 고각에 관계없이 주퇴부가 지지되도록 힘을 가해주기 위하여 스프링은 약간 압축되어 있다.

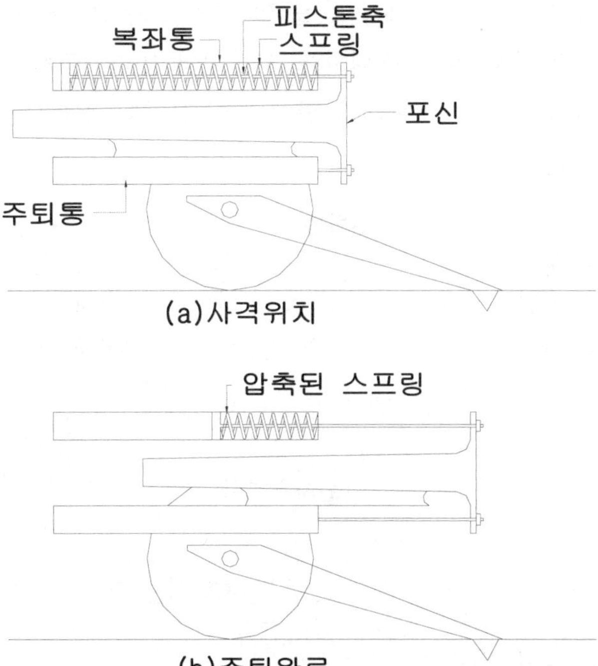

그림 1-16. 스프링식 주퇴복좌기의 작동

주퇴부가 완전히 주퇴하면 스프링은 팽창하여 포 및 주퇴부를 원위치로 복귀시킨다. 이 스프링식 복좌기의 장 · 단점은 다음과 같다.

가) 장점

1) 설계 및 조작이 간단하고 용이하다.
2) 제작비가 저렴하다.
3) 야전에서 간단히 수리할 수 있다.
4) 기밀(leaking)봉제가 적다.

나) 단점

1) 스프링의 수명을 예측하기 곤란하다.

2) 스프링을 자주 교체하여야 한다.

3) 부피가 통상 크다.

(2) 가스식

가스식 복좌기(그림 1-17)는 탄을 발사하기 전에는 압축가스(질소)에 의하여 주퇴부는 움직이지 않고 원위치에 고정되어 있다. 주퇴가 끝나면 압축가스는 팽창하여 부유 피스톤을 반대로 밀게 되어 포신과 주퇴부는 원래의 사격위치로 복귀하게 된다.

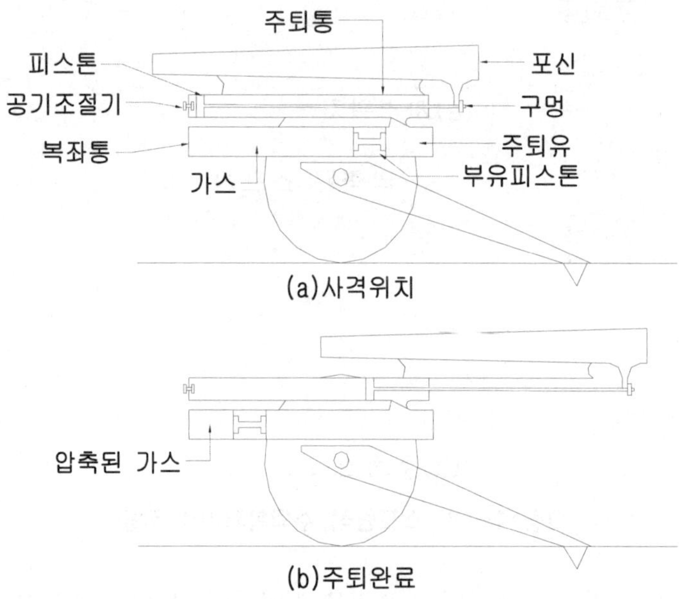

그림 1-17. 가스식 복좌기의 작동

이와 같은 가스식 복좌기의 장단점은 다음과 같다.

가) 장 점

1) 스프링식에 비하여 신용도가 높다.

2) 내구도가 높다.

3) 가스압력은 외부조건이 변하더라도 적용이 가능하여 복좌작용이 원활하다.

4) 여러 가지 형태로 설계할 수 있어 융통성이 있다.

5) 주퇴길이를 비교적 길게 할 수 있다.

6) 고장이 발생하였을 때를 위한 경고 장치를 부착할 수 있다.

나) 단 점

1) 제작에 특수기술이 요구되고, 생산비가 많이 든다.

2) 장비를 보관할 때에도 주기적인 점검과 수리가 필요하다.

3) 주위 온도에 따라 가스압력이 변한다.

4) 발생되는 열로 인하여 사격속도를 높게 할 수 없다.

다. 복좌 완충기

복좌 완충기(recoil buffer)는 주퇴제동기와 유사한 기능을 갖고 있으며, 주퇴부의 복좌가 끝날 무렵 복좌에너지를 소산시킨다. 복좌될 때 주퇴부는 많은 에너지를 받아 복좌속도는 상당히 높다. 따라서 복좌시 아무런 조치를 하지 않으면 충격으로 인하여 포 전체가 앞으로 넘어지게 되거나 포에 손상을 주게 된다. 이러한 현상을 방지하기 위하여 복좌 완충기를 사용하게 된다.

복좌 완충기에는 습식과 건식이 있다. 습식 복좌 완충기는 주로 복좌 제동기내에 있어 그림 1-18에서 보는 바와 같이 완충기와 주퇴제동기의 피스톤에 파놓은 원통형 구멍 또는 감쇠기로 구성 되어 있다. 포신이 주퇴하게 되면 완충력은 감쇠기에서 빠져 나오고 구멍은 주퇴유로 채워진다. 복좌가 끝날 무렵 완충력은 주퇴유로 가득찬 감쇠기 구멍으로 들어가면 주퇴유는 좁은 틈을 통하여 흘러나오게 된다. 이 좁은 틈은 오리피스의 역할을 하여 복좌시 큰 저항을 발생하게 된다.

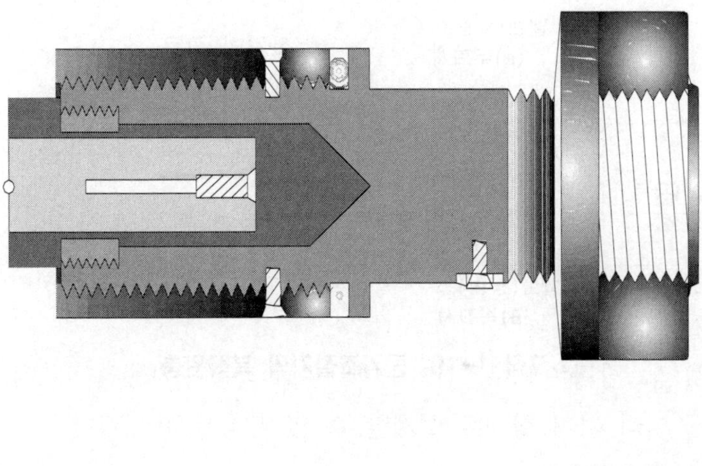

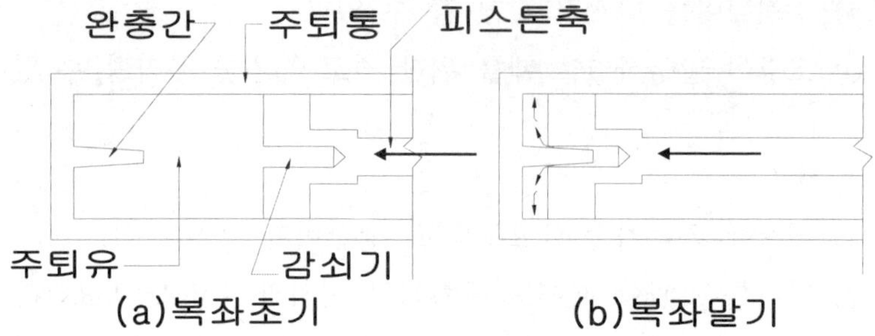

그림 1-18. 습식 복좌완충기의 작용

건식 복좌 완충기에는 공기조절기(그림1-19)가 있다. 공기조절기는 완전한 복좌 완충기는 아니지만 완충역할을 할 수 있다. 공기조절기에는 주퇴통의 압력이 낮아야만 공기가 들어오도록 공기실이 달려 있다. 주퇴가 일어나는 중에는 구멍 "A"를 통하여 공기가 공기실과 구멍 "B"를 통하여 주퇴통으로 계속 들어온다. 복좌가 시작되면 내부 공기압력과 밸브 스프링에 의하여 공기실은 닫히고 복좌하는 주퇴피스톤에 의하여 압축된 공기는 미리 정하여진 크기의 작은 구멍 "C"를 통하여 공기실로 빠져나간다. 이때 작은 구멍 "C"는 오리피스의 역할을 하며 이때 발생되는 저항이 완충작용을 한다. 구멍 "C"의 크기는 몇 가지 다른 크기를 두어 사격조건에 따라 선택할 수 있도록 해 준다.

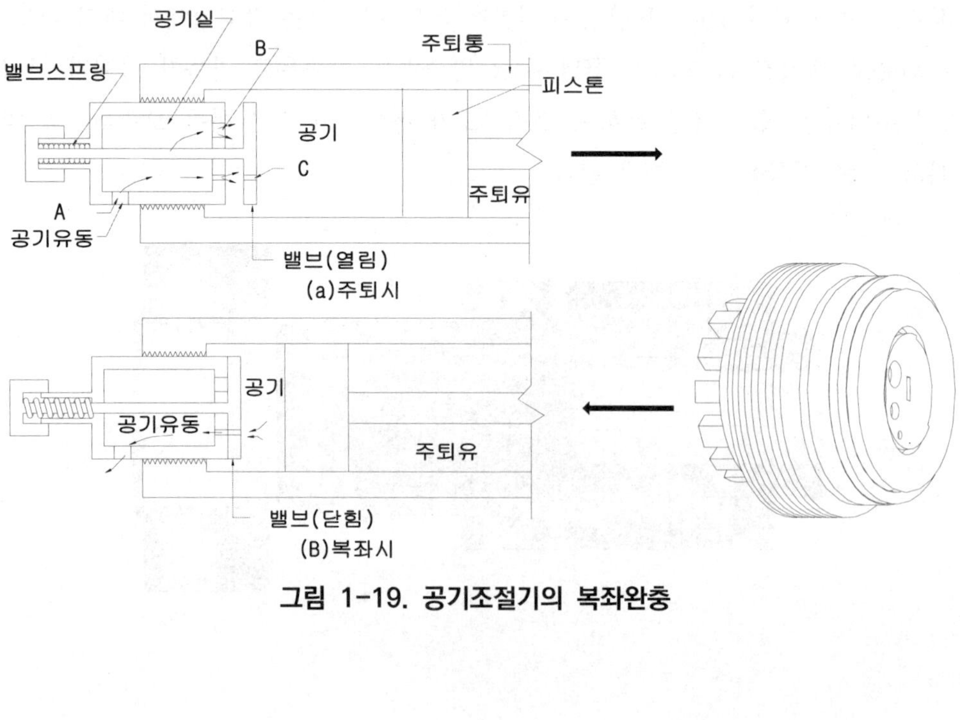

그림 1-19. 공기조절기의 복좌완충

3. 포가 결합체

포신을 지지해 주고 있는 중요 구성품은 상부포가, 하부포가, 요가, 방향장치, 고저장치, 평형기, 정형기, 가신 및 장갑판 등으로 되어 있으나 포가의 설계 조건상 이들 중 어느 것은 없을 수도 있다.

가. 상부포가

상부포가는 하부포가 상부에 결합되어 그 상부의 요가 축에 의하여 요가를 지지하며 통상 고저장치를 수용해서 요가로 하여금 고저이동을 하게 한다. 방향이동시는 요가와 함께 움직이지만 고저 이동시는 상부포가는 움직이지 않는다. 통상 상부포가는 축을 중심으로 방향이동이 요구되는 포에서 주로 사용한다.

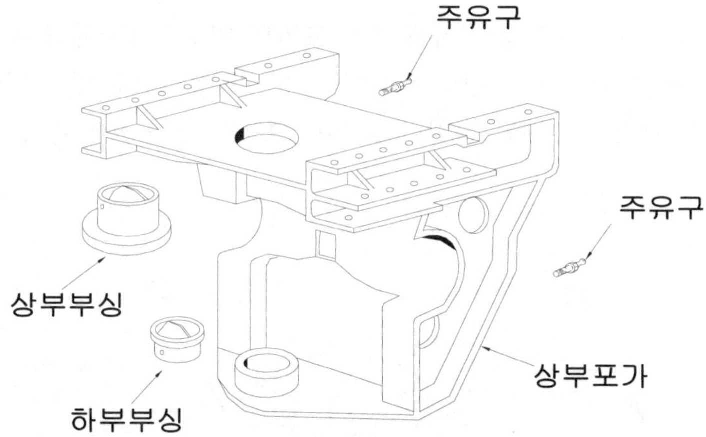

그림 1-20. 상부포가

나. 하부포가

포의 가장 밑부분이 되는 주춧돌과 같은 것으로 상부포가 이상의 전 포가를 지지하며 상부포가 이상의 부분을 방향이동 시켜 준다. 상부포가 이상이 회전할 수 있도록 해 주는 중심축은 상부포가에 붙어 있다.

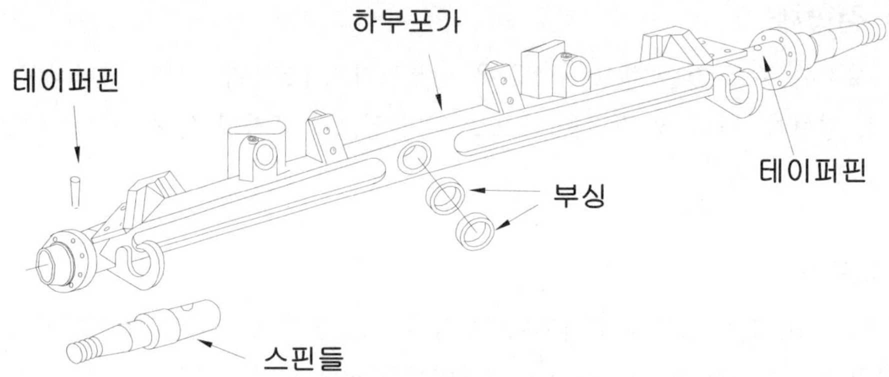

그림 1-21. 하부포가

다. 요가

요가는 포신과 주퇴장치 이상을 지지해 주는 포가의 일부로 105밀리 곡사포는 U자 형태로 상부포가와 연결되어 요가 이상의 부분이 고저 이동을 할 수 있게 되어 있으며 155밀리 곡사포는 원통형으로 포신을 완전히 둘러싸 그 내부에서 포신이 주퇴 및 복좌하게 한다.

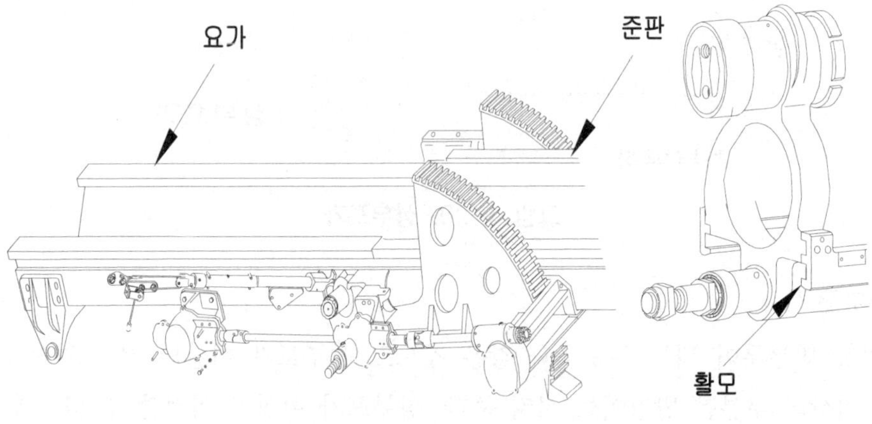

그림 1-22. 105밀리 곡사포 요가

라. 평형기

포신이 고각으로 상승하면 그 자체의 중량에 의해서 자꾸 밑으로 내려오려고 하며 올릴 때에도 많은 힘이 든다. 그리고 포가 저각으로 내려갈 때는 포신의 무게에 의해서 위험한 속도로 내려오며 일단 저각으로 내려와서는 고각으로 있을 때보다 더욱 포 전체를 안으로 뒤집으려는 경향이 생긴다. 위와 같은 고각 및 저각시 또는 고저 이동시 발생하는 힘을 보조 및 억제하기 위하여 있는 것이 평형기이다.

즉, 평형기는 포신이 저각으로 되어 있을 때 앞으로 수그러지는 경향을 억제하고 고각으로 포신을 올릴 때 무거운 포신을 쉽게 올리도록 힘을 도와준다. 고각이 되었을 때는 내려오지 못하도록 견지해주며 저각으로 이동시는 서서히 내려오도록 힘의 균형을 이루어 준다.

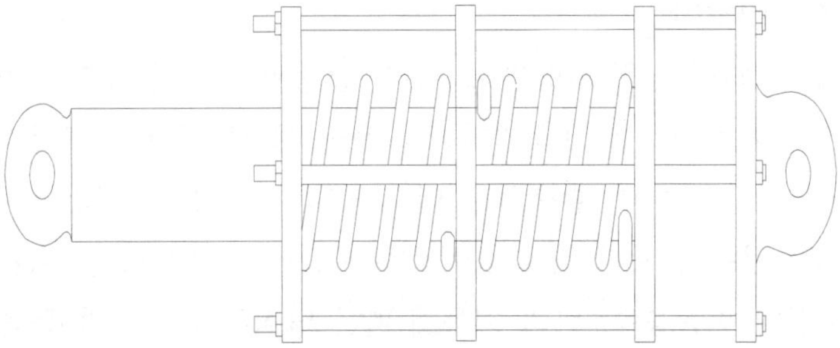

그림 1-23. 용수철식 평형기

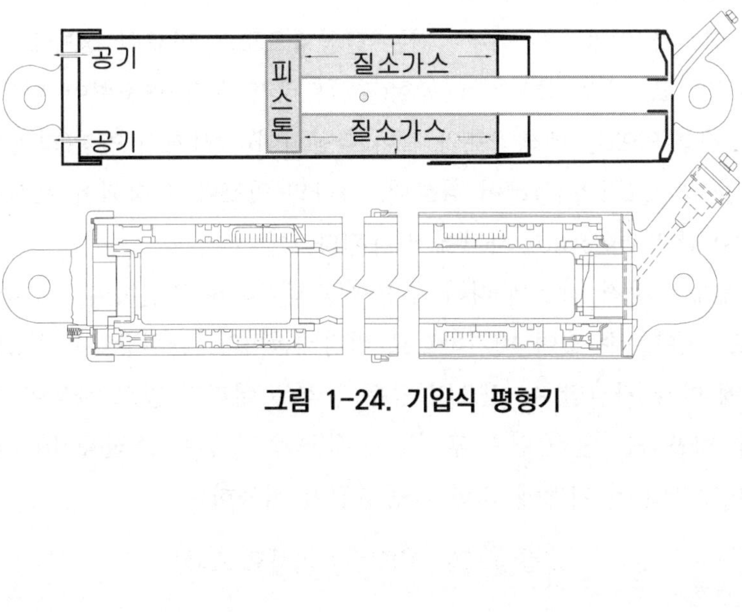

그림 1-24. 기압식 평형기

제4절 화포에 사용되는 추진장약

1. 추진 장약의 종류

사람의 몸무게와 비슷한 탄두를 몇 십 km까지 어떻게 날려 보내는가? 이것을 가능하게 하는 것이 추진 장약이다.

추진 장약은 뇌관에 의해 점화되어 연소하면서 발생된 다량의 가스가 약실과 포신 내에서 높은 압력을 형성하여 탄두를 표적지역까지 운반하는데 필요한 에너지를 제공하는 동력원이다. 추진 장약이 연소하여 발생하는 연소가스의 압력은 포신의 허용응력을 초과하지 않는 한도 내에서 탄두가 포신 내에서 이동하는 동안 지속적으로 추진력을 제공하여야 한다. 그러므로 포신의 허용응력, 탄의 이동에 따른 약실체적의 증가 등을 복합적으로 고려하여 추진 장약의 양과 연소속도를 설계하여야 한다. 이러한 추진 장약은 녹색, 백색, 적색 약포와 같은 체계로 운용되어 오다가 신형자주포에는 단위 장약, 모듈장약과 같이 기능이 향상된 장약을 사용하고 있다.

녹색 약포는 연소가 일정하게 이루어지는 단공형으로서 비교적 정확도가 요구되는 근거리 사격에 사용되고, 백색 약포는 다공형(7공)으로서 순간 연소력이 뛰어나 원거리 사격에 사용된다. 적색 약포는 백색약포와 같이 다공형이나 사거리 연장(최대사거리 30km)을 위해 장약 입자의 크기와 성분이 다르며, 하나의 약포에 포장되어 로켓보조탄두(RAP : Rocket Assisted Projectile) 사격에 사용된다.

이러한 장약체계는 사격 임무에 따라 추진제를 적절하게 조절하여 사용하고 남는 장약은 다른 용도로 사용할 수 없어 폐기하므로 비경제적이다. 단위장약은 동일한 크기로 제조하여 사거리에 따라 가감할 수 있으며 남는 장약은 버리지 않고 사용이 가능하므로 경제적이다. 또한, 약포와는 달리 연소 후에도 잔재(殘滓)가 없는 소진용기(CCC)[7]로 포장되어 있고 견고하기 때문에 기계에 의한 자동장전이 가능하다.

---

7) CCC(Combustible Cartridge Case) 일반적인 약협은 동(구리)이나 강철재질로서 추진 장약 연소 후에 탄피가 발생하나, 연소성 약협은 추진 장약 용기가 연소 가능한 재질로 제작되어 있다.

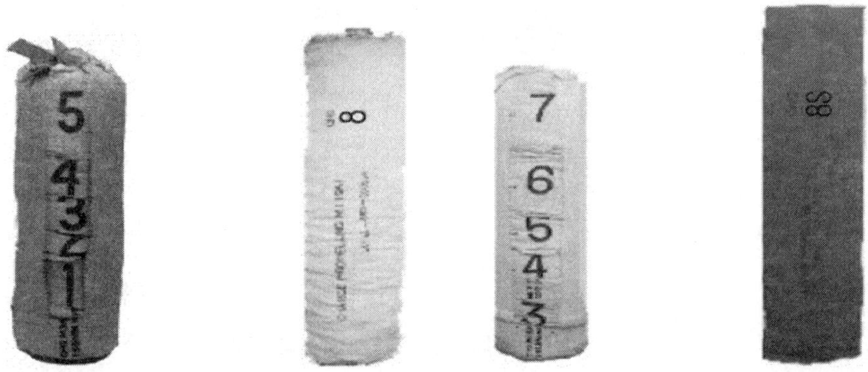

녹색장약 백색장약 적색장약

그림 1-25. 약포 장약

단위 장약은 다공형(7공)으로 3호부터 5호까지 각각의 단위장약이 암 수형(凹, 凸)의 형상을 이루어 결합되고, 모듈 장약은 추진제 조성은 적색장약과 동일하나 장약 입자의 크기와 구멍(19개)이 차이가 있으며 장거리 사격에 사용하는 장약이다.

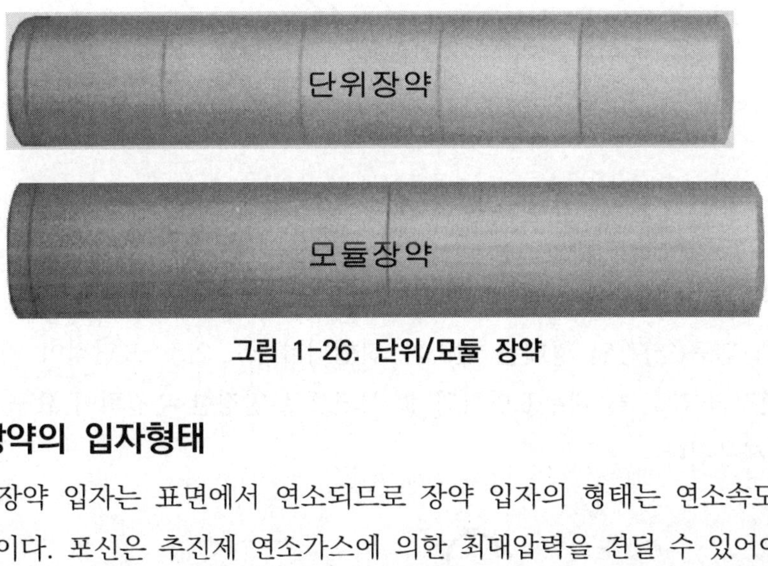

그림 1-26. 단위/모듈 장약

2. 추진 장약의 입자형태

추진제의 장약 입자는 표면에서 연소되므로 장약 입자의 형태는 연소속도를 제어하는 중요한 요소이다. 포신은 추진제 연소가스에 의한 최대압력을 견딜 수 있어야 하고, 연소가 진행되어 탄두가 이동함에 따라 연소실 체적증가에 따른 적절한 압력을 제공하여야 하므로 화기에 따라 장약 입자의 형태가 다르다. 대표적인 장약 입자의 형태별 연소 표면적이 변화하는 예는 아래 그림과 같다.

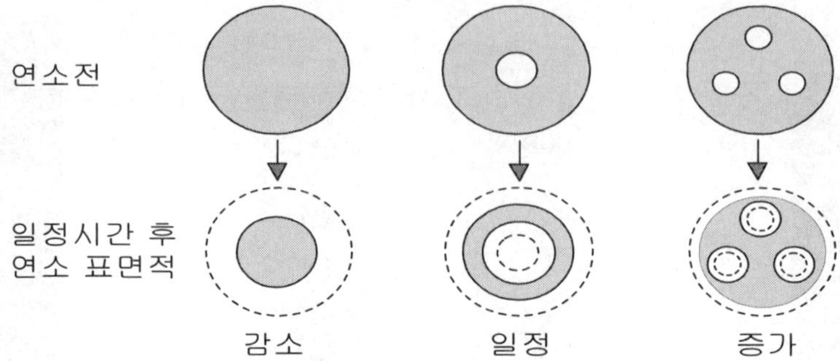

그림 1-27. 연소에 따른 연소표면적 변화

가. 체감연소

장약 입자가 구형(毬形)이나 환형(環形)과 같은 형태는 연소가 진행됨에 따라 연소표면적이 감소되어 연소량이 감소되므로 초기에 높은 압력을 발생한다. 그러므로 포신이 짧은 박격포탄약이나 소화기 탄약에 주로 사용된다.

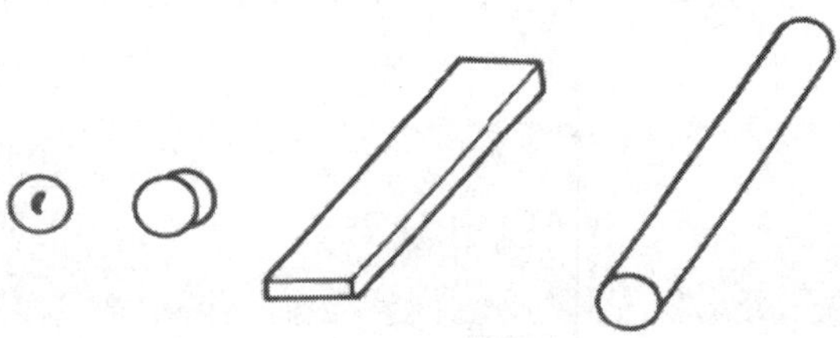

그림 1-28. 체감연소 장약 입자 형태

나. 중간연소

장약 입자가 단공(空)관인 형태는 연소가 진행되더라도 연소 표면적이 거의 일정하게 유지(외부표면적의 감소 ≒ 내부표면적의 증가)되므로 일정한 추진력이 요구되는 로켓 추진제에 주로 사용된다.

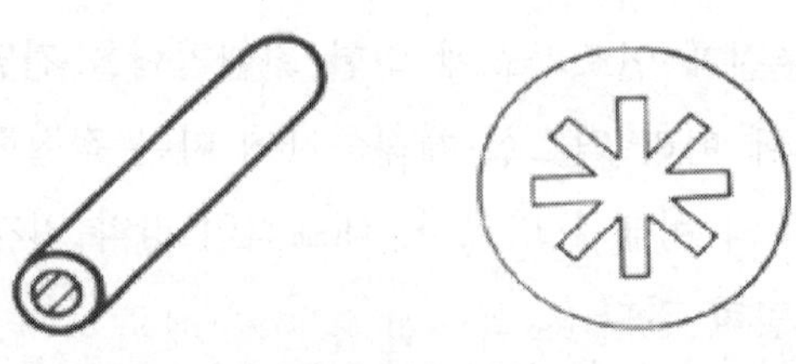

그림 1-29. 중간연소 장약 입자 형태

다. 체증연소

장약 입자가 다공(多空)관인 형태는 연소가 진행됨에 따라 연소표면적이 증가(외부표면적의 감소 < 내부표면적의 증가)되어 연소량이 증가되므로 포신이 긴 포신 포병 탄약에 주로 사용된다.

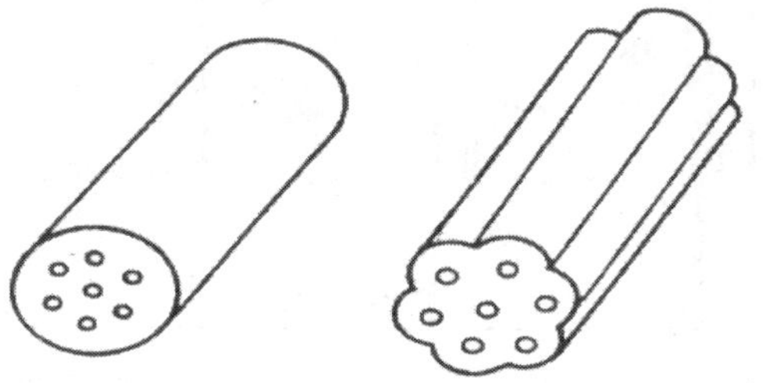

그림 1-30. 체증연소 장약 입자 형태

3. 추진 장약과 작약의 차이

화약이란 기계적, 열적 수단 또는 폭발 충격(shock)에 의하여 높은 열량의 방출과 급격한 부피 팽창을 수반하는 화학반응(분해반응)을 일으키는 물질로써 반응 속도에 따라 고성화약과 저성화약으로 구별된다. 고성화약은 분해반응과 동시에 고에너지를 방출하며, 충격파를 형성하면서 폭발이 진행되는데 이 충격파의 속도는 4,000~9,000m/s 범위로서 매우 빠르다.

고성화약은 다시 1차 폭약과 2차 폭약으로 나눠는데, 1차 폭약은 폭발속도가 4,000~5,000m/s 정도로 비교적 낮은 폭발성능을 가지나 충격 및 마찰에 매우 민감하여(충격감도 : 1~5Joule) 보조 장약을 기폭 시키는 역할을 한다. 2차 폭약은 폭속이 6,000~9,000m/s 정도로 높은 폭발성능을 나타내며 탄두 및 탄약에 적용되어 무기체계의 종말효과를 결정짓는 역할을 한다. 2차 폭약에는 보조 장약 및 주장약이 포함되며 구성성분은 TNT, RDX, HMX, PETN 또는 이들의 혼합물이다.

추진제는 분해반응속도가 비교적 느려서 폭발이라기보다는 급격한 연소반응 현상을 나타내는 물질로서 연소속도는 0.003~30m/s 정도이며, Black powder, single base, double base 등이 대표적인 추진제로 사용된다. 만약 추진제로서 폭약을 사용한다면 탄두가 포신 내에서 움직이기도 전에(연소실의 체적이 증가하기 전에) 모든 화약이 폭발하여 내부압력이 매우 높아지므로 약실과 포신의 두께가 매우 두꺼워야 하고 또한 포신 내부 면의 재료는 그 압력을 이겨낼 수 있는 특수재료를 사용하여야 한다. 한편 탄두의 작약 대신에 추진제를 사용한다면 폭발성능이 낮아 강력한 종말효과를 기대하기 어렵다.

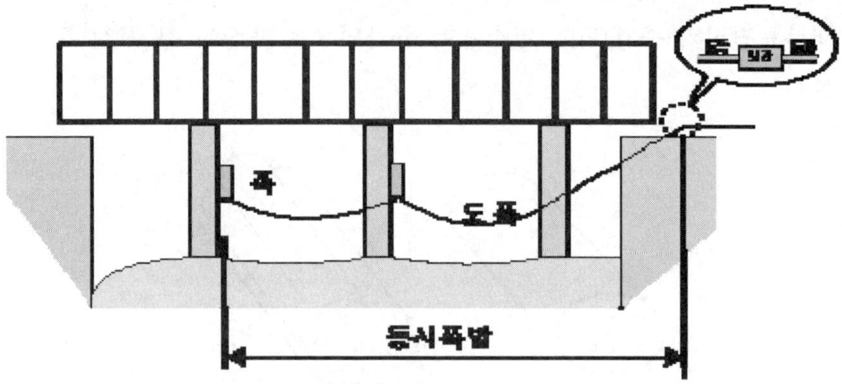

그림 1-31. 폭약을 이용한 교각 폭파

흑색화약으로 제작된 도화선의 연소속도는 약 30cm 연소시 30~45초 소요되나 Tetryl로 제작된 도폭선의 폭발속도는 약 6,100~6,400m/s이므로 아래 그림 1-31와 같이 폭약을 설치하면, 연소 속도가 느린 도화선이 연소되는 동안 설치 인원은 대피를 하고 도화선이 뇌관을 점화하면 도폭선의 폭발속도가 워낙 빨라서 도폭선에 연결된 폭약을 거의 동시에 점화 · 폭발시켜 교각이 동시에 파괴되는 것이다.

제5절 탄도학

1. 개요

탄도학은 강내에서의 탄두의 추진과 그에 관련된 내용이 취급되는 강내탄도학, 강외탄도학 그리고 표적 및 그 주위에 대한 탄두의 작용과 효과에 대한 내용이 취급되는 최종탄도학으로 구분된다. 이 중 강내탄도학[8]은 유체역학, 화학, 물리학, 수학과 이에 관련된 설계, 제조가 포함된다. 그 중 강내 탄도학의 핵심은 강내에서의 탄두 운동이다.

2. 강내 탄도학

가. 강내운동

(1) 전진 운동

포의 주목적은 탄두를 어떠한 속도 즉, 어떠한 포구속도로 추진시키느냐 하는 것이다. 약실과 폐쇄기는 탄두를 밀어내는 가스압력을 유지해 준다. 여기서 관형으로된 로켓발사기와 로켓모터는 제외한다.

가) 포강벽은 4가지의 중요한 역할을 한다.

탄두를 요구하는 방향으로 유도하고 축에 대한 회전, 그리고 무게는 주퇴(반동)를 감소시키고, 가스누출방지 작용을 한다.

나) 관형 로켓발사기는 단지 방향만을 유지한다.

관형 로켓모터는 단지 로켓제트의 가스통으로서만 작용한다.

다) 소총기 탄약에서는 원추형의 탄두표면(피갑)이 탄두의 정심부와 탄대의 역할을 할 수 있도록 연한 재질로 되어 있다. 특히 납 탄두는 너무 연해서 가스압력에 의해서 으깨지며, 강저 부분에 밀착된다.

따라서 피갑은 납보다는 단단해야 한다. 또한 제네바 협약에서 피갑을 사용하지 않은 탄약은 사용이 금지되었는데 그것은 불필요하게 악의의 상해를 입히지 않기 위함이다.

---

8) 이홍주, 총과 탄도학, 청문각, 1990.

(2) 후진 운동

탄두를 전방으로 추진시키는 압력은 후방으로도 작용한다. 이 후진운동을 주퇴(반동)라 한다.

(3) 측방 운동

이상적인 포에는 좌우나 상하 운동이 없다. 불행하게도 이러한 약간의 운동은 피할 수 없는데, 예를 들면 긴 포에서는 드룹 현상이 일어난다.

(4) 회전(spin)운동

가) 최근까지는 모든 총포는 활강포와 강선포의 두 가지 분류로 구분되었다. 그러나 최근에는 중간분류, 즉 약간의 회전탄약이 널리 사용되고 있다.

나) 강선은 나사와 유사하지만 중요한 차이점은 강선은 비틀림 각이 매우 작다는 것이다. 왜냐하면 고속탄두에서는 비틀림 각이 작아야 빠른 회전(spin)을 일으키기 때문이다.

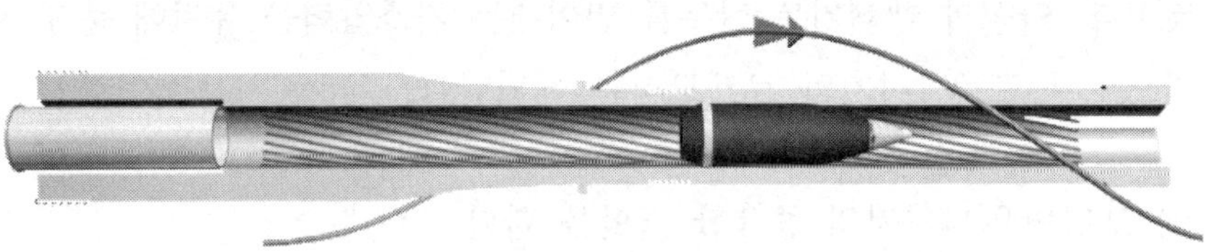

그림 1-32. 강선

다) 포병 탄두에서는 탄두후반부에 탄대라고 하는 링이 있는데 이것은 연한 재질의 구리합금으로 되어 있고, 탄대의 직경은 포의 구경보다 조금 크다.

그림 1-33. 포병탄두

따라서 탄대는 강선이 설치된 포열에 쉽게 들어갈 수 없다. 사격시 가스압력이 탄두를 밀면 탄대에 홈이 생기면서 밀려들어간다. 그렇게 되면 약간의 마찰이 생기면서 강선에 물려 회전하게 된다. 이때 탄대는 포강내에서 탄두의 후반부 탄축을 유지하면서 가스의 밀폐 작용도 하게 된다.

나. 포신내에서의 작용

포라고 하는 것은 일반적으로 탄두를 안내하는 원통 모양의 포신과 추진제가 연소하여 열과 고온의 추진가스를 발생하는 약실로 구성되어 탄두를 고속으로 추진하는 기구를 말한다.

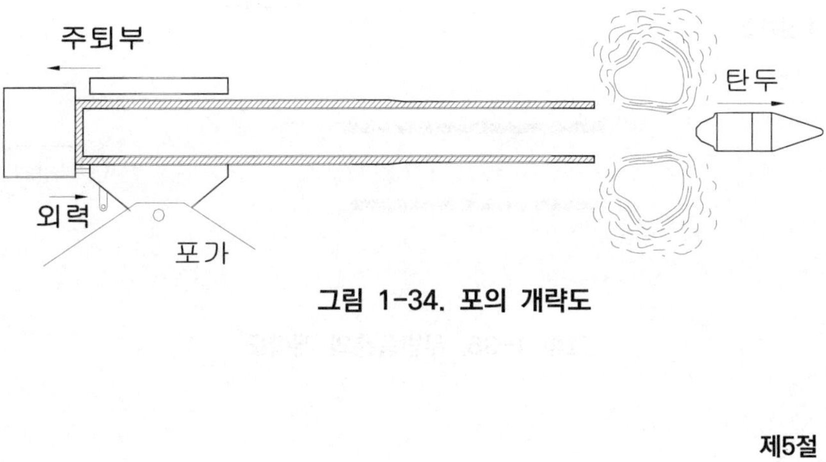

그림 1-34. 포의 개략도

포는 일종의 열기관으로 자동차 엔진의 동력행정과 유사하다. 추진제가 점화되면 약립의 표면에서 가스가 발생하여 약실내의 압력은 급격히 증가한다. 그러나 탄두에 발생하는 저항이 크게 때문에 약실내의 압력이 상당히 높아질 때까지 탄두는 움직이지 않는다.

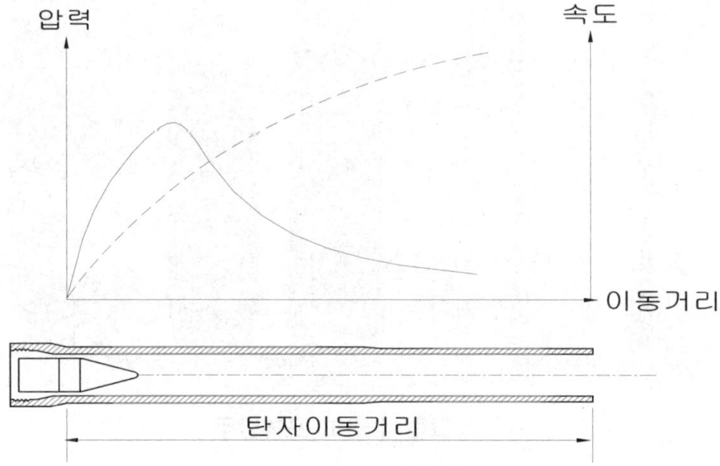

그림 1-35. 압력-속도관계

탄두가 저항을 이겨내고 움직이기 시작한 뒤 얼마동안 탄두가 이동함으로서 생기는 연소실 체적의 증가보다 더 빨리 추진가스가 발생되므로 추진가스의 압력은 계속 증가하여 최고 압력에 도달된다. 이 최고 압력점을 지나면 연소율이 줄어 압력은 강하하지만 탄두에 가스힘이 계속 작용하고 있으므로 탄두는 계속하여 가속된다.

탄두가 포구에 도달할 무렵 포신내의 압력은 최고 압력의 약 10~30%정도까지 내려간다. 이 포구압력은 탄두가 포구를 떠난 후에도 잠시 동안 탄두에 힘이 미치기 때문에 탄두는 포구 전방에서 최대 속도에 이르게 된다.

아래 그림에서는 탄두의 이동에 따르는 압력 및 속도관계가 표시되어 있다.

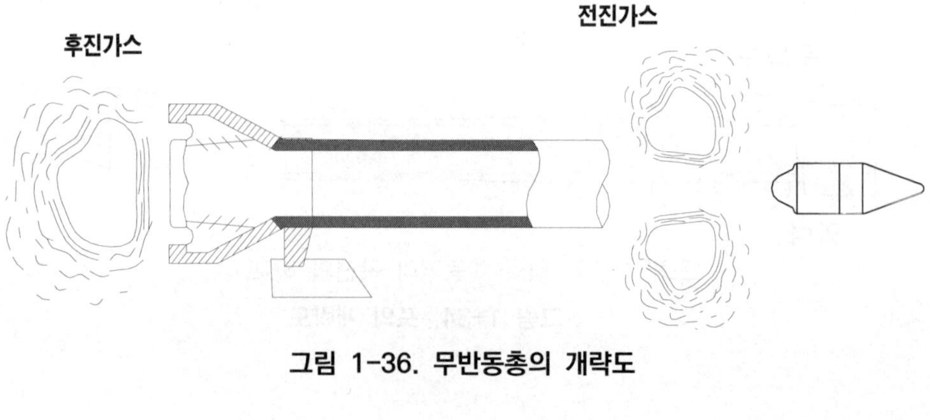

그림 1-36. 무반동총의 개략도

탄두를 추진시키는 방법 중 특수한 형태로서는 무반동 장치가 있다. 이러한 장치에서는 포미에 있는 노즐을 통하여 추진가스의 일부를 분사시켜 포에 미치는 반동력을 상쇄시킨다. 즉, 추진제의 연소를 적당히 조정하면 분사되는 가스량을 제어할 수 있고, 따라서 분사가스 추진가스의 연소뿐만 아니라 포의 반동이 없도록 오리피스를 설계하는 것도 강내탄도학의 한 분야이다.

무반동포에서는 반동이 허용되는 포에서보다는 추진제는 2~3배 더 소요되나 필요한 포구 속도를 낼 수 있도록 압력-이동거리 곡선을 설계하면 포신은 얇아지게 되어 가벼운 포신을 사용할 수 있다.

그림1-37에서 두 개의 압력-이동거리 곡선 A와 B를 비교하여 보면 최고 압력은 같으나 곡선 B의 면적이 곡선 A보다 넓으므로 포구속도는 높다. 이상적인 압력이동거리 곡선은 포신의 허용압력곡선 C와 일치하는 곡선이다. 그러나 비록 그러한 곡선을 그리도록 추진제를 설계하고 제조할 수는 있으나 오히려 다음과 같은 좋지 않은 결과를 초래한다.

첫째는 포신 내에 과도한 침식을 유발하게 된다. 포신이 침식되면 포신의 수명이 짧아진다.

둘째로, 포구압력이 높아 포구섬광이 발생되며 탄두의 포구 속도가 균일하지 못하게 된다.

셋째로, 약실과 포신벽이 두꺼워져 무게가 증가되고 따라서 기동성에 영향을 준다.

실제로 탄두에 미치는 에너지는 추진제 총에너지의 대략 30~40% 정도에 불과하며 나머지 대부분은 열에너지 형태로 손실된다.

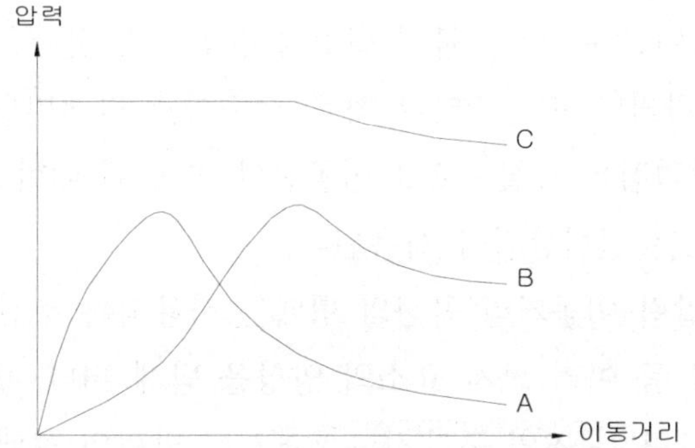

그림 1-37. 압력 이동거리 곡선의 비교

다. 압력-이동거리 곡선

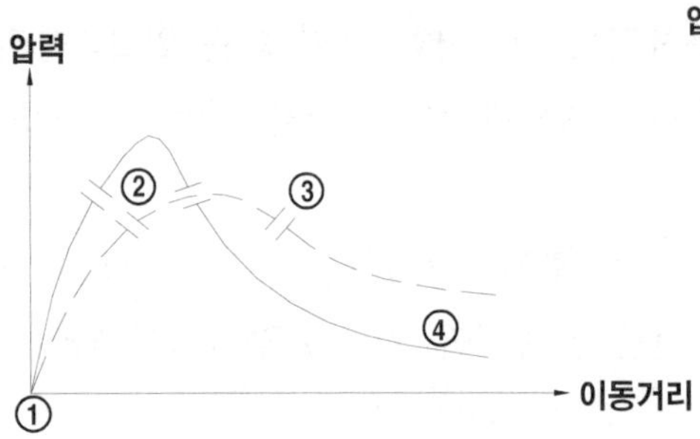

그림 1-38. 약립형태의 효과

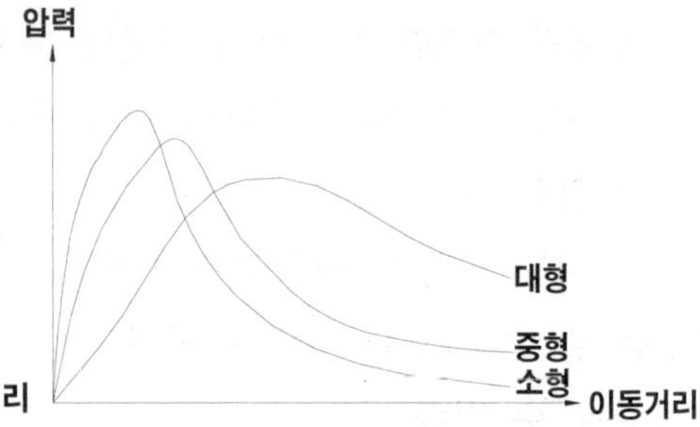

그림 1-39. 약립크기의 효과

강내 탄도의 특성은 압력-이동거리 곡선의 형태에 따라 변한다. 예를 들어 압력-이동거리 곡선 밑의 면적이 넓으면 포구속도는 증가되며 최고압력이 높으면 포신벽의 두께는 두꺼워져 포신의 무게는 증가된다.

사실 압력-이동거리 곡선의 형태에 어떠한 요소가 어떻게 영향을 미치는 가를 평가하는 것은 강내 탄도학의 기본적인 문제이며 그림 1-38 또는 그림1-39과 같은 효과는 추진제의 성분 또는 추진제 입자의 공간거리(Web thickness)를 변화시켜 얻을 수 있다. 이러한 효과를 특정한 포에 응용할 때 그 포의 특성에 따라 선택한다.

예를 들어 구경이 작은 포에는 포구폭동(Muzzle blast)을 감소시키기 위하여 포구 압력이 낮도록 하고 탄두의 포구 속도를 높게 하기 위하여 최고 압력이 높은 압력-이동거리 곡선을 이용한다. 따라서 구경이 작은 포의 추진제는 열효율이 높고 약립이 작으며 체감연소를 하는 형태의 추진제를 사용한다. 한편 추진제의 양과 약실체적의 변화가 압력-이동거리 곡선에 미치는 영향을 나타내기 위한 변수로 통상 장전밀도율을 사용한다. 장전밀도율은 약실체적내에 들어갈 수 있는 물의 질량당 추진제의 질량으로 정의한다. 일반적으로 추진제의 양을 증가하거나 또는 약실체적을 감소시켜 장전밀도율을 증가시키면 최고압력은 증가하고 최고압력점은 약실쪽으로 이동한다. 이들에 대한 해답을 얻기 위하여 이론적인 해석, 경험식 또는 실험방법이 사용된다.

어떤 특정한 포에서 압력-이동거리 곡선의 형태는 사용되는 추진제의 성분과 약립의 크기와 형태 및 약실 체적 등 여러 가지 요소의 양향을 받게 된다. 일반적인 압력과 연소실 체적이 같이 증가하는 그림 1-38의 구간 ①~②에서는 약립의 형태와 크기에 영향을 받는다. 즉, 최초 점화될 수 있는 약립의 표면적이 클수록 압력은 빨리 증가하고 따라서 곡선의 기울기는 크게 된다. 압력변화보다 이동거리의 변화가 큰 ②~③구간에서는 추진제의 성분과 약립의 형태에 따라 영향을 많이 받는다. 즉, 성분이나 형태가 연소표면적의 변화를 급격히 유발할 수 있으며 최고압력은 높게 되고 때에 따라서는 첨단을 이루게 된다.

구간 ③~④사이에서는 추진가스가 단열적으로 급격히 팽창하여 곡선의 모양은 주로 탄두의 무게 또는 추진가스의 비열비에 따라 변하게 된다.

압력-이동거리 곡선이 약립의 형태에 따라 변하는 모양을 그림 1-39에 도식하였다. 추진제의 성분과 양, 초기연소 표면적을 일정하게 하고 약립의 형태를 누진 연소가 되도록 하면 최고압력은 낮아지고 최고압력이 나타나는 위치는 포구방향으로 일어난다. 이러한 형태의 최고압력 거리곡선은 구경이 크거나 포신이 긴 무기에 사용된다. 추진제의 성분량 및 약립의 형태가 유사할 경우 약립의 크기를 변화시켜 요구되는 압력-이동거리곡선을 얻을 수 있다. 그림1-39에서 보는 바와 같이 약립의 크기를 작게 할 수 있도록 최고압력 점은 약실 가까이로 이동한다.

또한 추진제의 양과 약실체적을 동시에 증가시켜 장전밀도율의 값이 일정한 경우 압력-이동거리 곡선을 평행 이동한 것처럼 나타난다.

라. 포구 속도

압력-이동거리 곡선이 주어지면 임의 점에서 탄두의 속도 특히 포구속도는 식을 이용하여 구할 수 있다. 그러나 탄두의 무게와 압력-이동거리 곡선이 주어졌을 경우에도 탄두의 이동거리와 탄두단면적 즉, 포구단면적을 변화시키면 포구속도는 변하게 된다. 탄두의 총 이동거리는 포신의 길이와 같고 따라서 포신이 길게되면 탄두는 추진가스의 압력을 오랫동안 받게 되어 포구 속도는 증가한다.

그러나 포신의 길이에는 한도가 있으며 그 한계점을 지나면 추진가스의 압력도 낮아질 뿐만 아니라 탄두와 포신 벽과의 마찰로 인하여 속도가 감소하게 된다. 또한 포강 단면적을 증가시키면 추진가스가 탄두에 작용하는 면적은 크게 되고 따라서 탄두가 받는 힘은 증가되어 포구속도는 증가된다. 그러나 탄두의 직경을 크게 하면 탄두가 포구를 떠나 목표로 비행하는 동안 공기의 저항을 많이 받게 되어 오히려 좋지 않은 결과를 초래한다.

마. 강내탄도에 영향을 미치는 요소

포신을 사용하는 동안 외부로부터 여러 가지의 영향을 받게 되어 원래 설계 및 제작하였을 때와는 다른 강내탄도 성능을 갖게 된다. 대기온도 및 추진제의 온도라든지 저장 중에 있던 탄의 추진제 변질 등은 강내탄도 특성을 변화시키게 되고 따라서 강외탄도의 조건에 영향을 미친다.

이러한 요건들에 따르는 사격제원의 수정치는 사표에 표기되어 있다. 또한 사격을 계속

하면 포강은 마모되거나 침식된다. 마모 또는 침식은 사용되는 추진제와 강내탄도 특성에 따라 많은 차이점을 보여준다. 속도가 낮은 곡사포와 초고속 곡사포 및 대전차 직사포 사이에는 마모율의 차이가 크다. 일정한 포와 탄두를 사용 할 경우 마모결과는 포신사용능력 표준표에 표기된다.

(1) 추진제의 온도

사표는 추진제의 온도가 통상 70℉(21℃)일 때의 성질을 기준하여 작성 된다. 추진제의 온도가 상승하면 압력과 열효율이 증가되어 포구속도가 증가된다. 반대로 추진제의 온도가 강하되면 포구속도는 감소된다. 추진제의 온도가 기준 온도와 차이가 날 때 온도변화에 대한 수정을 할 수 있도록 사표에 기재되어 있다. 표1-4는 곡사포에서 추진제 온도에 따르는 초속 변화량을 보여준다.

추진제의온도	℉	0	10	20	30	40	50	60	70	80	90	100
초속도변화량	ft/sec	-22	-19	-16	-13	-9	-6	-3	+0	+3	+6	+9

표1-4. 추진제 온도변화와 포구속도 변화량

(2) 포신의 온도

탄을 사격하게 되면 고온의 추진가스가 발생되고 이 고온의 가스로부터 포신에 열이 전달된다. 특히 발사속도가 높은 화기, 예를 들면 기관총에서는 총열의 온도는 대단히 높게 된다. 만일 이때 탄을 약실 내에 장전 한채 오래두었다가 발사한다면 추진제의 온도가 상승하여 총구 속도에 영향을 주게 된다. 때에 따라서는 탄이 과열되면 추진제가 스스로 붕괴하여 반응을 일으키고 자연 발화되어 발사되는데 이를 "Cook-Off 현상"이라고 한다. Cook-Off 현상은 대단히 위험하여 경우에 따라서는 장비뿐만 아니라 인명 피해까지 초래할 수 있다. 또한 포신의 온도가 높아지면 포신은 열응력을 받게 되어 포강의 침식을 가속하게 된다.

(3) 포강의 침식

침식은 고온의 추진가스와 잔재물 및 탄두의 고속운동으로 포신벽이 깎여나가는 현상을 말한다. 이 침식 현상은 약실 바로 앞에서 두드러지게 나타난다. 침식이 발생되는 원인은 명확하게 규명되지 않았지만 기계적인 작용과 화학적인 작용 및 열에 의한 작용으로 나누어 생각할 수 있다.

가) 기계적인 작용

고압의 추진가스가 발생되면 포신은 순간적인 힘을 받게 되고 포강내면에는 커다란 응력이 유발된다. 이때 포신재료는 소성변형을 일으키고 이로 인하여 축 방향으로 작은 돌기가 생긴다. 이 돌기는 열에 의하여 수축팽창을 하게 되고 이로 인하여 돌기는 균열된다. 이렇게 균열된 돌기는 약간의 힘을 받더라고 떨어져 나가게 되고 결국 축 방향으로 작은 홈을 형성하게 된다.

나) 화학적인 작용

추진제가 연소할 때 CO, H 및 N과 같은 불안정한 가스가 발생되고 이들 가스는 고온에서 포신재료와 화학작용을 일으켜 포신내면은 표면경화 현상을 일으킨다. 이렇게 경화된 표면은 대단히 취성이 높아 사격을 계속하면 사편으로 쪼개지게 된다.

다) 열에 의한 작용

추진제가 연소할 때 온도는 상당히 높고, 이로 인하여 포강내부 표면의 금속은 연화된다. 연화된 금속은 탄 또는 추진가스의 운동에 의하여 쉽게 깎여 나가게 된다. 침식은 다음 두 가지로 나눌 수 있다.

바. 강선 이론

강선(rifling)이란 포강 내에 파여진 나선 열을 말하며 통상 약실 바로 앞에서부터 포구까지 계속되어 있다. 그림1-40은 포신의 단면으로 강선을 보여준다. 강선을 두는 목적은 탄두가 대기 중을 비행하는 동안 탄두의 안정을 유지하는데 필요한 회전력을 탄두에 주기 위한 것이다. 탄두에는 연금속으로 된 한 두 개의 탄대를 붙여놓고 있으며 이 탄대의 직경은 포구경 보다 약간 크다.

추진가스의 힘으로 탄두가 움직이면 탄대는 강선 등에 의하여 포강 단면적과 같은 면적으로 깎이는 동시에 강선을 따라 회전하게 되어 탄두는 회전력을 얻게 된다. 그러나 무반동총에서는 탄대에 밀리 강선과 같은 모양으로 홈이 파여져 있어서 탄대가 깎이지 않으면서 회전하게 된다. 따라서 포신에 응력이 적게 걸려 얇은 포신을 사용할 수 있다. 뿐만 아니라 탄대를 깎는데 소요되는 에너지를 절약할 수 있으므로 탄두에 더 많은 운동에너지를 줄 수 있게 된다. 어느 임의 점에서 강선의 나선도는 그 점에서 포강 축과 이루는 강선의 기울기를 말한다. 이 기울기는 각도로 표시하거나 또는 나선도로 표시한다. 강선의 나선도는 강선을 따라 탄두가 완전히 1회전 하는 동안 이동한 길이를 Caliber수로 표시한다.

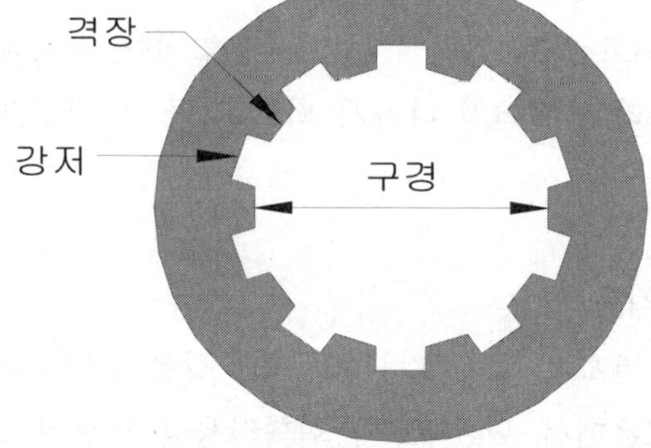

그림 1-40. 포신의 단면도

즉, 나선도는 "40 caliber 1회전"이라고 표시하며 이는 강선이 구경의 40배와 같은 길이에서 360°(1회전)을 한다는 뜻이 된다.

나선도 구경장 기울기가 일정한 균일형 또는 기울기가 증가하는 증가형 혹은 이 두 가지를 같이 조합하여 사용하는 조립형이 있다. 나선도가 일정한 강선은 기점에서 포구까지 정확한 나선을 그리면서 그 기울기가 일정하게 되어 있다. 증가형인 경우 강선의 기점에서는 그 나선도가 0 또는 일정한 값을 갖고 포구방향이로 이동함에 따라 그 강선의 기울기가 계속 증가한다.

사. 열응력 및 기타 응력

이제까지 추진가스의 압력에 의한 기계적인 힘에 견딜 수 있는 포신의 설계 문제를 생각하였다. 비교적 사격률이 낮고 포신의 길이가 짧은 포의 포신을 설계할 때에는 이러한 방법으로 설계를 하여도 된다. 그러므로 포병포 또는 반자동식 소구경 화기를 설계할 때에는 압력만을 주로 고려하여 설계한다. 그러나 기관총과 같이 다량의 탄을 단시간에 사격하는 무기에서는 포신은 굉장한 열을 받게 되고 이 열로 인하여 포신에 발생하는 열응력을 추진가스에 의한 압력과 비견될 정도가 되므로 이러한 경우에는 반드시 열응력을 고려하여 포신을 설계하여야 한다.

열응력(thermal stress)은 포신벽을 통하여 내면에서 외면을 흐르는 열량의 크기보다는 내면, 외면과의 온도차 즉 포신벽의 온도구배에 영향을 받는다. 온도구배가 아주 크면 포신 내면에서의 열팽창외면에서 보다 크고, 따라서 내면은 압축응력을 받게 된다. 앞에서 포신은 추진가스의 압력에 의하여 내면에 인장응력이 발생하고 이 인장응력에 의하여 발생되는 포신 내면의 인장응력은 열응력 즉 압축력에 의하여 어느 정도 상쇄된다. 그러나 포신이 열을 받게 되면 포신에 사용된 재료의 항복강도가 감소된다. 예를 들면 포신에 사용되는 어떤 재료는 500℃에서 그 항복 강도가 상온에서의 값에 반보다 적게 된다. 그러므로 자동화기의 포신을 설계할 때에는 온도구배에 의한 이득과 동시에 온도 상승에 따라 항복 강도의 감소효과를 동시에 고려하여야 한다. 그 방법으로서는 등가응력 기법(equivalent stresstechn Ique)이 사용된다.

포신이 태양열을 받고 있을 때 열을 많이 받고 있는 부분의 신장률과 열을 받지 못하는 부분의 신장률이 다르기 때문에 포신은 태양열로 인하여 한쪽으로 굽어진다. 이로 인하여 포신내에 응력이 발생한다. 특히 포신이 긴 무기에서는 이 현상이 두드러지며 이 효과도 설계시에 고려되어야 한다.

포신은 도형단면을 가진 하나의 cantilever로 생각할 수 있다. 따라서 포신은 자체하중에 의하여“Drooping"이 일어나며 특히 포신이 무겁고 길 때에는 이러한 현상은 크게 부각된다. 그러나 포신 설계에서는 정확한 계산이 요구될 때에 한하여 이 효과를 감안한다.

또한 탄두가 포강 내에서 회전하는 경우에는 탄두의 회전으로 인하여 포신은 비틀림 응력을 받는다. 그러나 이 응력은 대단히 적어 포신 설계시에는 통상 무시된다.

아. 포신의 예압

포신의 파괴는 내면의 인장응력에 의하여 발생한다. 그러므로 포신재료는 인장강도가 높은 것으로 사용해야 하지만, 경우에 따라서는 포신의 무게가 문제가 된다. 즉, 포신을 가볍게 하야야 할 경우가 생기게 된다. 이러한 경우에 포신 내면에 기계적인 방법으로 압축응력이 발생되도록 하여 추진가스에 의하여 유발되는 인장응력을 감소시키는 방법을 사용한다. 이와 같이 포신의 내면에 밀리 압축응력을 유발시키도록 하는 것을 포신의 예압이라고 부른다. 포신의 예압에는 여러 가지 방법이 있다.

첫째로 Autofrettage가 있다. 이 방법은 포신의 내부는 탄성한계 이상으로 힘을 가하되 외부는 항복점 이하의 힘을 받도록 하였다. 이렇게 하면 외면은 원래의 위치로 회복하려고 수축하면서 내면은 압축하고 이로 인하여 압축응력이 발생된다. 외면이 완전히 회복되지 않는 상태에서는 이 압축응력은 항시 남아 있게 되어 Autofrettage시의 압력보다 낮은 어떠한 압력에 대하여서도 포신은 안전하게 탄성변형을 일으킨다.

Autofrettage에 있어 내부에 가압은 유압으로 하거나 가공성봉(mandr el)을 사용한다. 특히 가공성봉을 사용하는 방법을(cold-swaging)이라고 부르며 유압식보다 장비와 시설소요가 간단하여 작업이 신속히 이루어 진다.

둘째로 Shrink-ftting방법으로 예압할 수 있다. 이 방법은 포신의 외부에 jacket 또는 hoop를 끼우는 방법으로 포신의 외경보다 jacket의 내경을 작게 만든 후 jacket은 가열하고 포신은 냉각하여 jacket을 포신 외부에 끼우게 된다. jacket과 포신이 같은 온도로 되면 포신은 jacket에 의하여 압축되고 포신의 내면에 압축응력이 남게 된다.

자. 포신설계시 고려사항

포신을 설계할 때 고려 할 요소는 여러 가지가 있다.

첫째로 압력의 작용기간이다. 압력의 작용기간이 짧을수록 포신은 높은 압력에 견딜 수 있다. 이러한 현상은 포신재료 자체에 따라 다르다. 포신내의 압력은 포신재료를 경선방향으로 밀어내려는 힘이고, 이로 인하여 포신 재료는 경선방향으로 가속도가 발생된다. 가속도를 두 번 적분하면 경선 방향으로 변위를 표시하게 되는데 압력의 작용기간이 짧으면 이 변위도 적다. 즉, 변형이 적게 된다.

예를 들어 소총에서는 탄두가 총열을 완전히 빠져나가는데 2m/sec 이하의 시간이 걸리고 포병포에서는 훨씬 많은 시간이 소요된다. 그렇기 때문에 소총의 총열 설계시에는 안전실수가 1.0에 가깝지만 포병포에서는 최소 안전실수를 약 1.05로 취한다.

둘째로 고려하여야 할 사항은 사용상의 문제이다.

압력에 견딜 수 있는 두께는 실제로 제작되어 있는 것보다 훨씬 얇다. 즉 계산치보다 실제로는 더 두껍게 한다. 그 이유는 사용 중에 발생하는 요인을 감안하였기 때문이다. 즉, 포신은 야전에서 약간 거칠게 사용하더라도 Drooping이나 굽힘이 일어나서는 안 되기 때문이다. 또 한 가지의 이유는 명중도와 관련하여 포신의 자연 진동수를 증가시키기 위하여 포신벽의 두께를 두껍게 한다.

3. 강외 탄도학

가. 탄도의 기본요소

탄도는 기본요소, 초기요소, 최종요소로 구분된다. 기본요소는 탄도자체의 특성을 표시하는 용어이며 초기요소는 탄도의 시발점에서의 특성을 최종요소는 탄두가 지면이나 목표와 부딪히는 점에서의 특성을 표시하는 용어이다.

(1) 기본요소

가) 원점 : 탄두가 포구를 떠날 때 탄두의 중심위치를 말하며 통상 포구의 기하학적 중심을 의미한다.

나) 상승부 : 탄두가 원점으로부터 정점까지 상승하는 동안 탄두의 중심이 그린 궤적을 말한다.

다) 하강부 : 탄두가 정점으로부터 낙하할 때 탄두의 중심이 그린 궤적을 말한다.

라) 정점 : 탄도의 높은 점으로 상승부의 끝이며 하강부의 시초가 된다.

마) 최대탄도고 : 원점과 정점과의 수직거리를 말한다.

바) 탄도기선 : 원점과 수준점을 잇는 직선을 말한다.

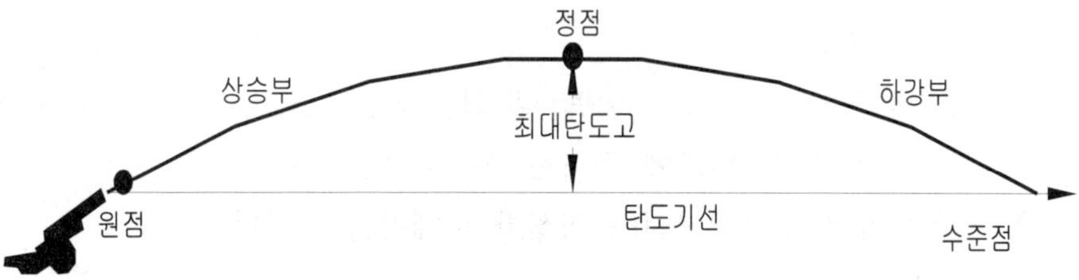

그림 1-41. 탄도의 기본요소

(2) 탄도의 초기요소

가) 고각선 : 탄두가 발사되기 전 포신 중심축의 연장선이다.

나) 고저선 : 탄도의 원점과 목표를 잇는 직선이다.

다) 고 각 : 고각선과 고저선이 이루는 각을 말한다. 고각선이 고저선의 위에 있을 때 고각은"+"로 표시한다.

라) 고저각 : 고저선과 탄도기선이 이루는 각을 말한다. 고저선이 탄도기선보다 위에 있을 때"+", 아래에 있을 때"-"로 표시한다.

마) 사각 : 고각선과 탄도기선이 이루는 각을 말한다. 사각은 고각과 고저각의 대수합이다.

특수한 경우 목표가 탄도기선상에 있을 때에는 고저선과 탄도기선은 일치하고 고저각은"0"되며 고각과 사각은 같게 된다.

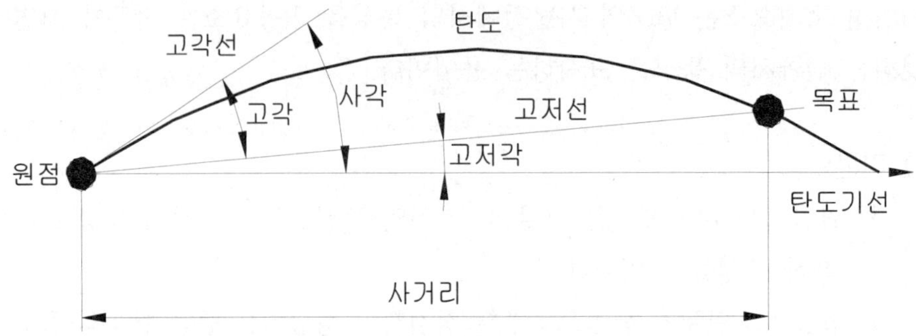

그림 1-42. 탄도의 초기요소

사거리는 원점에서 목표까지 탄도기선을 따라서 측정되는 거리이다. 특히 목표가 탄도 기선상에 있을 때 원점에서 탄도기선을 따라 목표까지의 거리를 표준사거리라고 부른다.

(3) 탄도의 최종요소

가) 낙점 : 탄도기선과 탄도하강부와의 교차하는 점을 말하며 수준점과 동일하다.

나) 낙선 : 낙점에서 탄도에 접하는 접선을 말한다.

다) 낙각 : 낙선과 탄도기선이 형성하는 예각을 말한다.

라) 탄착점 : 탄두가 최초로 목표와 부딪히는 점을 말한다. 탄두가 공중에서 파열할 때는 파열점이라 부르기도 한다.

마) 탄착선 : 탄착점에서 탄도에 접하는 접선을 말한다.

바) 탄착각 : 탄착점에서 목표지점에 접하는 평면과 탄착선이 이루는 예각을 말한다.

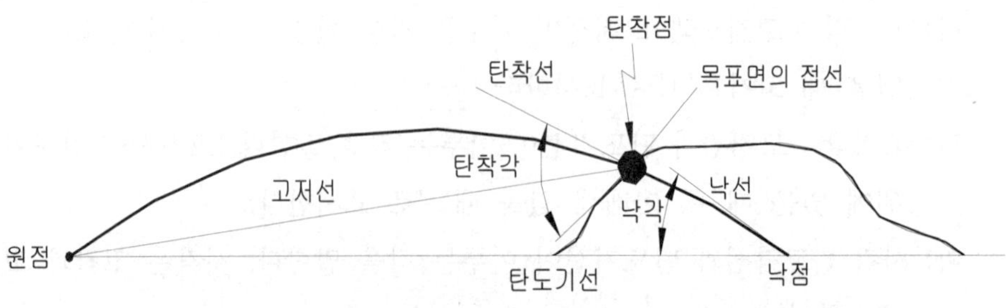

그림 1-43. 탄도의 최종요소

나. 발사된 탄두의 초기특성

탄두가 약실에서부터 이동을 시작하여 포구를 떠난 후 잠시 동안까지 포구 근방에서는 여러 가지의 복잡한 현상이 일어난다. 천이 탄도학은 이러한 현상과 그 효과를 연구하는 탄도학의 한 분야로서 연구대상이 짧은 시간동안에 복잡하게 일어나기 때문에 아직도 명확하게 규명되지 않은 문제들이 많다. 여기서는 강외 탄도의 특성에 영향을 미치는 천이 탄도학적 문제를 간단히 살펴보기로 하자.

(1) 포구 폭풍

탄두가 약실내부에서 이동할 때 탄두 앞에 있는 공기는 탄두의 이동으로 약간 압축되면서 포구 밖으로 빠져 나가게 된다. 이 공기는 대단히 빠른 속도로 외부공기에 부딪히면서 충격파를 형성하고 이 충격파는 사방으로 전파되면서 외부공기를 교란시킨다. 이 충격파 뒤에는 완전히 팽창하지 못한 공기 제트가 흐르게 된다. 탄두의 후미가 완전히 포구를 빠져 나오기 전에 소량의 추진가스가 포구를 빠져나와 공기제트의 뒤를 따르고 탄두가 포구를 떠나면 다량의 고압가스가 포구 밖으로 빠져나온다. 이때 압력이 높은 추진가스는 급격히 팽창하고 팽창 각은 공기제트의 것보다 크다. 따라서 강한 충격파가 공기제트의 우측면에 먼저 발생하고 곧이어 추진가스가 공기제트의 전단을 뚫고 나가면 서 충격파를 형성한다. 이 충격파를 포구 폭풍이라고 부른다. 이때까지 추진가스의 대부분은 탄저 후방에 남아있다. 이 추진가스의 질량은 탄두에 비하여 적지만 압력은 대단히 높아 탄두에 추가적인 힘을 가하게 된다. 따라서 탄두의 속도는 포구에서가 아니라 포구보다 약간 앞에서 최대 속도에 도달된다.

포구를 빠져나온 고압의 추진가스는 급격히 팽창하여 탄두보다 앞으로 나가게 되지만 그 질량이 적기 때문에 곧 속도가 떨어지고 탄두는 다시 앞서게 된다. 탄두가 팽창한 추진가스 지대를 벗어나기까지는 5~60m를 비행하여야 한다.

(2) 공기 역학적 도약

포구가 침식으로 인하여 강선과 탄두의 탄대가 전진 폐쇄 기능을 완전하게 할 수 없게 되면 어느 한 부분으로 고압의 추진가스가 먼저 새어 나가게 된다. 이로 인하여 탄두가 포구를 빠져 나오는 순간 균일하지 못한 힘을 받게 되어 탄두의 축은 포신축, 즉 고각선과 작은 각을 이루면서 이동한다. 이각을 공기 역학적 도약이라 한다. 공기역학적 도약은 탄두의 중심이 포구를 빠져 나오고 탄미는 아직 포구 내에 있을 때 포구의 진동으로 인하여 일어날 수도 있다.

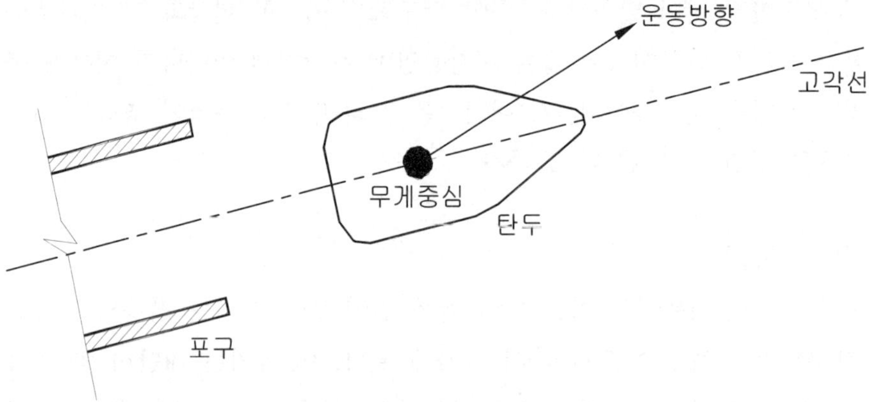

그림 1-44. 공기역학적 도약

(3) 수직 도약

탄두가 발사되기 전 포신은 고각선 방향으로 향하고 있게 되므로 탄두가 포구를 떠날 때에 탄두의 이동은 고각선을 따라갈 것 같지만 실제로는 고각선과 다른 출발선을 따라 비행한다. 고각선과 출발선이 이루는 각을 수직 도약이라 한다. 포가 방열되어 있을 때 포신 축은 일직선이 아니고 약간 안으로 굽혀진다. 이러한 현상을"droop"라고 부르는데 포신이 길수록 그 정도는 심해진다.

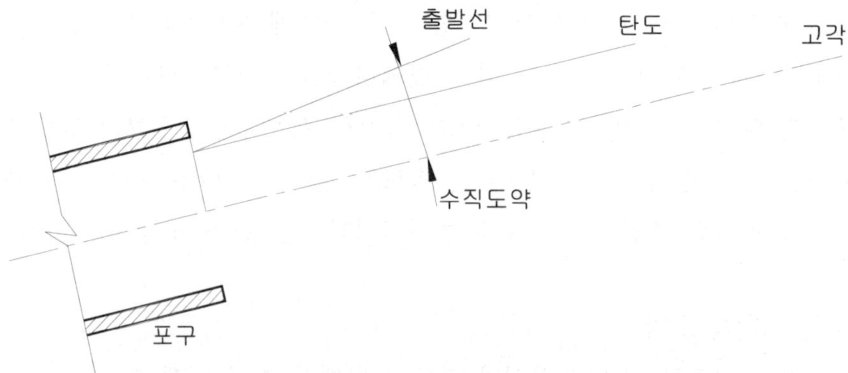

그림1-45. 수직 도약

이와 같은 상태에 있는 포신을 따라 탄두가 급속히 이동하면 포신은 일직선으로 되려고 하고 관성에 의하여 약간 위로 휘어진다.(이는 휘어있는 고무 호스에 물을 갑자기 통과시키면 고무호스가 직선으로 펴지는 것과 같은 현상이다. 포신이 위로 휘어지는 순간에 탄두가 포구를 떠나게 되므로 탄두는 고각선을 따라 출발하지 못하게 된다. 탄두의 회전도 수직도약에 영향을 준다. 이는 포구방향으로 향하여 탄두가 시계 방향으로 회전하면 포신자체는 반시계 방향으로 역작용 하려고 하는 힘 때문에 일어난다.

무거운 탄두를 발사하는 대구경포에서 탄두가 전진함에 따라 포전체의 무게중심이 변하게 되고 포구는 앞으로 숙여진다. 따라서 포가가 안정하지 못하거나 강선이 결핍되어도 수직도약에 영향을 미친다. 수직도약은 실험에 의하여 구한다. 이동포가로 되어 있는 105mm곡사포의 수직도약은 약 1.8 mil이지만 고정포가인 경우는 0.4 mil정도이다.

(4) 횡 도 약

횡도약은 고각선을 포함하는 수직평면과 출발선을 포함하는 수직평면과 이루는 각을 말한다. 횡도약이 일어나는 원인은 수직도약과 유사하지만 주로 포가가 불균형을 이룬다든가 포신이 휘어있기 때문에 일어난다.

특히 포구 선회장치의 결함으로 일어나지만 가신이 두 개로 된 포에서 횡도약은 무시 될 정도이다.

포신의 횡 만곡은"droop"과 비교될 수 있으며 포신의 기계적 가공시에 일어날 수도 있다. 이러한 결점은 적당한 방법으로 개선하여야 하며 심하면 새로운 포신으로 대치하여야 한다.

이러한 모든 힘과 모우멘트를 감안하여 탄도를 결정한다는 것은 대단히 어렵다. 그러므로 정밀한 계산을 할 때 외에는 몇 가지 중요한 힘만을 감안하여 탄도를 계산하고 그 결과와 실험치를 비교하여 필요한 수정을 가하게 된다.

다. 강외 탄도에 영향을 미치는 요소

(1) 기상 조건

가) 바람

나) 공기밀도

다) 공기온도

(2) 지구의 자전

(3) 탄두의 무게

각각의 탄두는 정확한 무게 기준에 의해 포트가 변한다. 그렇게 함으로써 탄두에 중량지대가 표시된다. 중량지대 표준은 최저치와 최대치로 구분되며 이러한 무게차이는 사표에 의해서 보정된다.

(4) 추진제의 온도

점화되기 전의 추진제 온도는 속도와 사거리에 영향을 미친다. 이러한 탄도의 변화는 태양열이나 많이 사용한 포의 온도 또는 냉온에 영향을 받으며 과도한 온도는 위험한 약실 압력을 유발할 수도 있다.

(5) 포구 드룹(Muzzle droop)

175mm 직사포와 같이 포열이 긴 포에서는 드룹(droop)이나 중력에 의해 휘어지는 현상이 일어난다. 이것이 고각(change of elevation)을 변화시킨다.

(6) 포구 도약(Muzzle Jump)

포강의 중심선 변위는 주퇴 때문에 일어난다.

라. 대기중에 비행하는 탄두의 안정을 유지하는 방법

탄두가 비행하는 동안 안정을 유지하는 방법에는 탄대를 이용하여 탄두를 회전시키는 방법과 탄두 후미에 날개를 부착하여 안정을 유지하는 방법이 있다.

(1) 탄대를 이용하는 방법

회전하지 않을 때는 뾰족한 침으로 서지 못하는 팽이도 빠른 회전운동이 주어질 때는 안정된 자세를 유지하는 것과 같이 탄두를 회전시켜 비행 중에 안정을 유지하기 위해서는 포강내에 강선을 설치하고 탄두 후미에 탄대를 설치함으로써 가능하다.

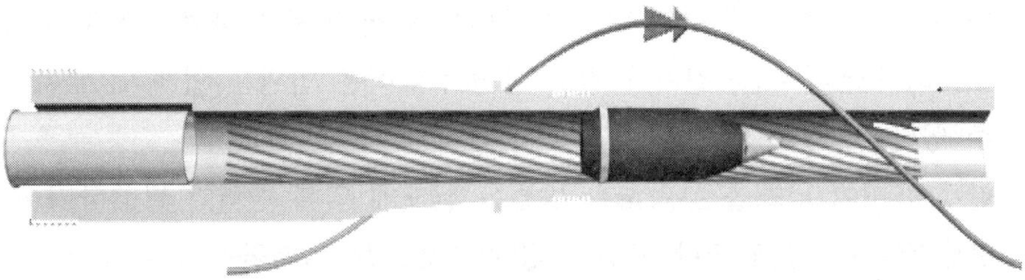

그림 1-46. 강선과 탄두 회전 운동

강선이란 포열 내부에 포구방향으로 파여진 나선형의 홈으로 약실 앞에서부터 포구까지 이어져 있으며, 탄대란 연한 재질의 구리합금체로 탄두 후면에 벨트 형태를 이루고 있다. 탄두를 장전하여 추진장약이 점화되어 약실의 압력이 일정 한계를 초과하면 탄대의 일부가 절삭되면서 탄대는 강선에 물리게 되고 강선을 따라 전진하면서 탄두가 회전운동을 하게 된다. 그러므로 탄대는 탄두에 회전력을 제공하고 탄두와 포신 사이의 공간을 막아 추진가스에 대한 밀폐작용도 한다.

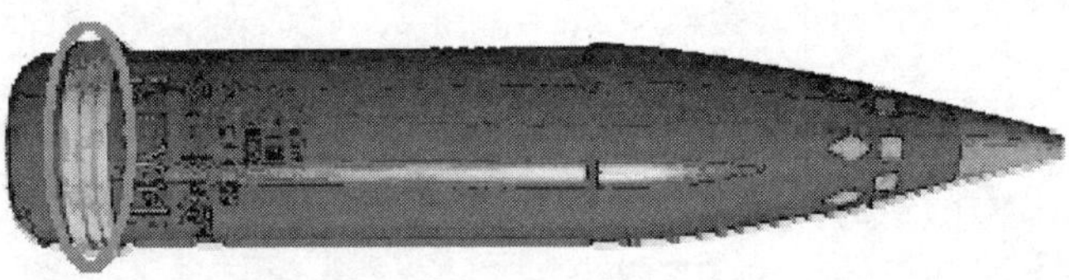

그림 1-47. 탄두의 탄대

(2) 날개를 이용하는 방법

박격포탄약과 같이 탄약의 후미에 날개를 부착하여 안정시키는 방법은 금속의 화살촉에 가벼운 화살대를 달고 그 끝에 깃털 날개를 부착하여 안정시키는 원리를 적용한 것으로 박격포탄, 로켓탄 및 유도탄에 이 방법을 사용한다.

그림 1-48. 날개를 부착한 박격포탄

탄두의 길이가 단면직경보다 6배 이상 될 때는 회전에 의한 안정화는 불가능하다. 즉, 길이에 비해 단면적이 큰 팽이는 쉽게 회전을 하여 회전축의 방향이 잘 흐트러지지 않지만, 길이가 길고 단면적이 작은 연필은 쉽게 넘어지는 것을 알 수 있다.

탄두 후미에 날개를 부착하는 방법은 날개에 의해 항력이 발생하며 횡방향 바람의 영향을 받게 되나 포신에 강선이 없으므로 제작이 용이하다.

마. 같은 제원으로 사격시 탄두가 동일한 지점에 떨어지지 않는 이유

육상선수가 시합당일 몸의 상태나 기온, 풍속 등에 따라 기록에 많은 영향을 받는 것과 같이 탄두도 화포 상태와 포구를 떠난 후 비행하면서 받는 외부 요인에 따라 정확도에 많은 영향을 미친다.

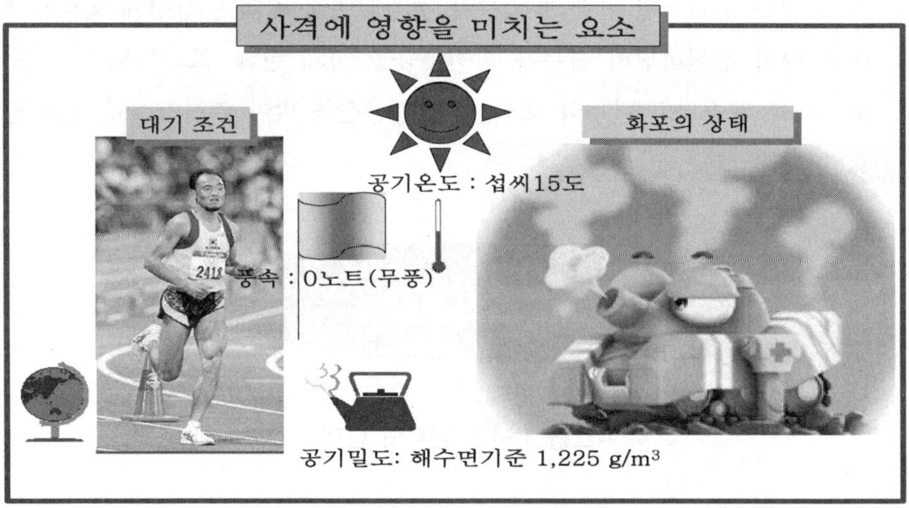

화포자체의 상태는 반복적인 사격으로 인한 포신의 침식, 마모 등이고, 탄두가 비행하면서 받는 외부요인은 바람, 온도, 밀도, 탄두의 발사속도와 무게차이 등이다. 이러한 요인은 매 사격시마다 약간씩 달라지기 때문에 동일한 화포가 동일한 사격제원으로 사격을 하여도 탄두는 대부분 동일한 지점에 떨어지지 않는다.

외부요인 중 대기조건이 바뀌었을 때에는 변경된 대기조건을 보정하기 위해 4시간 단위로"기상제원"에 대한 수정량을 계산하여 사격제원에 반영하지만, 화포의 상태변화에 대해서는 적시적인 수정량 적용이 곤란하다.

이와 같이 화포자체의 내부 결함으로 인해 발생된 오차를 공산오차라고 하며, 동일한 제원으로 동일한 화포가 사격을 할 경우 탄두가 탄착중심(MPI)을 초과할 수 있는 빈도와 초과하지 않을 빈도가 동일한 확률을 1공산오차라 한다. 아래 그림에서와 같이 탄착중심보다 멀리 떨어진 어느 탄착점에 사격선과 수직이 되게 직선을 그어(C, D선) 동일한 2개의 부분(각 25%)으로 분할할 수가 있다. 이때 탄착중심에서 새로운 수직선까지의 거리를 1사거리 공산오차라고 한다. 즉, 사거리 공산오차가 20m일 경우, 1공산오차인 원·근 20m 내에 탄두가 떨어질 확률은 50%이고, 2공산오차인 원·근 40m 내에 떨어질 확률은 82%, 3공산오차인 원·근 60m 내에 떨어질 확률은 96%, 4공산오차인 원·근 80m 내에 떨어질 확률은 100%이다. 그러므로 매 사격시마다 달라지는 화포상태 및 외부요인으로 인해 탄두가 떨어진 지점에 다시 떨어질 확률은 대단히 희박하다.

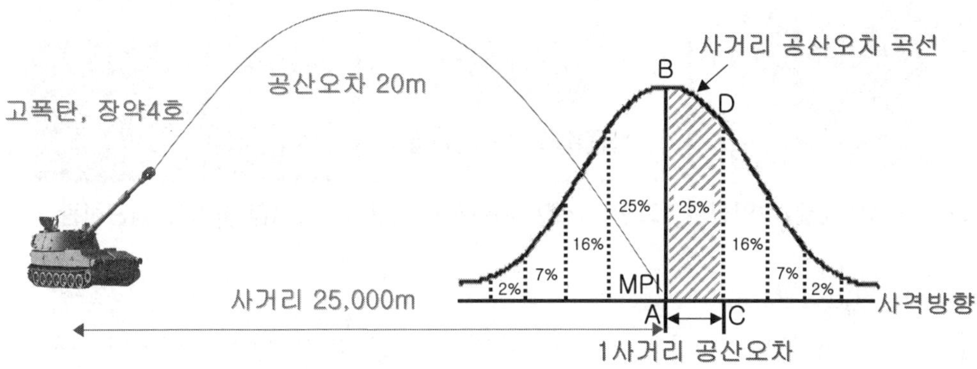

4. 최종 탄도학(Terminal Ballistics)

가. 영향요소

(1) 충격 각도

이것은 표면을 관통하는데 대한 중요한 요소이다. 이 충격 각도가 30°이하가 되면 관통하지 못하고 스쳐 지나게 된다.

(2) 타격 속도

(3) 탄두의 모양과 무게

(4) 탄두의 회전

(5) 표적의 특성

(6) 사용 신관

가) 순발신관

표적을 관통하기 전에 충격 즉시 기폭 되는 것으로서 경장비나 보호되지 않은 인원에 대하여 효과가 있다. 또한 충전제의 분산효과로 인하여 화학탄에도 사용이 된다.

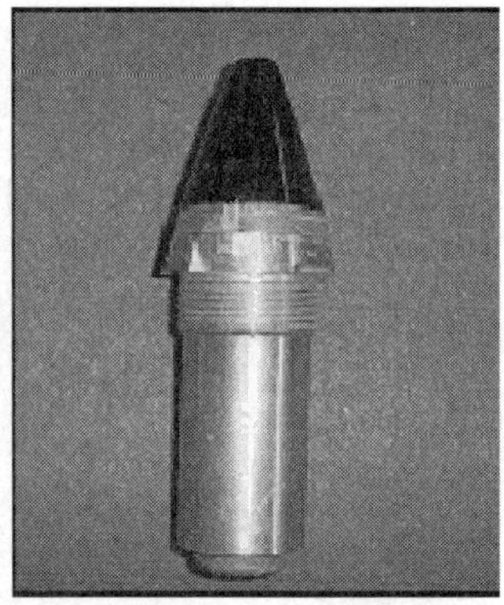

그림 1-49. 순발/지연신관 **그림 1-50. 시한/순발신관** **그림 1-51. 접근신관**

나) 지연신관

지연신관은 약간의 관통이 일어난(0.025~0.05초)후 폭발된다. 즉 방벽, 호 등에 대해서 효과가 있다.

다) 시한신관

시한신관은 밀리 정해놓은 시간 후에 작용하는 것으로서 경장비나 비방호된 인원 또는 항공기 등에 대해서 효과가 있는데 현재에는 시한신관과 접근신관이 같이 사용된다.

라) 접근신관

접근 신관은 시간 조절판에 밀리 장입된 시간 3~5.5초 전에 신관으로부터 발사된 전파가 근접된 표적에서 반사되어 신관에 되돌아올 때 기능을 발휘하는 신관이다.

제2장 105밀리 곡사포

제2장 105밀리 곡사포

제1절 개 요

1. 화포구조

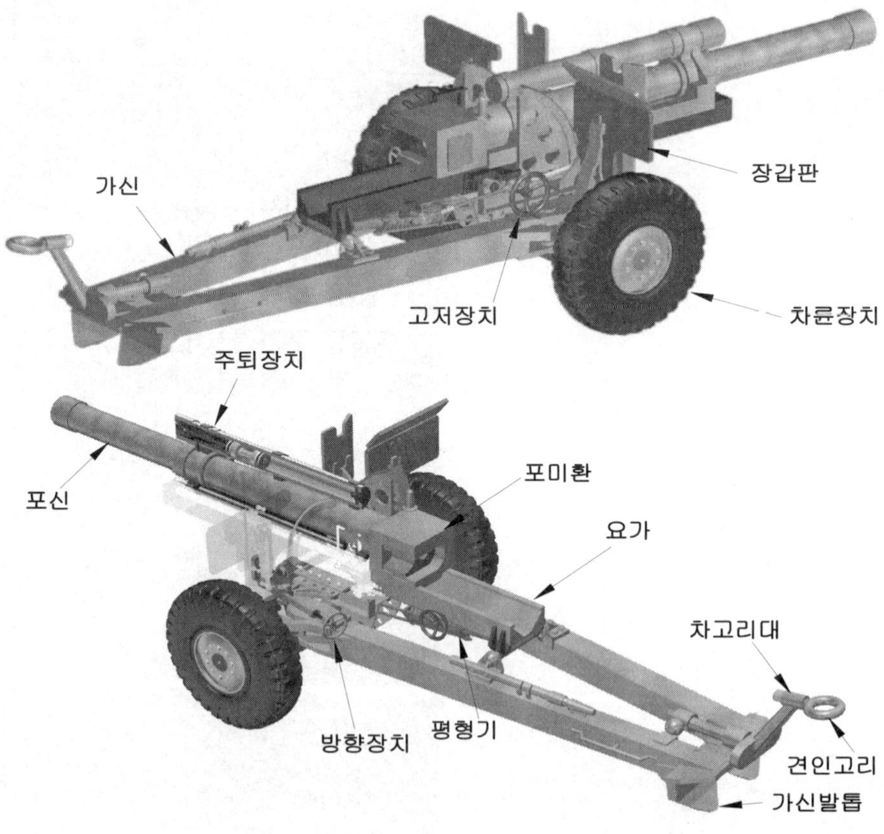

그림 2-1. 105밀리 곡사포 (M101A1)

2. 제원

구 분		단위	내 용
총 중 량		kg	2,258
포 신 중 량		kg	482.6
전 체 길 이		m	6
포 신 수 명		발	M_2A_1 : 5,000 M_2A_2 : 7,500
포 신 길 이		m	2.6
발사 속도	최대(최초 3분간)	발	10
	지속(3분 경과후)	발	3
탄두가 포구를 떠날 때 속도		㎧	470.4
약 실 압 력		psi	39,000
최대 사거리	고폭탄	㎞	11.3
	사거리 연장탄	㎞	14.5
방 위 각			좌 : 22.5°, 우 : 23° (전륜기 1회전당 19mil)
고 저 각			+ 65° ~ - 5°(1,156~89mil) (전륜기 1회전당 10mil)
강 선		조우선	36
주퇴장치 질소가스압력(70℉시)		psi	1,150

3. 특징

155밀리 곡사포에 비해 비교적 기동성이 양호하며, 탄약은 반고정탄을 사용하고 방향포경을 이용한 간접사격과 팔꿈치포경을 이용한 직접사격이 가능하다. 또한 주퇴장치는 주퇴기와 복좌기가 상호 연결되어 있는 유기압 종속 불변식 주퇴장치이며 용수철식 평형기를 1개 사용한다.

사격시에는 바퀴 2점과 가신 2점이 접지되어 사용되는 4점 접지포이다.

제2절 포신결합체

1. 구조기능

가. 외부명칭

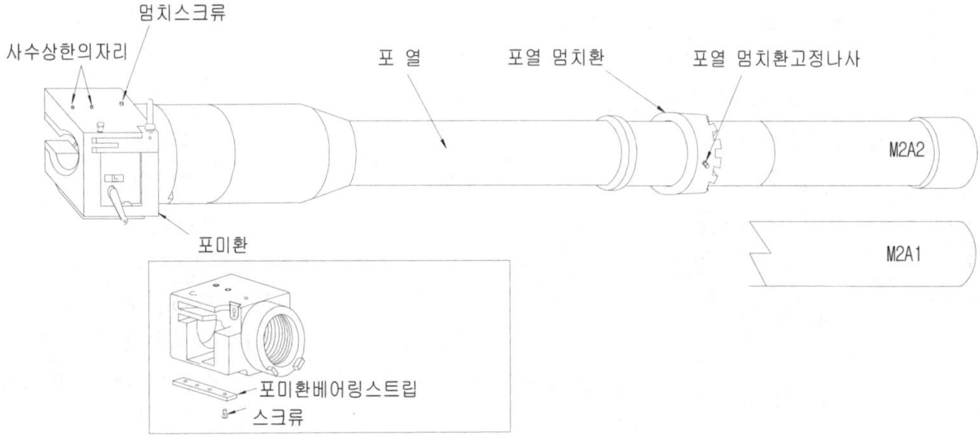

그림 2-2. 외부명칭

(1) 포열(Tube, Cannon)

탄피나 장약을 수용하는 약실과, 강선이 있는 주포강으로 구분되며 포탄이 장전되어 추진되는 부분이다. 모든 포열에는 일련번호(그림2-3)를 부여하여 관리를 한다.

(2) 포미환(Breech block)

포탄을 추진시키는 약실내의 가스를 차단시키기 위해 포열에 연결된 부분이며 폐쇄기와 격발장치를 수용하고 있다. 105밀리 곡사포 포미환 형태는 사각형으로서 수평쇄전식 폐쇄기와 인락식 격발장치를 수용하고 있다. 포미환은 1개의 포미환에 3개의 포열을 사용할 수 있다.

포열을 교환하면 포미환의 왼쪽 상단의 포열 재설치 표시 위치에 교환 수를 표기(그림2-3)한다.

그림 2-3. 포열 및 포신 일련번호의 위치 : 105mm 곡사포, 포신 M_2A_1/M_2A_2.

(3) 폐쇄기(Breech Operating Mechanisms)

105밀리 곡사포에 사용되는 수평쇄전식 폐쇄기는 수평으로 이동하여 사격시 약실의 탄피가 뒤로 밀리지 않도록 설계되어 있다. 폐쇄기 뭉치를 이동시키는 폐쇄기 손잡이와 격발을 위한 공이틀 뭉치 및 방아쇠 등으로 구성되어 있다.

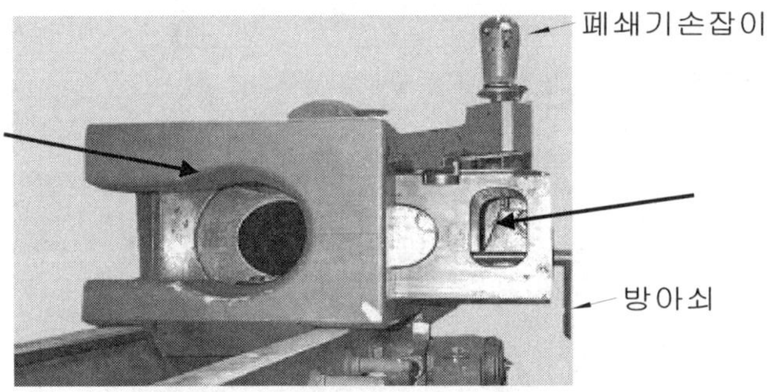

그림 2-4. 포미환 및 폐쇄기

(4) 격발장치(Firing Mechanisms)

반고정탄 격발에 사용하는 격발장치는 M13공이틀 뭉치로 공이와 공이용수철, 단발자, 공이지레 등으로 구성되어 그림 2-5, 2-6과 같은 형태를 이루고 있다. M13 공이틀 뭉치의 작용은 최초 방아쇠를 방아끈으로서 잡아당기면 방아쇠가 공이지레를 작용시키면서 이루어진다.

공이지레는 공이토시를 밀어 단발자에 의해 물려있던 공이핀 홀더가 공이토시에 의해 밀려 나간다. 이때 공이토시 안에서 강력하게 압축되던 공이용수철이 팽창하면서 빠른 속도로 공이가 앞으로 튀어나가 포탄의 뇌관을 쳐 격발시킨다.

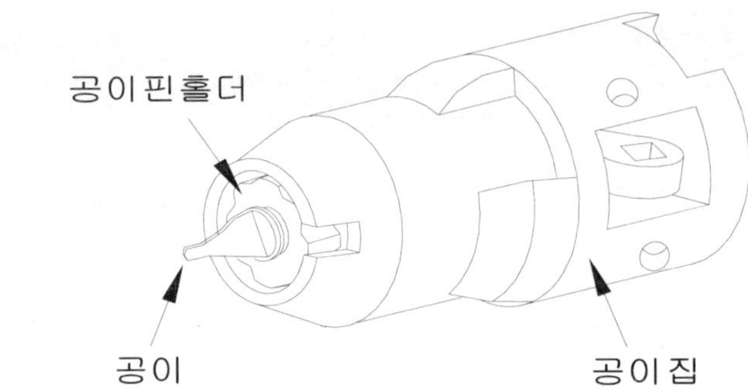

그림 2-5. M13공이틀뭉치 외부구조

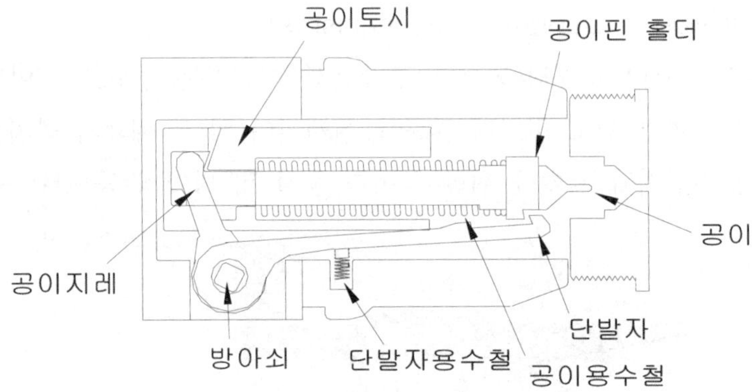

그림 2-6. M13공이틀뭉치 내부구조

나. 내부명칭

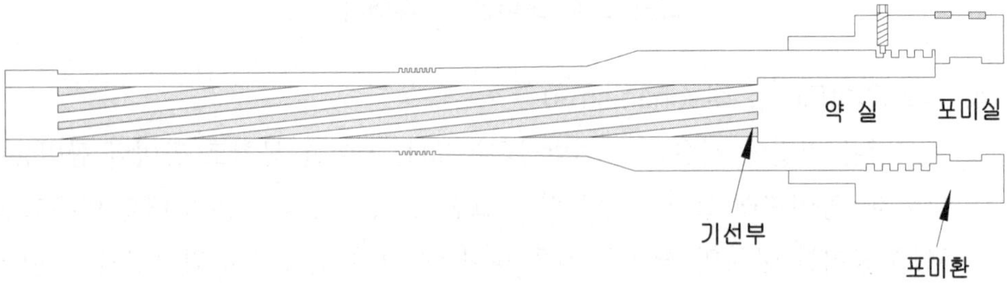

그림 2-7. 내부명칭

(1) 포미실(Breech recess)

폐쇄기와 격발장치를 수용하는 자리이며 사격시 발생하는 반동에 의해 탄피와 폐쇄기가 뒤로 밀리는 것을 방지 시켜주는 부분이다.

(2) 약실(Chamber)

포탄이 포에 장전될 때 탄피를 수용하는 부분이다.

(3) 기선부(Forcing Cone)

포강 내에서 강선이 시작되는 부분이며 포탄 발사시 포탄의 탄대가 점차적으로 강선에 물리기 시작하는 곳이다. 이 지점에서 포탄의 중심이 포강 내에서 이루어지며 가장 많이 마모되는 곳이다.

2. 제거설치

제거설치 전 주의해야 할 사항으로는 포신제거시 무게중심을 정확히 맞춰야 하며, 손가락이 장비 틈에 끼지 않도록 한다.

준비사항은 가신을 2m 정도 벌리고 수동식 제동장치로 제동을 걸어 움직임이 없도록 해야하며, 포신을 수평에 위치하고 평형기에 4″× 4″× 12″크기의 목봉을 설치한다.

가. 필요공구

A후렘(5톤구난차), 포열멈치환 렌치, 포신스링, 7/16″양구렌치

나. 제거설치 순서

(1) 7/16″양구렌치로 포열멈치환 고정나사를 제거한다.

(2) 포열멈치환을 포열멈치환 렌치로 풀어낸다.

(3) 포구 선단에 4″× 4″× 2m 크기의 목봉을 옆으로 대고 포신을 주퇴장치 후단으로 25㎝정도 밀어낸다.

(4) 포신의 무게중심선에 포신스링을 설치한 후 A후렘에 걸어 A후렘을 포미쪽으로 서서히 밀면서 포신을 주퇴장치로부터 분리하여 고임목 위에 안전하게 내려놓는다. 이때 포신의 무게가 478㎏이므로 안전에 주의한다.

(5) 설치는 제거의 역순으로 한다.

그림 2-8. 포신결합체 제거

3. 분해결합

가. 폐쇄기

(1) 필요공구는 -자 드라이버, 육모렌치이다.

(2) 폐쇄기뭉치 분해시 안전에 유의해야 한다.

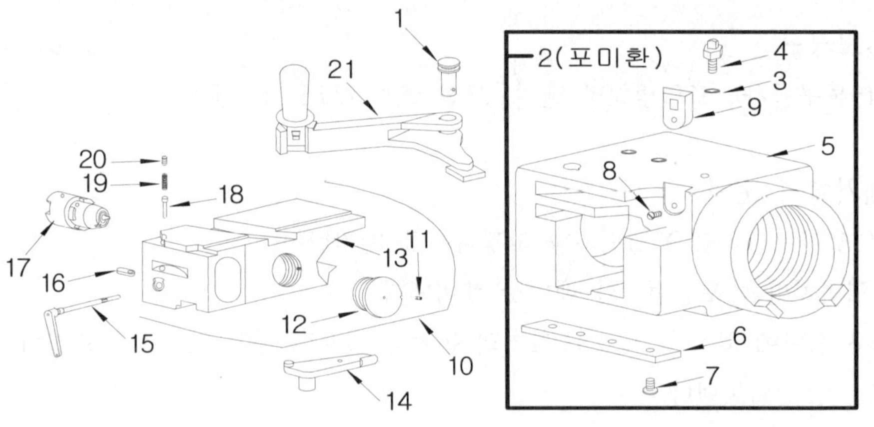

1. 연결쇠	8. 고정나사	15. 방아쇠
2. 포미환	9. 멈치	16. 멈치손잡이
3. 와셔	10. 폐쇄기뭉치	17. 공이틀뭉치
4. 멈치나사	11. 멈치나사	18. 멈치
5. 포미환몸체	12. 공이앞마개	19. 용수철
6. 슬리브베어링	13. 폐쇄기	20. 멈치나사
7. 고정나사	14. 칼퀴	21. 폐쇄기지레

그림 2-9. 폐쇄기 분해도

(3) 분해 순서

멈치손잡이(16)를 왼쪽으로 젖히고 방아쇠(15)를 잡아당겨 제거 후 M13 공이틀뭉치(17)를 반시계 방향으로 60도 회전시키면 폐쇄기로부터 분리된다. 폐쇄기 지레를 45도 당긴 뒤 연결쇠를 빼어내고 폐쇄기 지레(21)를 분해한 뒤 칼퀴(14)와 폐쇄기 뭉치(10)를 제거한다.

나. M13 공이틀뭉치

(1) 필요공구는 -자 드라이버이다

(2) 분해시 공이용수철의 팽창에 의한 안면 손상에 유의한다.

(3) 분해순서

공이(1)있는 쪽을 바닥에 대고 공이틀뭉치의 상단부분을 잡아 누르면 공이지레(9)가 자동으로 분리되며 공이지레가 분리되면 공이틀뭉치 내부로부터 공이, 공이용수철, 슬리브, 단발자 등이 자연스럽게 분리된다.

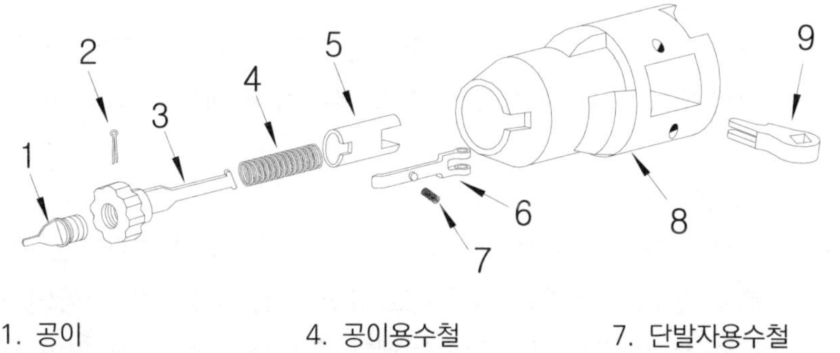

1. 공이 4. 공이용수철 7. 단발자용수철
2. 코터핀 5. 슬리브 8. 공이틀뭉치
3. 공이집 6. 단발자 9. 공이지레

그림 2-10. M13공이틀 뭉치 분해도

4. 검사정비

가. 포신평가

포신도 수명이 있다. 포탄을 발사할 때마다 포강 내부에서 발생하는 화학적, 물리적 작용에 의해 포신의 수명은 점차 줄어간다. 포신 수명은 추진장약 연소시 발생하는 고압이 포신에 반복적으로 작용함에 따른 피로 수명과 고온 고압의 가스 및 연소 잔재물과 포탄의 고속운동 등으로 포신벽이 깍여 나가는 침식에 의한 마모 수명으로 구별된다.

침식의 발생은 추진제가 연소할 때 불안정한 가스 발생으로 고온에서 포신재료와 화학작용을 일으켜 표면경화 현상을 일으키고 고압에 의해 발생된 커다란 응력에 의해 경화된 표면은 취성이 높아 사격시 쪼개어 지게 된다.

(1) 포신의 일반적인 결함

가) 부식

추진장약 연소시 발생하는 고온의 가스 및 연소 잔여물의 이동과 탄환이 포강내를 이동할 때 포신내면의 약실 및 강선이 손상되는 현상으로 다음과 같은 부식이 있다.

1) 가스부식

고온 고압의 가스가 생성됨으로써 포신이 가열되어 화학적 작용 및 세척작용이 일어나 포강 전체가 확대되는 현상이다.

2) 흠자국

탄환이 포강내를 통과할 때에 흠집 부분에서 완전히 밀착되지 못하고 고압가스가 분사됨으로써 흠집 부분이 확대되는 현상이다.

3) 마손(scoring)

마손은 탄두의 회전대와 포강 벽과의 사이로 빠져나가는 추진가스의 배출로 인하여 생기는 침식으로 강선 또는 포강벽의 결함(공구자국, 균열 등)으로 인하여 회전대의 밀폐가 충분하지 못할 때 일어난다.

일단 마손이 시작되면 최초에는 그 흔적이 완전히 나타나지 않지만 사격을 계속함에 따라 급격히 증가된다. 마손은 포강의 12시 방향(상부) 주위에 생기는데 그 이유는 탄이 장전되었을 때 탄의 무게로 인하여 윗부분에 더 큰 간격이 생기기 때문이다.

이러한 현상은 분리장전식탄을 사용하는 포에서 한층 뚜렷이 나타난다. 마손이 시작된 뒤 포신이 가열된 상태에서 사격하던지 또는 발사를 하게 되면 마손은 더욱 심해진다. 마손현상이 심화되면 포신의 강도도 약화되지만 그 이전에 명중도가 현저히 감소되어 포신을 사용할 수 없게 된다.

4) 삭마(abrasion)

삭마는 탄두와 포강내부의 접촉에 의하여 완만히 발생되는 포강 벽의 침식으로 포강의 6시방향(하부)주위에 생기는데 그 이유는 탄두와 포강 하부와의 마찰이 큰 탓이다.

삭마로 인하여 포강벽은 계속 마모되며 새로운 금속이 추진가스에 노출되어 침식은 계속 일어나고 이에 따라 탄은 밑으로 처지게 되어 마손도 증가된다. 침식으로 인하여 탄두가 받는 초기저항과 초기 압력이 낮아지고 유효약실 체적은 증가하게 되어 최고 압력과 포구속도가 감소되고 탄두가 포구를 떠날 때 편주각이 크게 되어 결과적으로 사거리가 감소된다.

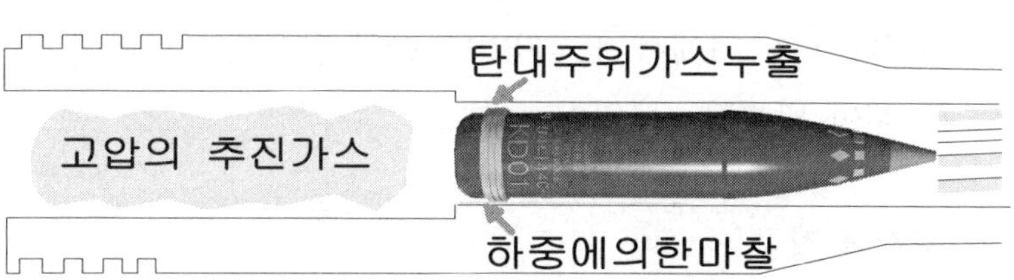

그림 2-11. 포신 내부의 침식 현상

(나) 손상

포신 내무나 외부에 변형이나 균열로 포신 사용이 불가능한 정도인 상태로 다음과 같은 종류의 손상이 있다.

1) 제작상의 결함

제작시 원재료의 미세한 결함 등의 원인 때문에 사격시 손상이 발생하는 것을 말한다.

2) 동제화

포신의 가열로 탄환의 탄대부에서 동분이 포신에 접착되는 것을 말하는데 신품 포신에서 특히 많이 발생된다.

3) 팽창

포강이 확대되는 현상이다.

4) 녹

포강 내외부에 녹이 발생되는 현상, 녹을 제거하면 포강 직경이 증가하고 미세한 요철면이 생겨 동제화의 영향이 증가된다.

5) 격장의 변화

격장이 파손 또는 변형될 수 있다.

6) 둥근홈

포신을 생산할 때에 포신 내면에 공기에 의한 기포가 발생되어 생길 수 있다.

7) 탄약 기능 이상으로 발생되는 결함

탄대가 포강 내에서 벗겨지거나 안전 철선으로 인하여 포강내에서 경미한 홈이 발생될 수 있다.

8) 포강내 잡물

사격전에 오물, 돌멩이, 나뭇가지, 파편이 원인이 되어 손상이 발생 될 수 있다.

9) 점진적 응력 손상

계속적인 사격으로 열이 발생하면 열로 인하여 흠집 또는 흠집이 점차적으로 확대하는 응력 손상이 있을 수 있다.

(다) 부식의 영향

1) 포강내부의 전체적인 부식

포강내의 부식으로 초속이 감소되어 최대 사거리가 감소되고 명중률이 저하되는 현상이 발생한다.

2) 포강내부의 기선부 부식

탄두의 탄대로 인하여 기선부가 가장 많이 마모되면 추진 장약의 연소가스가 누출되어 초속이 감소되고 최대사거리가 감소되는 현상이 발생한다.

(2) 포신 평가의 종류

가) 육안검사

1) 개요

육안 검사는 육안으로서 포신의 내 외부를 검사하는 것을 말하며 정비부대 또는 사용부대에서 실시한다. 육안검사는 통상 검사경을 사용하고 게이지 검사와 병행하여 실시하는 것이 이상적이다. 육안검사 빈도는 수시로 필요에 따라 할 수 있으나 통상 분기별로 실시하여 포신의 손상 여부를 검사해야 한다.

2) 검사전 준비사항

① 포강 및 약실 손질

② 포강내 동분 제거

③ 포강 검사경 설치

3) 판정 및 조치요령

① 균열

격장이 떨어져나간 균열을 비롯하여 모든 균열 현상이 포강 내부에 있으면 포신을 교환한다.

② 강선 손상

직경이 0.01인치 이상이면서 길이가 1½ 구경장 이상의 크기인 강선을 횡단하는 손상이 있으면 포신을 교환한다.

③ 홈자국

포강내 기선부에서 전방으로 1½ 구경장 이상 연장된 홈자국은 포신을 교관한다.

④ 외부홈

포신 두께의 ¼ 이상 홈이 발생했거나 길이가 ½ 구경장 이상 연장된 홈은 포신을 교환한다.

(나) 게이지 검사

1) 개요

풀오버 게이지를 사용하여 포강의 마모치를 측정함으로써 포신의 사용여부를 결정하고 마모량에 따른 잔여수명을 결정한다.

2) 게이지 검사의 목적

가) 포신의 마모치(부식량 측정) 측정

나) 예상 잔여 발사탄수 계산

다) 포신의 사용 및 가능여부 판단

3) 필요 공구 및 게이지

가) 풀오버 게이지

나) 인치자 : 받침대의 눈금이 보이지 않을 때 사용한다.

다) 버니어캘리퍼스 : 풀오버 게이지의 두부자체 마모상태 측정.

라) 확대경 : 게이지 눈금 판독시 사용한다.

4) 풀오버 게이지의 구성품

가) 두 부 : 포강내부의 마모치를 측정하여 직접 읽을 수 있는 것이며 37 ~ 280밀리까지 구경별로 있다.

나) 받침대 : 두부에 결합하여 사용할 수 있는 손잡이 역할

① 3/8″(20 ~ 57 ㎜) : 소형 화기의 마모치 검사에 사용

② 5/8″(58 ~ 280 ㎜) : 야포의 마모치 검사에 사용

다) 받침대 멈치 : 두부가 측정거리(기선부) 이상 들어가지 못하도록 멈춰주는 역할을 한다.

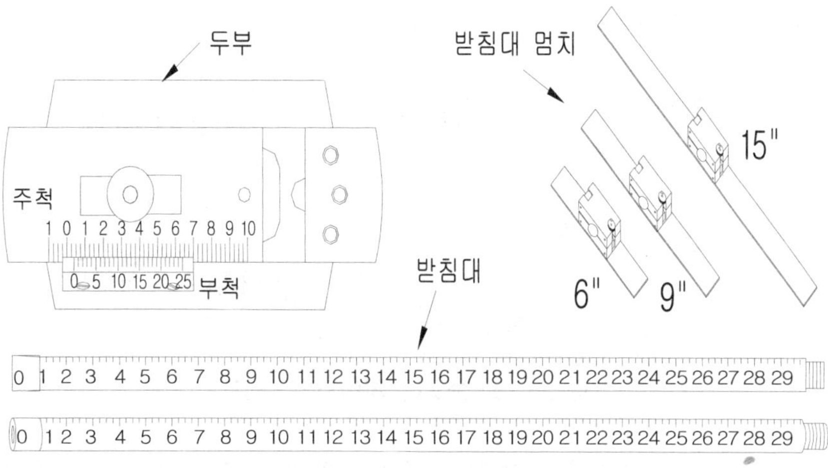

그림 2-12. 풀오버 게이지의 구성품

5) 받침대 멈치 설치 위치

포 종	사용 받침대 멈치 규격	설 치 위 치
90㎜	6″	25″
105㎜	6″	· M2A1 …… 15.5″ · M2A2 …… 16″
155㎜ M114A1	9″	30″
155㎜ KH179	9″	41.75″, 60″
8″(175밀리)	15″	38″ M113 : 64.50″ M113A1 : 64″
※ 게이지의 두께(1″)를 감안하여 받침대 멈치 설치시 설치 위치에서 1″를 빼준다.		

6) 측정 요령

가) 포신 후단부에서 풀오버 게이지의 활판을 포구 쪽으로 경사지게 한 상태로 12시 방향으로 향하게 하고 고정판이 6시 방향으로 향하게 하여 포구 속으로 집어 넣는다.

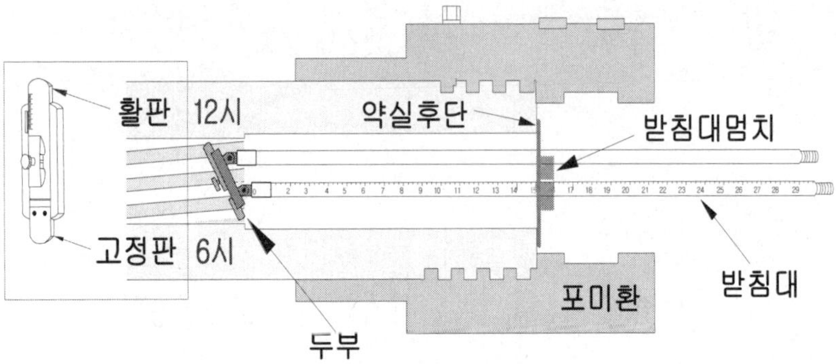

그림 2-13. 풀오버 게이지의 삽입

나) 받침대 멈치를 약실 후단에 밀착시킨 다음 위에 있는 받침대를 조심스럽게 당긴다.

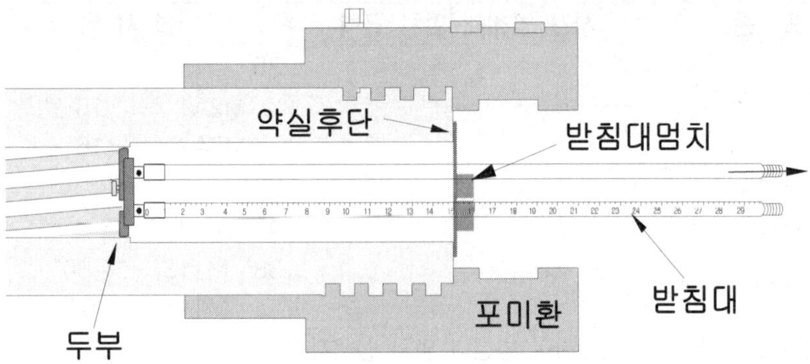

그림 2-14. 풀오버 게이지의 당김

다) 두부에 충격이 가하지 않도록 서서히 빼낸 다음 눈금을 판독한다.

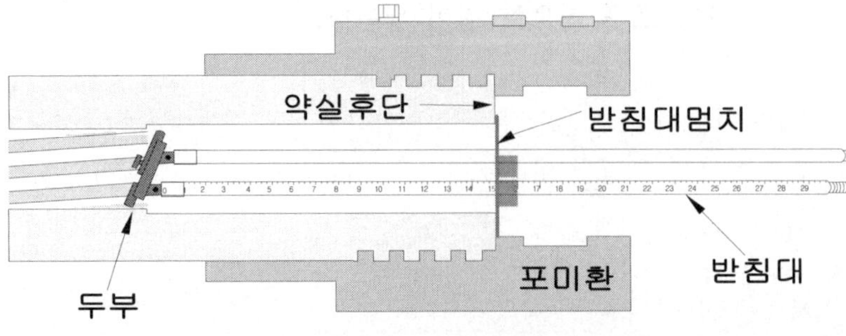

그림 2-15. 풀오버 게이지의 빼냄

라) 측정횟수 : 3회를 측정하여 평균치를 적용한다.

7) 눈금 판독 요령

가) 주척은 큰 눈금과 작은 눈금으로 되어 있는데 큰 눈금은 1″를 10등분한 것으로 1눈금의 크기가 0.1″이고, 작은 눈금은 0.1″를 4등분한 것으로 1눈금의 크기는 0.025″이다(0.6″를 24등분한 것과 같다).

나) 부척의 눈금은 0.6″를 25등분한 것으로서 1눈금의 크기는 0.024″이다.

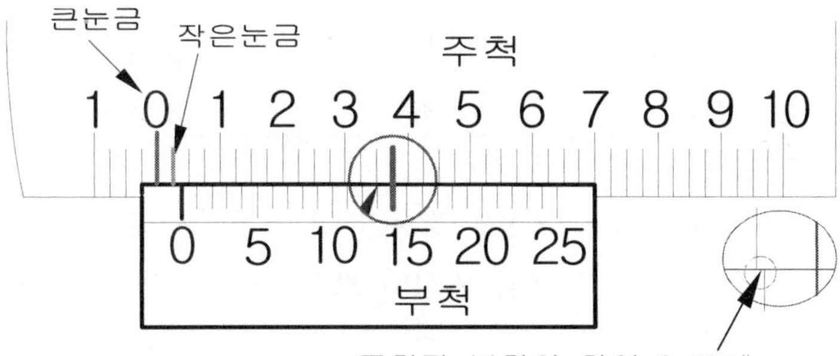

그림 2-16. 풀오버게이지 눈금

다) 측정 가능한 한계는 주척의 작은 눈금과 부척의 1눈금의 크기와의 차이 즉 0.001″까지 측정이 가능하다(아베의 원리).

라) 부척이"0"눈금이 가리키는 주척의 눈금위치를 읽는다.

마) 주척과 부척의 눈금이 일치하는 지점까지의 부척 눈금수를 확인하고 일치되는 수치에 0.001″를 곱한다.

바) 주척에서 읽은 수치와 부척의 눈금과 주척의 눈금이 일치하는 지점의 부척 눈금 수에 0.001″를 곱한 수치를 합하면 포강의 마모치가 된다.

사) 마모치와 기본포강직경을 합하면 구하고자 하는 측정치를 얻게 된다.

마모치 = (0.1 × 주척의 큰눈금수) + (0.025″ × 주척의 작은 눈금수) (0.001″× 주척과 부척의 일치눈금수) 기본 포강직경 = 4.134″(105밀리 곡사포) 측정치 = 기본포강직경 + 마모치

8) 판정 및 조치요령

가) 계산된 측정치와 폐기처분 한계직경을 비교하여 측정치가 폐기처분 한계직경을 초과하면 포신은 교환되어야 한다.

나) 측정치가 폐기처분 한계직경을 초과하지 않으면 포신은 계속 사용할 수 있다.

다) 포신의 폐기처분 한계직경

<table>
<tr><th colspan="2">구 경</th><th>기본포강직경</th><th>폐기처분 한계직경</th></tr>
<tr><td colspan="2">105mm(M101A1)</td><td>4.134″</td><td>4.204″</td></tr>
<tr><td colspan="2">155㎜(M114A1)</td><td>6.100″</td><td>6.160″</td></tr>
<tr><td rowspan="2">155㎜
(KH179)</td><td>41.75″</td><td rowspan="2">6.100″</td><td>6.190″</td></tr>
<tr><td>60″</td><td>6.160″</td></tr>
<tr><td colspan="2">8″ HOW</td><td>8.000″</td><td>8.150″</td></tr>
</table>

9) 105밀리 곡사포 포신을 검사한 결과 게이지 눈금이 아래 그림과 같을 때 포신의 사용가부를 판정해 보자

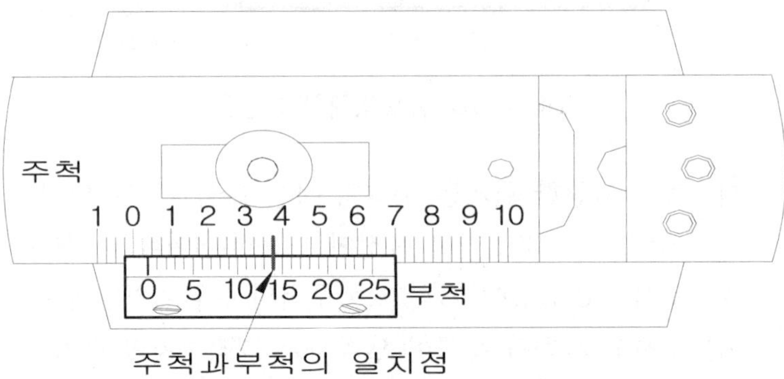

그림 2-17. 풀오버게이지 눈금판독

가) 마모치 = (0.1 × 주척의 큰 눈금수) + (0.025″× 주척의 작은 눈금수) + (0.001″ × 주척과 부척의 일치 눈금수)

= (0.1″× 0) + (0.025″× 1) + (0.001″ × 14)

= 0.039″

나) 기본포강직경 = 4.134″

다) 측정치 = 4.134″ + 0.039″ = 4.173″

라) 폐기처분 한계직경 : 4.204″

마) 판정 : 측정치가 폐기처분 한계보다 작으므로 계속 사용가능

(다) 발사탄수 계산

1) 개요

포신의 예상 잔여 수명을 판단하고 포신의 소요량을 결정하기 위하여 발사탄수 계산을 한다. 따라서 발사탄수 계산은 사용부대로부터 정비부대까지 실시되며 사용부대에서는 정확한 잔여수명을 판단하기 위해 화포 이력부에 발사된 포탄의 탄종 및 장약 호수를 반드시 기록해야 한다.

2) 용어설명

가) 등가치

포신을 통해서 발사되는 포탄의 탄종이나 장약호수에 따라 포신의 마모량이 다른 상이점을 계수로 나타낸 수치를 등가치라 한다.
예를 들어, 105㎜ 곡사포에서 장약 7호로 발사했을 때의 계수를 1로 하면 장약 1~6호는 계수를 0.25로 정하는 것이다. 따라서 장약 1~6호를 사용하여 포탄 4발을 발사했다면 7호 장약을 사용하여 1발 발사한 것과 동일한 영향이 포신에 미치게 된다.

나) 등가완전 장전탄(E.F.C : Equivalent Full Charge)

해당화포의 주탄약 1발이나 최대장약을 사용하여 포탄을 발사했을 경우를 계수 1로 적용할 때 이를 등가완전 장전탄 1발이라고 한다.

〈화포별 등가치〉

구분	장비모델	포신모델	장약호수	등가치
105㎜ 곡사포	M101A1	M2A1/M2A2	7호	1
			1~6호	0.25
155㎜ 곡사포	M114A1	M1/M1A1 /KM1A1	7호	1
			3~6호	0.25
	KH179	CN79	8S호	1
			8호	0.33
			7호	0.1
			3~6호	0.05

3) 화포별 포신수명

화포별 포신수명은 포신 모델에 따라 다르며 E.F.C를 적용한 수명을 말한다.

〈화포별 포신수명〉

장비별	장비모델	포신모델	포신수명
105㎜ 곡사포	M101A1	M2A1	5,000발
		M2A2	7,500발
155㎜ 곡사포	KH179	CN79	1,750발
	M114A1 M114A2	M1	2,000발
		M1A1	7,500발
		KM1A1	7,500발

4) 계산 요령

가) 포이력부를 점검하여 발사된 탄수를 장약호수별로 등가치를 적용하여 완전 장전탄 발사탄수로 계산한다.

나) 만약 발사된 탄종이나 장약호수가 미기록 되었을 때는 발사된 포탄 중 75%를 해당 포신에서 가장 높은 계수로 적용하고 25%를 가장 낮은 계수로 적용한다.

다) 예상 잔여수명은 원 수명에서 완전 장전탄으로 계산된 발사탄수를 감하여 계산된 수치이다.

라) 계산"예문"

[문1] 105㎜ 곡사포(M2A2)에서 포이력부에 7호 장약으로 500발, 3호 장약으로 400발을 사격시 잔여 발사탄수를 결정하라.

- 7호 장약으로 발사된 탄수 : 500× 1=500발
- 3호 장약으로 발사된 탄수 : 400× 0.25=100발
- 총 발사탄수 : 500+100=600발
- 잔여 발사탄수(M2A2) : 7,500-600=6,900발

[문2] 105㎜ 곡사포(M2A1)에서 포이력부에 7호 장약으로 300발 4, 5, 6호 장약으로 200발 장약호수가 미 기록된 발사탄수가 500발일 때 잔여 발사탄수를 결정하라.

- 7호 장약으로 발사된 탄수 : 300× 1=300발
- 4,5,6호 장약으로 발사된 탄수 : 200× 0.25=50발
- 장약호수 미기록

- 500 × 0.75 = 375(75%를 최고등가치로 계산)

⇨ 375× 1 = 375발

- 500 × 0.25 = 125(25%를 최저등가치로 계산)

⇨ 125 × 0.25 = 31.25발

• E.F.C로 환산한 총 사격발수 : 300 + 50 + 375 + 31.25 = 756.25발

• 잔여 발사탄수(M2A1) : 5,000 - 756.25 = 4,243.75발

5) 판정 및 조치요령

계산한 결과 잔여수명이"+"의 수치가 나오면 포신수명이 다 할 때까지 포신을 계속 사용하고"-"의 수치가 나오면 포신을 교환한다.

제3절 주퇴장치(Recoil Mechanism)

1. 구조기능

가. 외부명칭

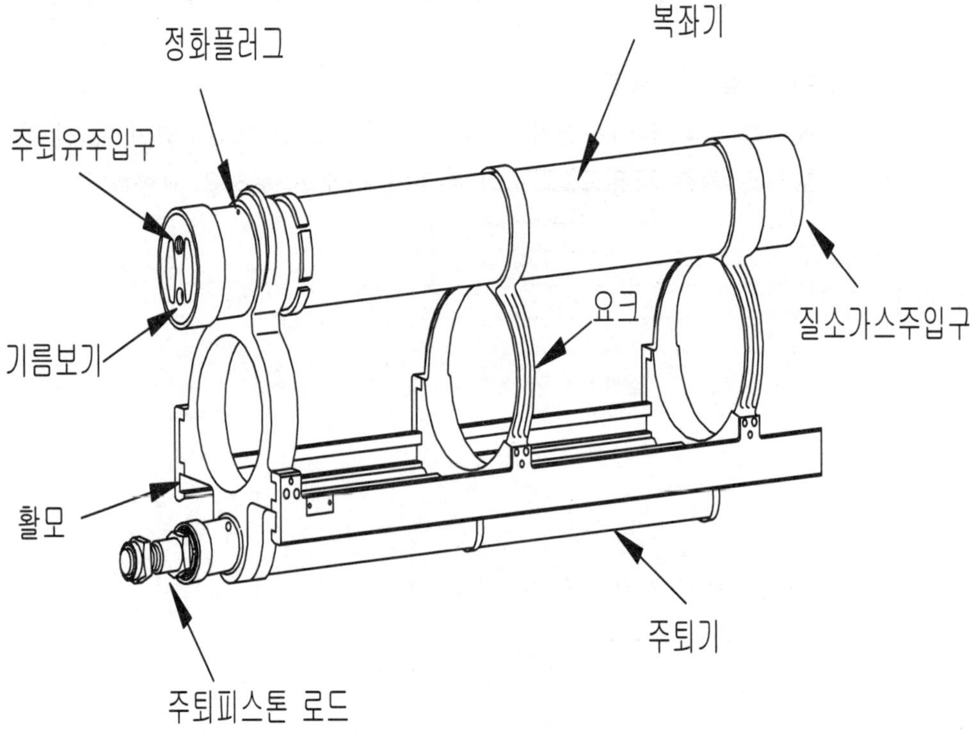

그림 2-18. 외부명칭

나. 내부명칭

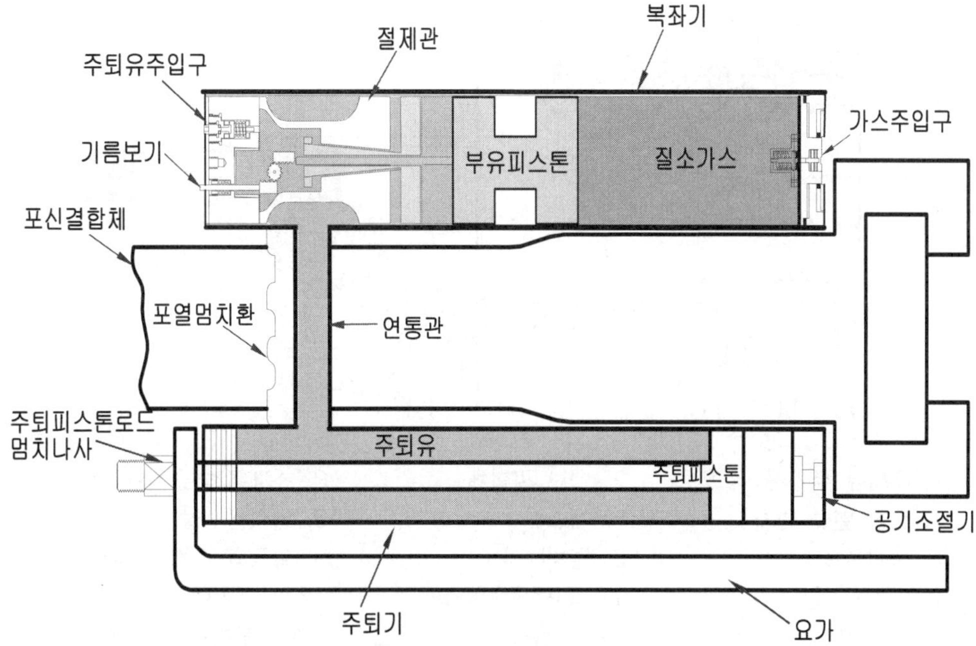

그림 2-19. 내부명칭

(1) 주퇴유 주입구 및 기름보기

주퇴유 주입구는 복좌기 선단에 있어 주퇴복좌기에 주퇴유를 주입 또는 배출할 수 있는 곳으로 그림 2-20과 같이 주퇴유 주입 플러그와 스페이셔 슬리브, 개스킷, 압력용수철, 충진밸브 등으로 구성되어 있다. 밸브형식은 체크 밸브로서 주입구로부터 압력을 가하면 열리고 압력을 해제하면 폐쇄되도록 되어있다. 기름보기는 주퇴유 주입구 밑에 위치하여 주퇴장치 내부의 주퇴유량을 외부에서 판독할 수 있는 장치로 주퇴유량이 정상인 경우 복좌기 선단과 기름보기가 일치되며 부족할 경우에는 기름보기가 기름보기 내부로 들어간다.

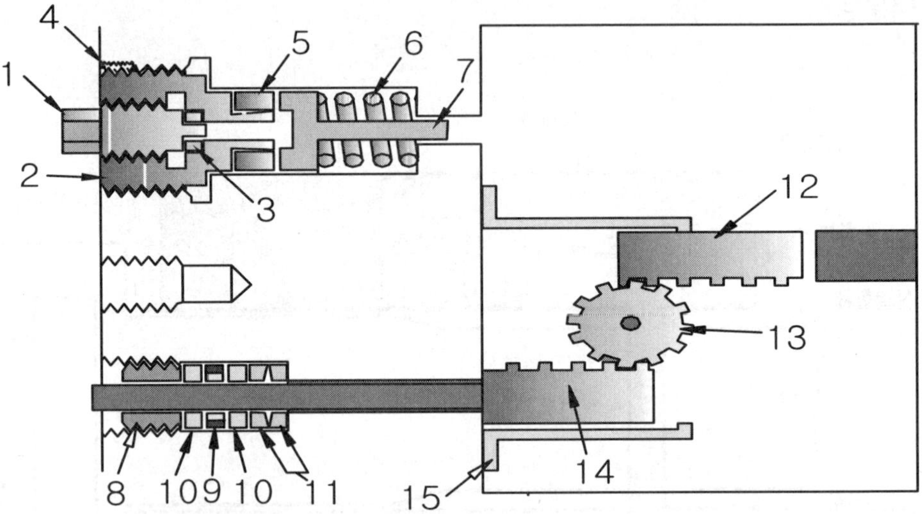

1. 주퇴유 주입 플러그　　2. 밸브 결합체　　3. 스페이셔 슬리브
4. 충진 밸브 멈치　　5. 개스킷　　6. 압력용수철
7. 충진밸브　　8. 멈치나사　　9. 필러와 패킹결합체
10. 패　　킹　　11. 압축용수철와셔　　12. 랙크기어
13. 평기어　　14. 기름보기　　15. 기름보기 하우징

그림 2-20. 주퇴유 주입구 및 기름보기

(2) 질소가스 주입구

질소가스 주입구는 복좌기 포미쪽에 있어 질소가스를 주입하고 배출하며, 가스 압력을 측정하는 곳으로 주퇴유 주입구와 같은 체크밸브로 구성되어 있다.

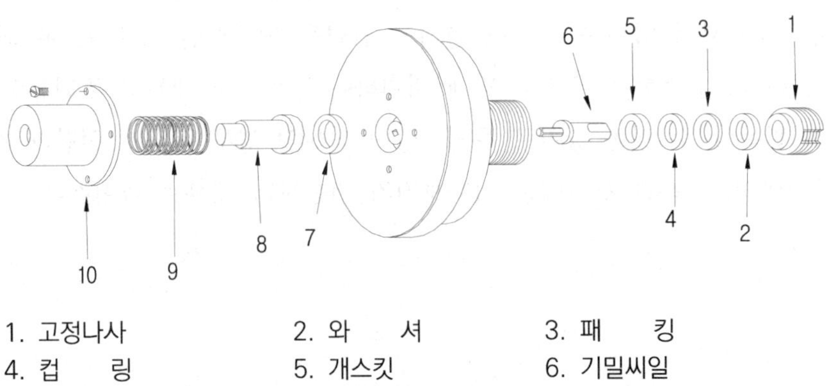

1. 고정나사　　2. 와　　셔　　3. 패　　킹
4. 컵　　링　　5. 개스킷　　6. 기밀씨일
7. 개스킷　　8. 급기밸브　　9. 나선식 압축 용수철
10. 공기밸브 안내대

그림 2-21. 질소가스 주입구

(3) 공기 조절기

공기 조절기는 주퇴장치의 복좌시에 주퇴피스톤이 실린더 내벽에 강하게 부딪혀 충격이 발생하지 않도록 복좌완충작용을 한다. 복좌완충작용은 대부분 복좌기 내의 절제관에서 이루어지지만 공기조절기에서도 완충작용이 이루어진다. 주퇴시 주퇴피스톤의 이동에 따른 흡입력에 의해 공기조절밸브가 개방되면서 공기가 유입되지만, 복좌시에는 공기조절밸브가 폐쇄되고 밸브의 공기구멍을 통해서만 공기가 배출되기 때문에 주퇴기 내부에 공기압이 형성된다. 따라서 공기 조절기를 통해 배출되는 공기의 양에 따라 완충작용의 효과도 달라진다.

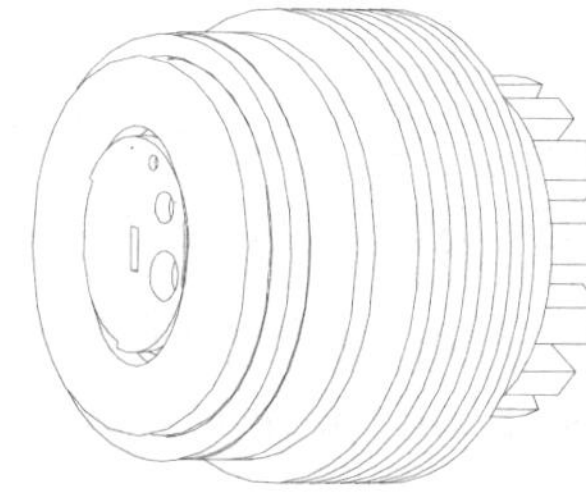
(내 부)

(외 부)

0	1	2	3
평상시	복좌속도 빠를때	최초 사격시	복좌속도 느릴때

그림 2-22. 공기 조절기

공기조절기는 4단계로 공기구멍을 조절하도록 되어있다. 평상시에는 0단계에 위치하는데 이때는 3개의 공기구멍이 모두 폐쇄된다. 최초 사격시에는 머리밸브를 회전시켜 2단계에 위치시켜 2개의 공기구멍을 개방시킨다. 복좌속도가 빠른 경우는 주퇴기 내부에 과도한 공기압의 형성이 원인이므로 머리밸브를 회전시켜 1단계에 위치시킨다. 이 때 공기구멍은 가장 작은 공기구멍 1개만 남게 된다. 복좌속도기 느린 경우는 주퇴기 내부에 적정공기압이 형성되지 않는 것이 원인이므로 머리밸브를 회전시켜 3단계에 위치시킨다. 이 때 공기구멍은 3개 모두 개방된다.

(4) 부유피스톤

복좌기 내부의 질소가스와 주퇴유가 혼합되는 것을 방지하며, 주퇴복좌시 주퇴유의 압력과 질소가스의 압력을 전달하는 역할을 한다.

(5) 절제관

주퇴 및 복좌시 주퇴유량의 흐름을 조절하여 주퇴복좌 에너지를 흡수한다.

(6) 연통관

주퇴 및 복좌시 복좌기와 주퇴기 내부를 주퇴유가 이동하는 통로이다.

다. 작용원리

주퇴장치의 작용은 주퇴작용, 복좌작용, 복좌완충작용으로 구분된다.

주퇴작용은 사격과 동시에 포신과 주퇴장치가 뒤로 후좌하면서 시작된다. 주퇴기 내부의 체적이 감소되면서 형성되는 주퇴유압은 연통관을 통해 빠른 속도로 절제관쪽으로 이동하며, 절제관은 주퇴기로부터 전달되는 주퇴유압을 일정한 압력으로 부유피스톤에 전달하여 질소가스를 압축시킨다. 주퇴유압과 질소가스 압력이 같아지면 포신은 후좌를 멈추고 정지함과 동시에 원래의 상태로 팽창하려는 질소가스에 의해 복좌작용이 일어난다. 팽창하는 질소가스는 부유피스톤을 절제관쪽으로 이동시키면서 주퇴유를 연통관을 통하여 주퇴기 내부로 이동하고, 주퇴피스톤에 주퇴유압이 가해지면서 주퇴장치가 사격전의 위치로 복귀하도록 한다. 복좌완충 작용은 공기 조절기에서 설명한 바와 같다.

2. 제거설치

제거설치 전 주의해야 할 사항으로는 주퇴장치의 무게중심을 정확히 맞춰야 하며, 손가락이 장비 틈에 끼지 않도록 한다.

가. 필요공구 및 준비물

필요공구는 플라이어, 이그니스, A후렘(5톤 구난차) 등이며, 준비물에는 마닐라 로프, 목봉, 고임목이 있다.

나. 제거설치 순서

(1) 플라이어로 요가선단에 주퇴피스톤 로드 멈치나사 짜개핀을 제거하고 이그니스로 멈치나사를 풀어낸다.

(2) 포신이 결합되었던 자리에 목봉을 넣고 마닐라 로프를 무게중심인 제2요크로부터 포구쪽으로 10cm부근에 X자로 A후렘 후크로 걸어 A후렘을 밀면서 주퇴장치를 요가로부터 분리하고 고임목위에 내려놓는다.

주퇴피스톤 로드 멈치나사를 결합한다.

(3) 설치는 제거의 역순으로 한다.

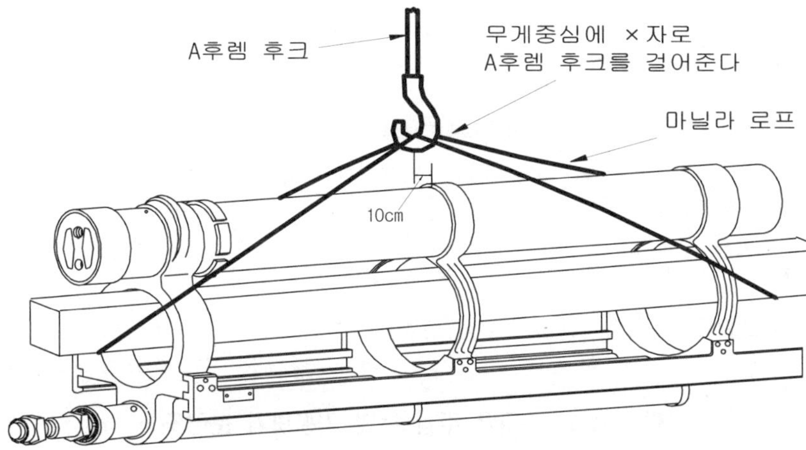

그림 2-23. 주퇴장치 제거

3. 분해결합

가. 주퇴유 주입구 및 기름보기

(1) 필요공구는 $\frac{1}{2}$″렌치와 개폐렌치이다.

(2) 주의사항은 작업전에 반드시 주퇴유(예비유)를 배출한다.

(3) 분해 순서

주퇴유 주입구는 $\frac{1}{2}$″렌치로 주퇴유 주입구 마개를 제거하고 개폐렌치로 밸브결합체를 제거한 뒤 개스킷과 충진밸브, 용수철을 분해하고 기름보기는 마개나사(보조륜)를 제거 후 리테이너, 필러와 패킹결합체, 리테이너, 와셔를 분해한다. 이 때 주퇴유주입구 및 기름보기를 분해하기 위해서는 예비유를 완전히 배출시켜야 한다.

결합은 분해의 역순으로 한다.

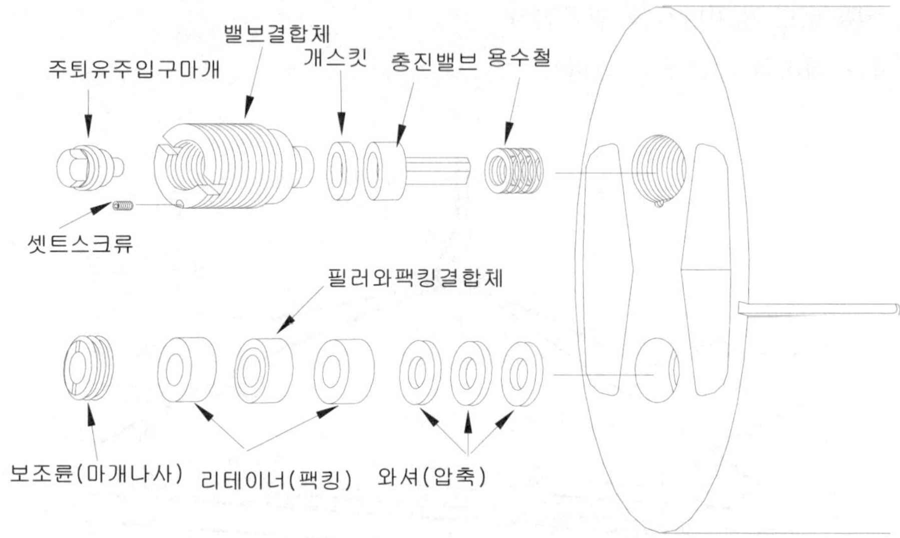

그림 2-24. 주퇴유 주입구 및 기름보기 분해도

나. 질소가스 주입구

(1) 필요공구는 튜브라렌치, 안전판, 씰뽑기 공구, 일반공구이다.

(2) 주의해야 할 사항은 가스마개 제거시 안면손상을 방지하기 위해 반드시 안전판을 사용하며, 씰 제거시 나선 손상에 주의한다.

(3) 분해순서

가) 질소가스 주입구를 덮고 있는 덮개를 분해한다.

나) 튜브라렌치를 사용하여 고정너트를 분해한다.

다) 와셔, 패킹, 개스킷, 씰을 씰뽑기 공구로 분해한다.

라) 결합은 분해의 역순으로 한다.

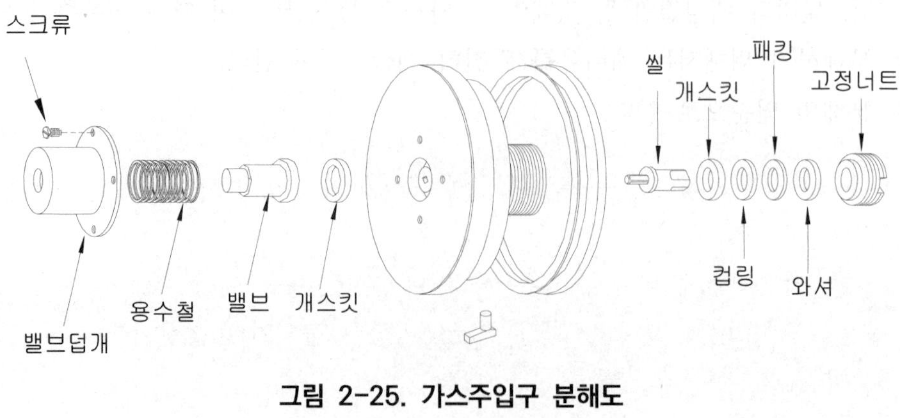

그림 2-25. 가스주입구 분해도

4. 검사정비

가. 장치별 검사정비

(1) 개요

주퇴장치는 화포의 기능을 발휘는데 있어 핵심적인 장치로 여러가지 정비를 필요로 하는 부분으로 가스압력을 정상으로 유지하는 문제, 주퇴유의 누출여부, 정상 주퇴유량의 유지, 기타 주퇴조절기의 정상작동 여부를 점검 등이다.

주퇴장치 내의 비정상 가스압력 또는 주퇴유량의 부족은 다음 몇 가지 결과를 발생시키는 원인이 된다.

(가) 예비유의 부족, 질소가스 압력부족, 과도한 마찰 또는 파손된 준판, 손상된 피스톤로드 및 피스톤 등은 주퇴 후 주퇴장치가 사격위치로 복귀되지 않는 결과를 발생한다.

(나) 보유기는 포신을 수평으로 오랫동안 놓아두었다가 고각으로 올릴 때 보유기 후면에서 수 초 동안 빠른 속도로 기름방울이 떨어지거나 주르르 새는 경우가 있을 수 있으나 패킹에서 계속 분당 3방울 이상으로 주퇴유 누출은 허용하지 않는다.

(다) 155밀리 곡사포 보유기에 주퇴유가 부족하거나 복좌기의 예비유가 과량이면 복좌시 큰 충격을 발생시킬 수 있다.

(라) 준판 표면에 주유가 부족하거나 손상, 또는 이물질이 있을 때 고르지 못한 복좌의 원인이 된다.

(마) 저온으로 인해 주퇴유의 점도가 높을 경우 주퇴 작용을 저해할 수 있다.

(바) 기름보기의 패킹이 너무 조여 있거나 기름보기가 파손되었을 경우 기름보기가 작동하지 않을 수 있다.

(2) 주퇴유 주입구 누출검사

(가) 필요 공구는 시험관, 주퇴장치 렌치, 일반공구이다.

(나) 검사요령으로 평상시 또는 사격시, 기타 주퇴유 누출 검사는 육안으로 관찰하고 시간당 누출되는 양을 측정하여 비정상 여부를 판정하고 이에 대한 조치를 취한다.

(다) 검사결과에 대한 판정은 사격시에 분당 3방울 이상 누출되는 것은 비정상이이며, 평상시 24시간 내 2㏄이상 누출되면 비정상이다.

(라) 조치

주퇴유가 누출되면 주퇴유 주입구를 분해하여 검사하고 주로 결합 부품에 해당되는 개스킷과 밸브를 교환한다.

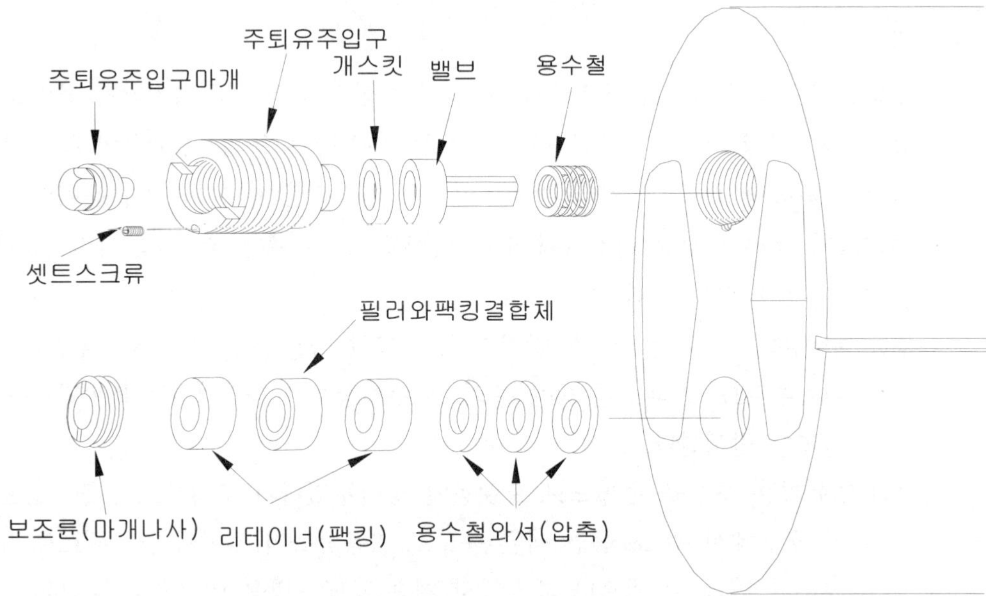

그림 2-26. 주퇴유 주입구 및 기름보기 부품

(3) 질소가스 주입구 누출검사

(가) 필요 공구 : 튜브라렌치, 안전판, 씰뽑기 공구, 드라이버, 주기구

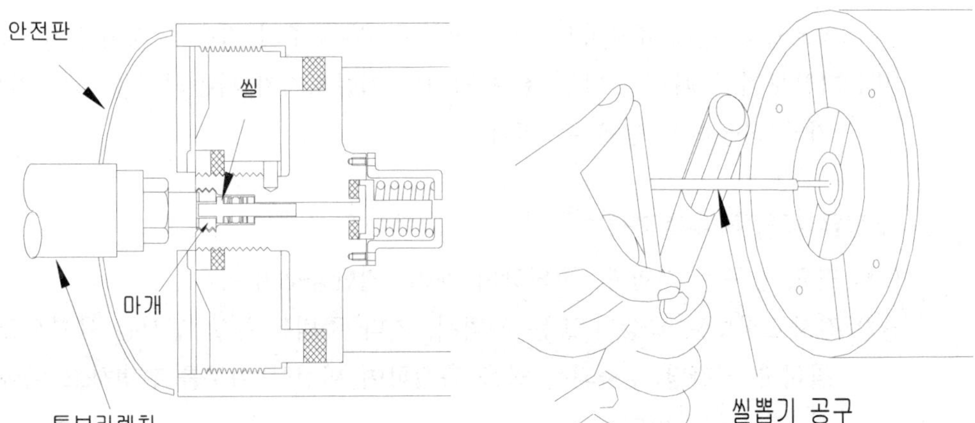

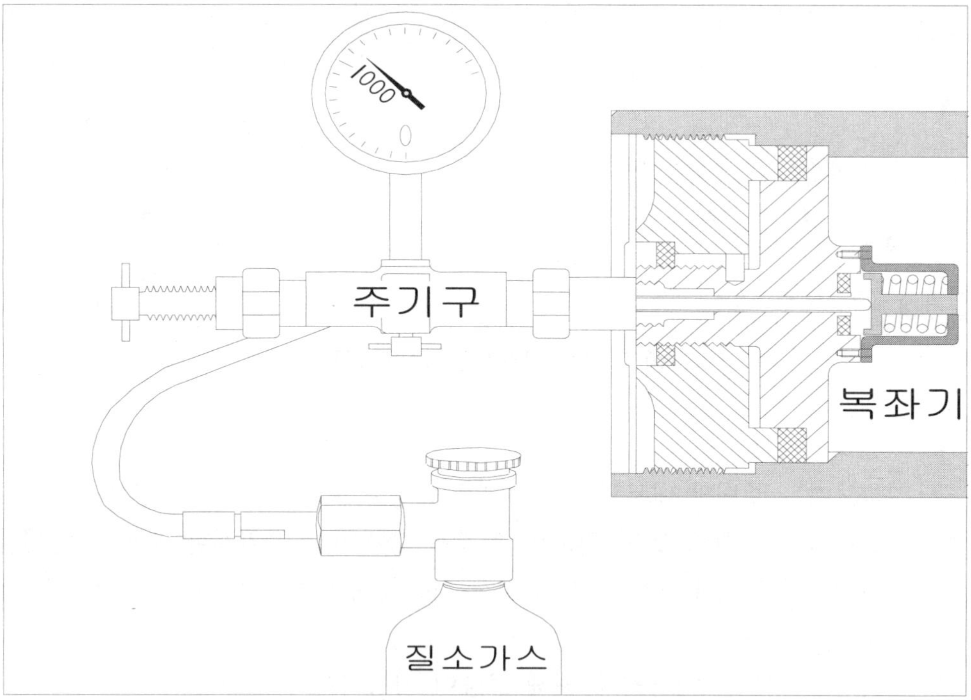

그림 2-27. 가스 압력 측정 공구

(나) 검사요령

주퇴유 주입구와 마찬가지로 질소가스 주입구도 부분품의 마모나 결함으로 인하여 가스가 누출될 수가 있다. 와셔나 개스킷이 마모되거나 손상되면 가스가 누출되고, 장시간 교환되지 않고 방치하면 사격시 장애 요인이 된다. 따라서 비눗물 검사로서 누출 여부를 확인하고 질소가스의 누출이 있으면 주입구 부품을 분해하여 마모상태를 검사한다.

(다) 판정 : 약간이라도 누출되면 비정상이다.

(라) 조치 : 와셔나 개스킷의 마모는 가스누출의 원인이므로 교환한다.

(마) 누출시의 영향

사격시 가스압력이 부족하게 되고 복좌력이 부족하여 지속 사격이 어렵게 된다.

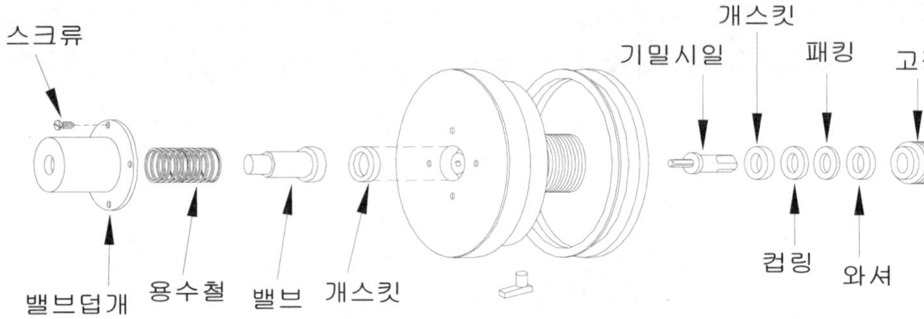

그림 2-28. 질소가스 주입구 구조

(4) 기름보기 검사

기름보기는 주퇴기 내부의 주퇴유량을 측정토록 한 것이다. 정상적인 기름보기 돌출량을 유지하고 있지 않으면 사격시 충격이나 불완전한 후좌가 발생한다. 따라서 기름보기에 대한 관찰이 항상 사용자에 의해 실시되어 부족한 예비유를 보충해야 한다.

부족한 주퇴유는 사용자에 의해 보충이 가능하다

(가) 필요공구는 인치 자와 M3오일펌프이다.

(나) 검사요령은 인치 자를 주퇴장치의 기름보기에 대고 돌출량을 측정한다.

(다) 검사 후 정상 돌출량과 비교하여 돌출량이 부족하년 비정상이고 일치하면 정상이다.

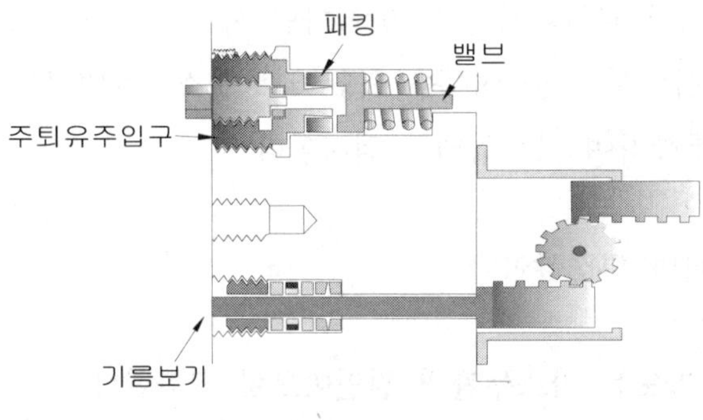

(105미리곡사포)

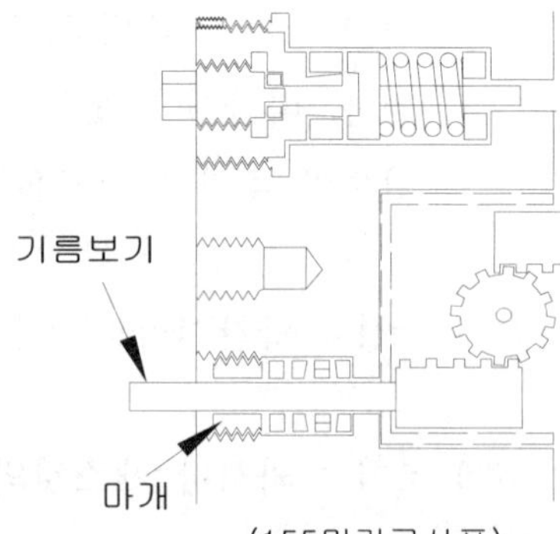

(155미리곡사포)

그림 2-29. 기름보기 검사

구분	105㎜ 곡사포	155㎜ 곡사포
정 상 돌 출 량	복좌기 선단과 일치	3/8˝(0.95㎜)
기름보기 위치	복좌기 선단	복좌기 후단

(라) 조정

1) 기름보기 돌출량을 검사 후에 비정상이면 M3 오일펌프를 주퇴유 주입구에 연결한다.
2) 서서히 주퇴유를 주입시키면서 기름보기를 관찰한다.
3) 기름보기가 정상으로 돌출된 후 20~40회 펌프질을 더한 후 주퇴유 주입을 멈추고 오일펌프를 제거한다(여름 : 20회, 겨울 : 40회).

(마) 비정상일 경우 영향

주퇴유가 부족하게 되고 완전하지 못한 복좌 및 과도한 후좌의 원인이 된다.

(5) 주퇴장 검사

사격시 포신이 반동으로 인하여 후좌한 전체 길이를 주퇴장이라고 한다. 주퇴장치내 주퇴유의 양과 가스 압력은 주퇴장과 밀접하게 관련되기 때문에 동시 검사를 수행하고 정비를 해야 한다.

(가) 그리스, 인치 자를 준비한다.

(나) 검사요령

1) 주퇴장 검사는 통상 사격을 하는 경우에만 검사가 가능하다.
따라서 사격시 주퇴지시기를 통한 주퇴장을 측정하여야 한다.
2) 측정하고자 하는 포의 부분에 그리스를 칠하고 사격한다.
3) 105㎜ 곡사포 및 8˝곡사포는 활모에 그리스를 칠하고 주퇴지시기로 측정하고 155㎜ 곡사포는 포신에 그리스를 칠한 뒤 포신닦개로 측정한다.
4) 사격 후 그리스가 지워진 부분의 길이를 측정한다. 그림 2-30에서 A는 발사 전 그리스를 칠한 상태이며 B는 발사 후 그리스가 닦여져 나간 상태이다. 주퇴장은 B에서 닦여져 나간 부분을 측정하면 된다.

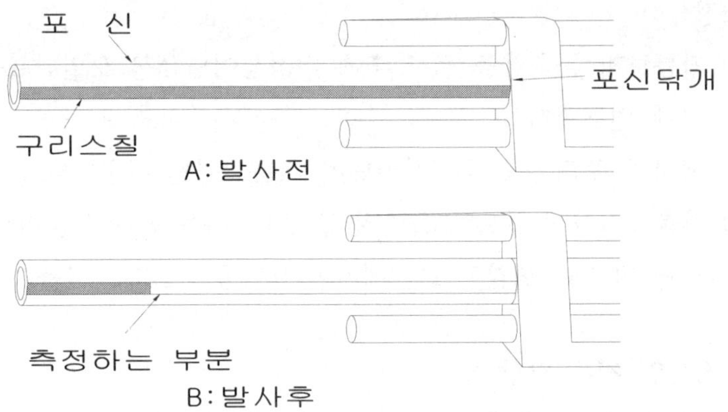

그림 2-30. 주퇴장 측정요령

(다) 판정

측정 후에는 표준 주퇴장과 비교하고 측정결과가 허용범위를 벗어나면 비정상이다.

구분	표준	최대
105밀리 곡사포	39～42″(99～106.7㎝)	44″(111.8㎝)
155밀리 곡사포	41″(104㎝)	60″(152.4㎝)
8인치 곡사포	33″(84㎝)	70″(178㎝)

(라) 조정요령

측정 후에 비정상 주퇴장을 보일 때는 주퇴유나 질소가스를 주입하거나 배출시킴으로써 조정할 수 있다. 과소한 주퇴장을 보일 경우는 주퇴유를 배출시키고 질소가스를 정상 압력으로 조정하며, 과도한 주퇴장을 보이면 질소가스를 주입하고 예비유를 보충한다.

(마) 비정상 주퇴장의 영향

1) 과소한 주퇴장의 원인은 주퇴유와 질소가스 과다이며 이 때 발생하는 현상은 충격과 뜀이 발생한다.
2) 과도한 주퇴장의 원인은 주퇴유와 질소가스가 부족한 것이며, 이 때 발생하는 현상은 복좌속도가 완만하다.

나. 가스 압력 측정

(1) 개요

주퇴장치 내에 있는 질소가스는 주퇴장치의 기능발휘에 중요한 비중을 차지하며 질소 가스 압력은 주퇴유의 유제화나 온도에 따라서 영향을 받는다. 따라서 질소가스 압력측정은 유제화나 온도에 따라 측정방법이 결정되어야하며 정확한 측정치를 구해야 한다.

(가) 주퇴장치 내의 질소가스는 사격 시 주퇴장치 및 포신의 후좌 억제 및 충격흡수와 후좌된 포신을 원래 위치로 복좌시키는 역할을 한다.

(나) 기압식 평형기 내의 질소가스는 포신의 상승을 원활하게 하며 급작스런 포신의 하강을 방지해 주는 역할을 한다.

(2) 정상 질소가스 압력

질소가스 압력은 온도에 따라 수시로 변하고 가스가 차지하고 있는 체적의 변화에 따라 수시로 변한다.

따라서 포신의 위치와 상태에 따라 정상 가스 압력은 달라진다.

통상 질소가스 압력이 정상이라 함은 상온에서의 포신이 수평인 때의 가스압력을 말한다.

※ 70℉시 화포별 정상 가스압력

구분	105밀리 곡사포 주퇴장치	155밀리 곡사포			8″ 곡사포	
		주퇴장치		KH179 평형기 (20℃)	주퇴장치	평형기
		M114A1	KH179			
정상압력 (psi)	1,150	1,650	2,100	1,580	2,000	1,355

(3) 비정상 질소가스 압력의 영향

가스압력 부족은 주퇴시 과도한 후좌 현상이 일어나며 복좌시 완전하지 못한 복좌 현상이 발생한다. 또한 가스압력의 과다는 짧은 주퇴로 후좌시 포의 뜀 현상이 발생하며 복좌시에는 충격이 발생한다.

(4) 질소(N_2: Nitrogen)의 특성

질소는 상온에서 무색, 무취, 무해로운 가스로 다양한 용도로 널리 사용된다.

질소는 2원자 분자로서 원자량이 14.01, 따라서 분자량은 28.02이다.

또한 기체 운동량을 크게 하는 충돌직경이(분자의 충돌시 분자와 분자간의 거리)염소 다음으로 높아 장비에 사용할 수 있는 적절한 기체이다.

질소는 또한 액체로 존재하여(융점 -209.86℃) 냉동액으로 사용되기도 하고 고체로 존재 할 때는 비료, 화약의 원료로도 사용되며 기체로는 각 종 장비의 압력작용에 사용된다.

(5) 질소 여부 확인

질소 여부를 확인해서 질소가 아닌 다른 가스에 대하여는 절대로 주퇴장치나 평형기에 사용할 수 없다. 질소 여부는 아래 그림과 같이 고무풍선 같은 기구에 담뱃불을 붙임으로써 반응을 보고 식별할 수 있다.

이때 담뱃불은 철사 등으로 잡아야하며 확인결과 각 기체의 반응은 다음과 같다.

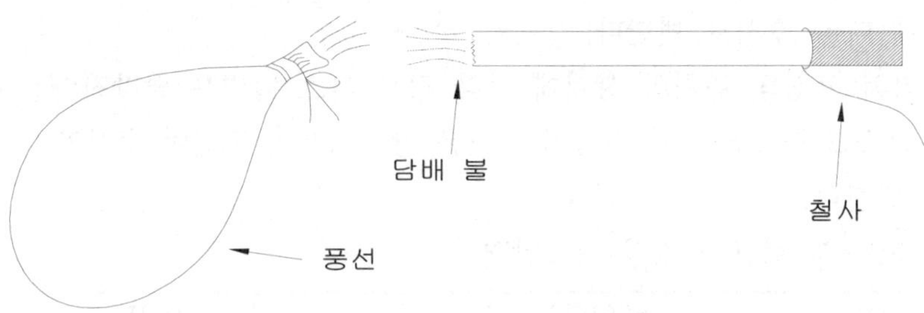

그림 2-31 질소 여부 확인

가스명	반응	보관용기
산 소	거세게 붉히고 화염 발생	녹 색
수 소	가스에 불이 붙는다.	주황색
질 소	불은 약간 붉히다가 끈다.	회 색
헬 륨	불을 약간 붉히다가 끈다.	갈 색
아 세 틸 렌	황색 화염과 연기 발생	노란색

(6) 온도 및 체적에 따른 가스압력의 변화

가스압력은 온도에 따라 다음 표와 같이 변화한다.

표에서 볼 수 있는 것과 같이 105밀리 곡사포의 경우 -1.1℃에서 1,038psi였는데 26.7℃에서 1,175psi로 127psi 정도의 변화가 있음을 알 수 있다.

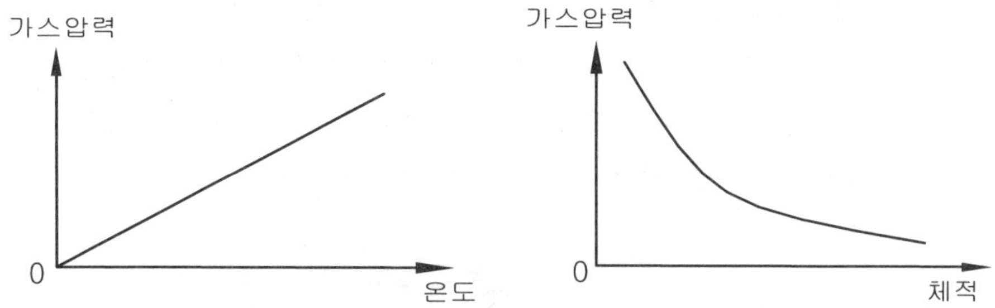

그림 2-32. 질소가스 압력의 온도 및 체적에 따른 관계

※ 온도에 따른 가스 압력의 변화(1㎏/㎠=14.22252psi)

구분 / 온도℉(℃)	105㎜ 곡사포	155㎜ 곡사포		8″곡사포
		M114	KH179	
120 (48.9)	1,283 psi	1,842 psi	2,343 psi	2,247 psi
110 (48.3)	1,256	1,805	2,297	2,198
100 (37.8)	1,230	1,765	2,246	2,149
90 (32.2)	1,202	1,728	2,200	2,100
80 (26.7)	1,175	1,690	2,152	2,050
70 (21.1)	1,150	1,650	2,100	2,000
60 (15.6)	1,125	1,610	2,049	1,950
50 (10)	1,096	1,570	1,998	1,900
40 (4.4)	1,070	1,530	1,947	1,850
30 (-1.1)	1,038	1,490	1,896	1,801
20 (-6.7)	1,013	1,450	1,844	1,751
10 (-12.2)	986	1,410	1,793	1,704
0 (-17.8)	959	1,370	1,741	1,651

(7) 유제화 검사

(가) 개요

주퇴유가 외관상 거품이 발생하며 유백색으로 변하게 될 때 이를 주퇴유의 유제화라고 말한다.

이러한 유제화는 복좌기 내의 부유피스톤의 패킹이 마모되어 발생하는 질소가스 유제화와 주퇴유 주입시 부주의로 인한 호스내의 공기가 유입되어 발생하는 공기 유제화로 나눌 수 있으며, 질소가스에 의한 유제화가 심할 경우에는 주퇴장치를 교환해야 하는 경우가 발생한다. 주퇴유에 유제화가 발생하면 주퇴 및 복좌시 압력전달이 정확하게 되지 못한다.

(나) 유제화 검사 요령

주퇴유 유제화 검사요령은 포신을 수평으로 위치하고 9/16″양구렌치로 주퇴유 주입구 마개나사를 제거한 뒤 주퇴유 주입구에 배유기를 설치하여 계량컵에 예비유를 받아 1~2분후에 유제화 상태를 점검한다.

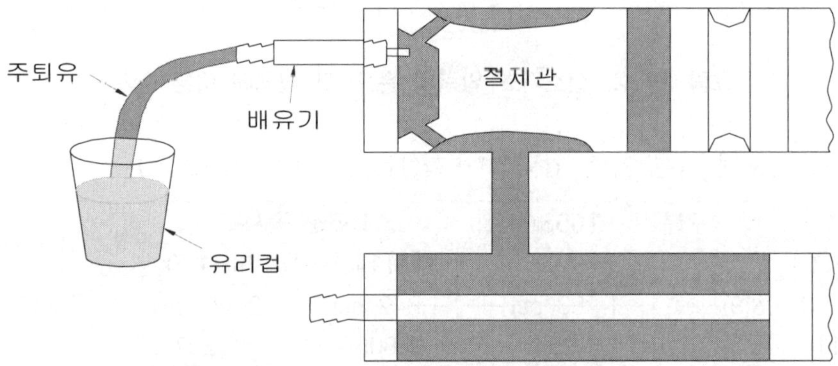

그림 2-33. 유제화 검사요령

(다) 판정 및 조치요령

예비유를 계량컵에 받아서 1~2분 정도 지난 후 유백색층이 40% 이상이면 주퇴유를 교환하고 주퇴장치의 질소가스 압력을 직접측정하여 주퇴장치의 교환 여부를 결정한다.

주퇴유의 유제화가 40% 이하이면 예비유를 보충 후 그대로 사용한다.

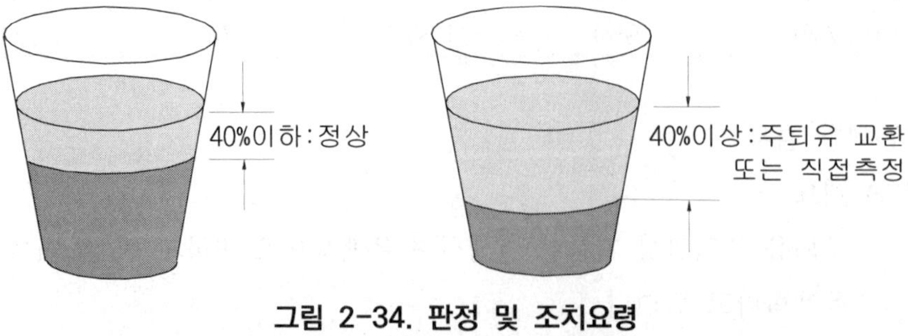

그림 2-34. 판정 및 조치요령

(8) 가스 압력 측정방법

간 접 측 정	직 접 측 정
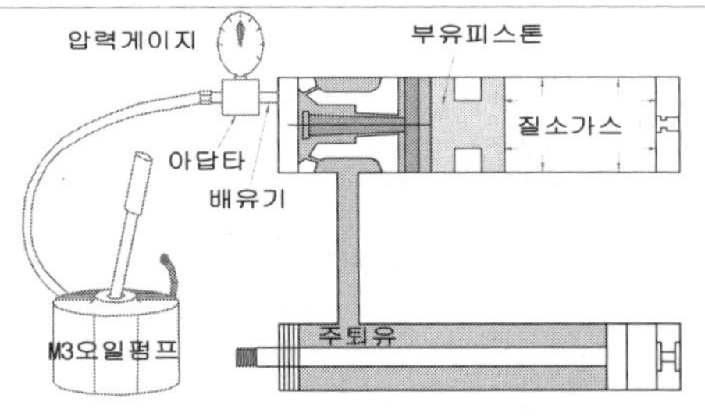	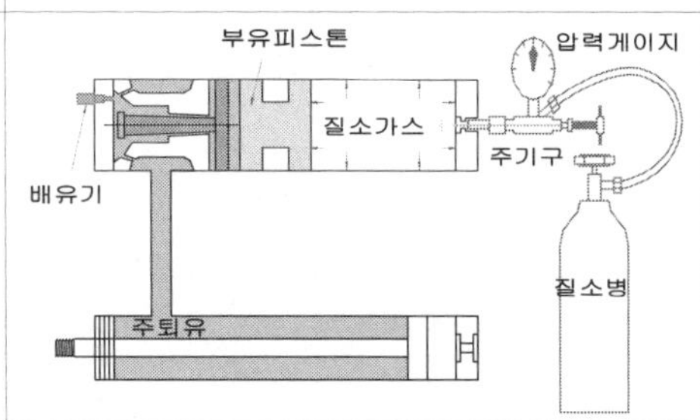
• 주퇴유 주입구에서 측정 • 안전한 방법 • 부정확(10℃이하 측정금지)	• 가스 주입구에서 측정 • 가스 손실 (25psi) • 정 확 • 연 2회 사격전에 실시한다

그림 2-35. 가스 압력 측정방법

질소가스 압력 측정은 그림 2-35에서와 질소가스 압력이 부유피스톤을 통하여 주퇴유에 전달된 압력을 측정하는 간접측정법과 질소가스가 들어있는 곳에서 직접 측정하는 방법이 있다.

간접측정은 부유피스톤의 마찰력 때문에 정확한 값을 얻을 수 없다. 그러나 질소가스의 손실이 없고 위험요소가 없기 때문에 가스압력 측정시사용하도록 권장한다. 직접측정은 정확하나 한번 측정하면 일정량의 가스가 손실되고 가스가 배출되기 때문에 이 분야에 대한 상식이 없는 사람은 안전사고를 낼 우려가 있다

(가) 간접 측정

1) 간접 측정 시기는 주퇴유의 유제화 검사결과 유제화 정도가 40% 이하일 때 그리고 주퇴유의 온도가 10°C(50°F) 이상일 경우 직접측정을 실시한다.

2) 필요 공구 및 준비물은 일반 공구셋, 온도계, 압력게이지, M3오일펌프, 배유기, 주퇴유 및 시험관, 압력표, 나사테이프 등이다.

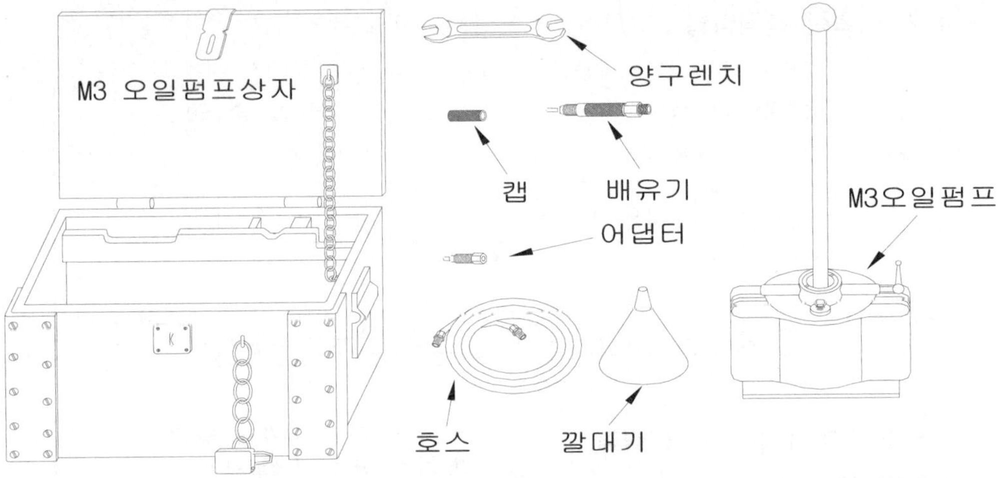

그림 2-36. 간접 측정용 공구

3) 간접 측정시 유의사항으로는 먼저 주퇴유 유제화 상태를 점검한 뒤 주퇴유 온도를 측정하며, M3 오일펌프 및 호스 내부의 공기를 제거하고 오일펌프 및 연결부 오물을 제거하며 연결 후 주퇴유의 누출 상태를 확인한다.

4) 측정전 준비절차는 다음과 같다.

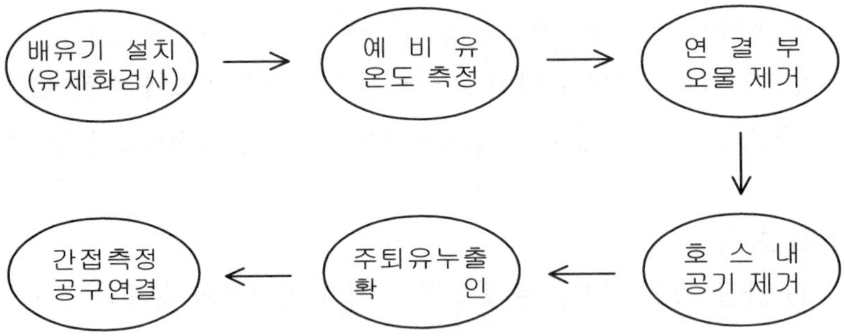

그림 2-37. 측정전 준비절차

5) 측정요령은 포신을 수평에 위치시킨 후 배유기를 설치하여 예비유를 배출시킨 뒤 유제화검사를 실시한다. 유제화 검사결과 유제화 정도가 40% 이하이고 주퇴유 온도가 10℃ 이상이면 아답타와 게이지를 연결하고 M3오일펌프 손잡이를 작동시켜 기름보기가 움직일 때부터 돌출량이 정상이 될 때까지 펌프 손잡이를 충분히 저어준다. 게이지 눈금이 최대로 상승한 점(AP+F)을 확인하고 M3 오일펌프의 밸브를 반시계방

향으로 돌려 주퇴유를 배유한다. 이때 게이지 바늘이 하강하다가 잠깐 멈추는 눈금(AP - F)을 확인하여 읽는다. 최대상승점과 하강하다 잠시 멈추는 눈금을 측정한다. 3회 반복 후 평균치를 적용한다

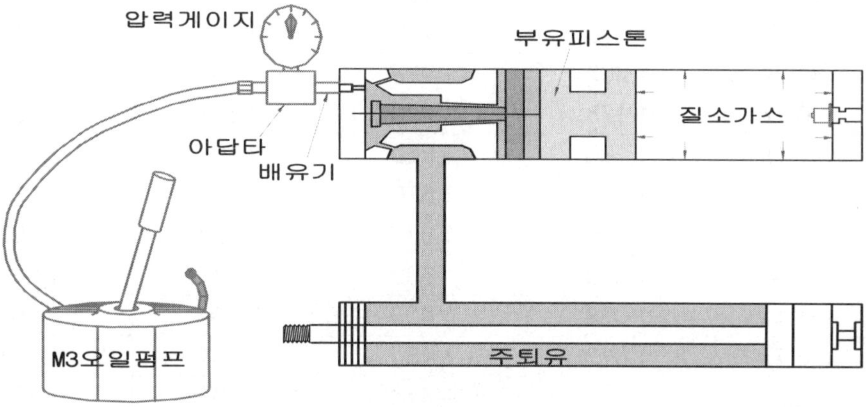

그림 2-38. 간접측정

6) 측정 압력 계산

- 질소가스 압력 (AP) = $\frac{(AP+F)+(AP-F)}{2}$ = $\frac{(\text{최고상승점})+(\text{하강하다 일시정지한 지점})}{2}$
- 게이지 바늘의 최고 상승점 = AP+F
- 게이지 바늘이 하강하다 잠시 멈추는 지점 = AP-F
- 부유피스톤의 마찰력 = F

측정 후에 읽은 AP+F와 AP-F를 합하여 2로 나누면 상기 공식과 같이 얻고자 하는 질소가스 압력이 된다.

이 공식에서 AP+F는 M3 오일펌프를 저었을 때 압력게이지 바늘이 최대로 상승한 지점의 눈금이며, AP-F는 M3 오일펌프의 밸브를 반시계 방향으로 돌렸을 때 압력게이지 바늘이 하강하다 잠시 멈추는 지점의 눈금을 뜻한다. F는 부유 피스톤의 마찰력을 뜻한다. 측정은 3회를 하여 평균치를 적용한다.

7) 판정 및 조치요령

측정된 압력을 정상 압력과 비교한다. 측정결과 값이 50psi 이내 오차이면 정상이며, 50psi 이상 오차이면 비정상으로 직접측정으로 재 측정한다.

〈온도별 정상압력 기준표〉

포별 / 온도(℃)	105㎜ HOW	155㎜ HOW M114	155㎜ HOW KH179	8″HOW
120℉ (48.9)	1,283 psi	1,842 psi	2,343 psi	2,247 psi
110 (48.3)	1,256	1,805	2,297	2,198
100 (37.8)	1,230	1,765	2,246	2,149
90 (32.2)	1,202	1,728	2,200	2,100
80 (26.7)	1,175	1,690	2,152	2,050
70 (21.1)	1,150	1,650	2,100	2,000
60 (15.6)	1,125	1,610	2,049	1,950
50 (10)	1,096	1,570	1,998	1,900
40 (4.4)	1,070	1,530	1,947	1,850
30 (-1.1)	1,038	1,490	1,896	1,801
20 (-6.7)	1,013	1,450	1,844	1,751
10 (-12.2)	986	1,410	1,793	1,704
0 (-17.8)	959	1,370	1,741	1,651

(나) 직접 측정

1) 직접 측정 시기는 간접 측정결과 정상압력과의 비교오차가 ± 50psi를 초과한 경우와 주퇴유의 유제화 현상이 40% 이상인 경우, 그리고 주퇴유 온도가 10℃(50℉) 이하의 낮은 기온일 때 직접측정을 실시한다.

2) 필요 공구 및 준비물은 일반 공구 1 셋, 압력게이지, 주기구, 씰뽑기 공구, 안전판, 호스, 질소병, 튜브라렌치, 배유기, 온도계, 압력표, 나사테이프

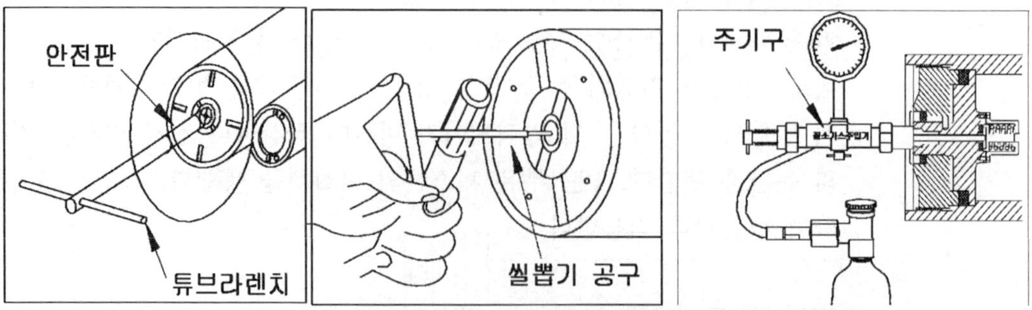

그림 2-39. 직접 측정용 공구

3) 측정시 유의해야 할 사항은 포신을 수평에 위치하고, 질소병의 질소압력을 확인하며, 예비유를 반드시 배출시켜야 한다.

가스마개 제거시는 안전판을 사용해야 하며 측정 완료 후에는 주기구내 잔류가스를 배기 밸브를 통해 제거해야 한다. 이 때 밸브의 급작스런 동작은 금지한다.

4) 측정요령

포신을 수평으로 위치시킨 뒤 복좌기 선단에 배유기를 설치하여 주퇴유를 받아 유제화 상태를 검사한다. 이때 예비유는 완전히 배출시킨다. 복좌기 후단에 주기구를 설치하기 위해 포신을 약20″후퇴시킨다.

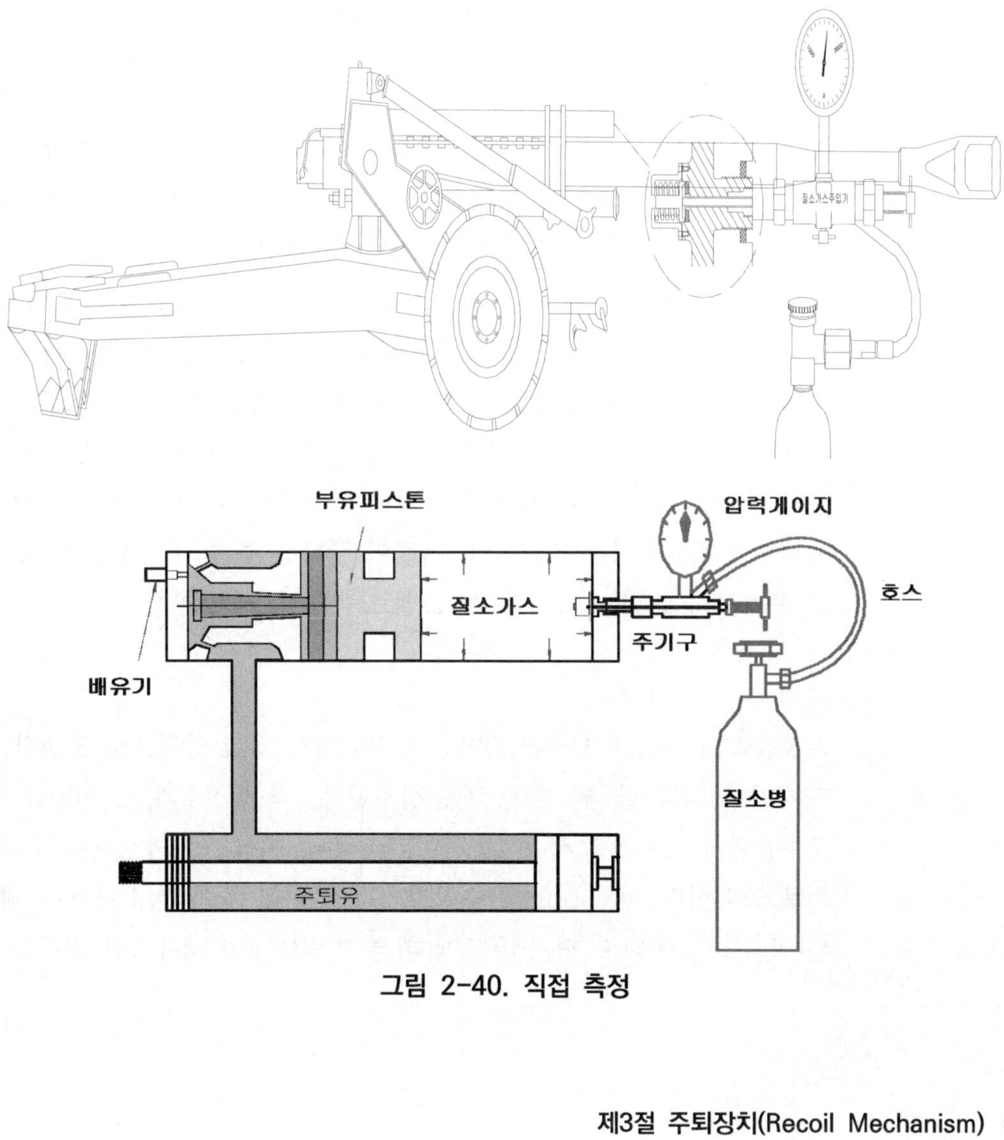

그림 2-40. 직접 측정

화포의 이해

복좌기 후단 가스 주입구 덮개를 제거하고 가스마개 및 씰을 제거한 다음, 주기구를 설치하여 밸브열개를 시계방향으로 회전시킨다.

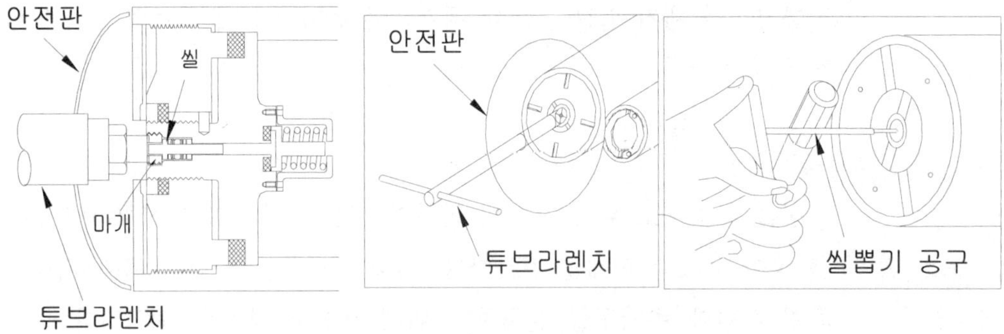

그림 2-41. 가스마개 및 씰 제거

압력게이지에 나타난 압력이 질소가스 압력이 된다. 이 압력을 표준압력과 비교하여 오차가 ± 50psi 이내면 정상이나 ± 50psi 이상의 오차가 나면 정상 압력으로 조정한다. 정상 압력보다 높으면 게이지 하단의 배기밸브를 열어 가스를 배출하면서 정상 압력으로 조정한다. 반대로 정상 압력보다 낮은 경우는 질소병의 밸브를 반시계방향으로 회전시켜 개방하면 질소병의 질소가 주퇴장치로 이동을 하는데, 가스가 충만되고 정상 압력보다 25psi정도 더 가리킬 때 밸브를 막는다. 25psi를 초과 주입하는 것은 재 측정시 손실되는 양을 더 넣어주는 것이다.
부족 가스 보충 후 24~72시간 경과한 뒤에 재 측정하여 오차가 50psi 이상이면 주퇴장치를 교환한다. 측정이 끝나면 주기구내 밸브열개를 닫고 주기구내에 있는 가스를 배기 밸브를 통해 제거한다.

4) 판정 및 조치요령

측정결과 ± 50psi(3.5㎏/㎠)이상 오차발생시 정상 압력으로 조정한 뒤 72시간이 경과 한 후 재 측정을 실시한다. 재 측정결과 ± 50psi이내 오차발생시에는 계속 사용가능하며, ± 50psi이상 오차발생시는 주퇴장치를 교환한다. ± 50psi의 허용오차를 부여한 것은 질소가스가 새도 된다는 뜻이 아니고 단지 온도에 따른 압력변화의 허용치인 것이다.

다. 사격시 포의 뜀 현상 및 포신 주퇴 후 미복좌시 정비

(1) 예상되는 원인은 첫째 가스압력 측정시 예비유를 미 배출하거나 유제화 현상에 의한 질소가스 손실로 주퇴장치 내의 질소가스 압력이 부족한 경우, 둘째 가스압력 측정시 예비유 미 배출로 인한 부정확한 측정으로 주퇴장치 복좌기내 질소가스 부족 또는 주퇴유가 과다한 경우, 셋째 부유피스톤 마모에 의한 유제화 현상으로 질소가스가 손실되는 것 등이다.

(2) 이상과 같이 예상되는 원인이 화포운용에 미치는 영향은 사격시 포의 뜀 현상이 발생하며 이러한 현상이 지속되는 경우 주퇴장치가 파손되면서 사격이 불가한 경우가 발생한다.

(3) 검사 및 정비

(가) 검사내용은 복좌기 내부의 주퇴유 유제화 정도 검사와 복좌기 질소가스압력을 직접측정 하는 것이다.

(나) 검사절차

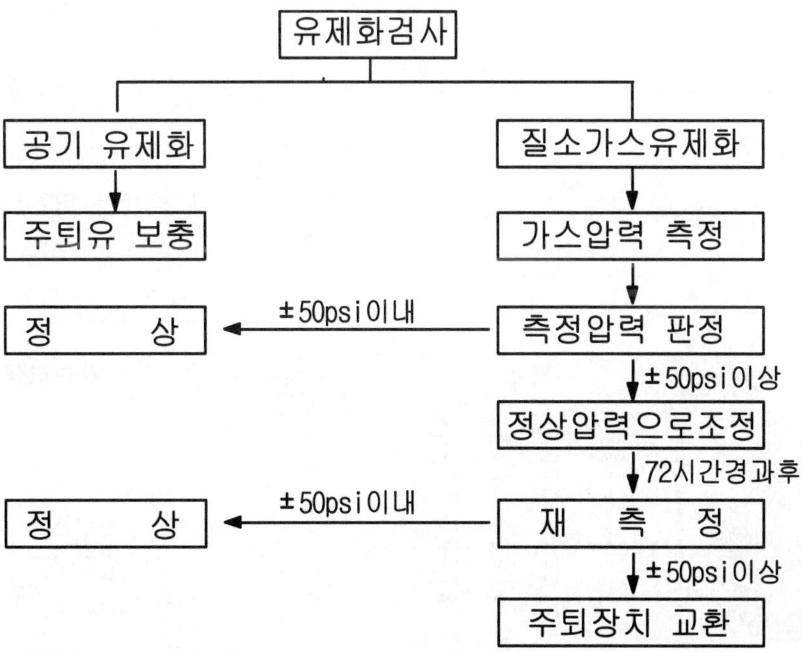

(다) 필요공구 및 수리부속품

1) 유제화 검사용 공구 : 9/16″양구렌치, 배유기, 계량컵, 조절렌치

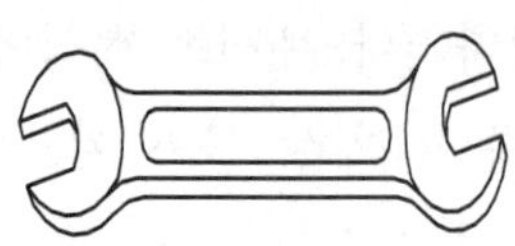

9/16″양구렌치

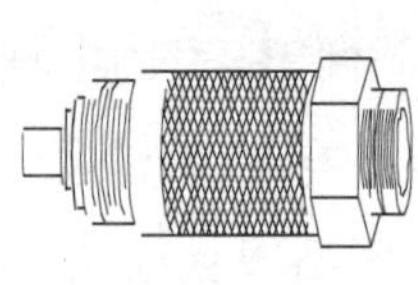

배유기

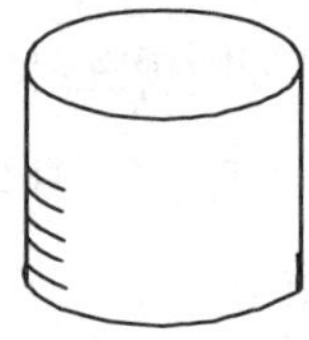

계량컵

조절렌치

그림 2-42. 검사용 공구

2) 질소가스 직접측정용 공구

9/16″양구렌치, 배유기, 계량컵, 조절렌치, 안전판, -자/+자 드라이버, 씰뽑기공구, 주기구, 호스, 질소, 튜브라렌치, 주퇴유 온도계, 압력표, 나사테이프, 압력게이지

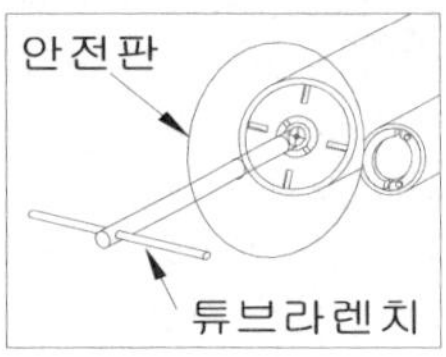

안전판

-자 드라이버

+자 드라이버

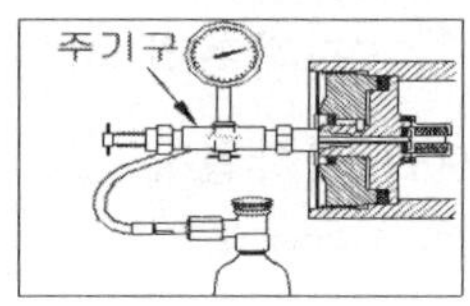

주기구

압력게이지

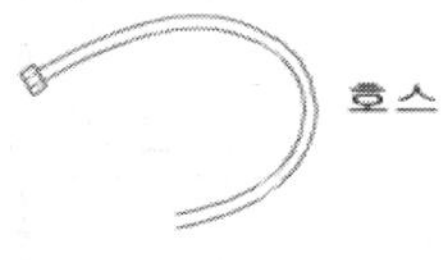

호스

질소

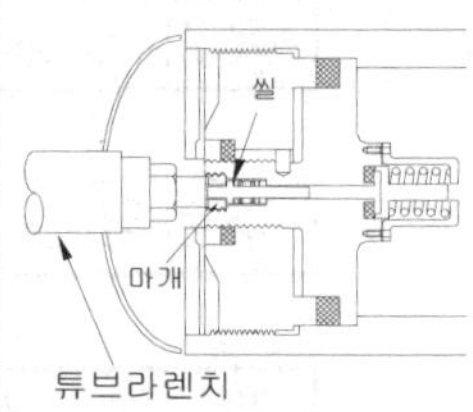

튜브라렌치

주퇴유 온도계

포별 온도(℃)	105mm HOW	155mm HOW	
		M114	KH179
110°F(48.3)	1,256(psi)	1,805(psi)	2,297(psi)
100 (37.8)	1,230	1,765	2,246
90 (32.2)	1,202	1,728	2,200
80 (26.7)	1.175	1,690	2,152
70 (21.1)	1,150	1,650	2,100
60 (15.6)	1,125	1,610	2,049
50 (10)	1,096	1,570	1,998
40 (4.4)	1,070	1,530	1,947
30 (-1.1)	1,038	1,490	1,896
20 (-6.7)	1,013	1,450	1,844
10 (-12.2)	986	1,410	1,793
0 (-17.7)	959	1,370	1,741

압력표

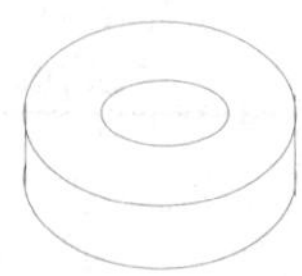

나사테이프

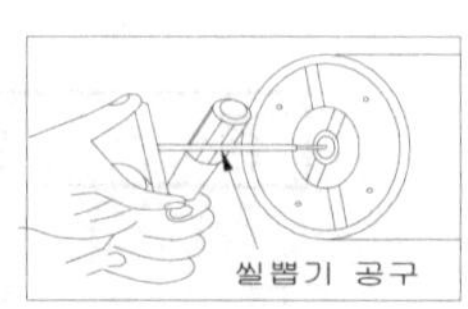

씰뽑기공구

그림 2-43. 직접 측정용 공구

3) 소요수리부속품

결합체로는 주퇴장치가 필요하며 부분품은 주퇴유주입구의 개스킷, 밸브, 리테이너, 질소가스주입구의 링, 글랜드, 씰, 보조륜 등이 필요하다.

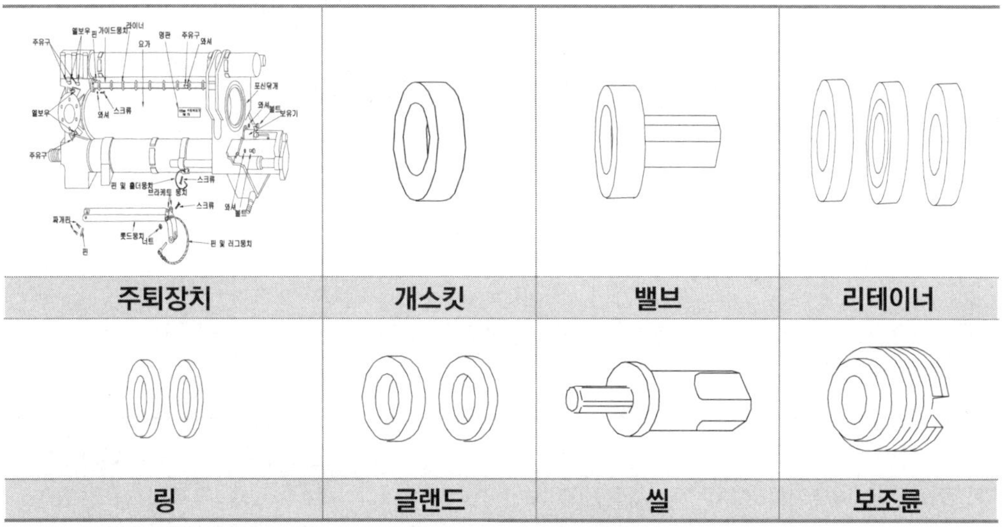

그림 2-44. 수리부속품

(라) 검사/정비요령

1) 유제화 검사

가) 유제화란?

① 공기유제화

주퇴유 주입시 주퇴유 펌프 호스내의 공기가 유입되어 거품이 발생하는 것.

② 질소가스유제화

부유피스톤의 패킹이 마모되면서 주퇴유와 질소가스가 혼합되어 주퇴유가 유백색으로 변하는 것.

나) 검사요령

① 포신을 수평으로 위치한다.	② 9/16"양구렌치로 주퇴유주입구 마개나사를 제거한다.
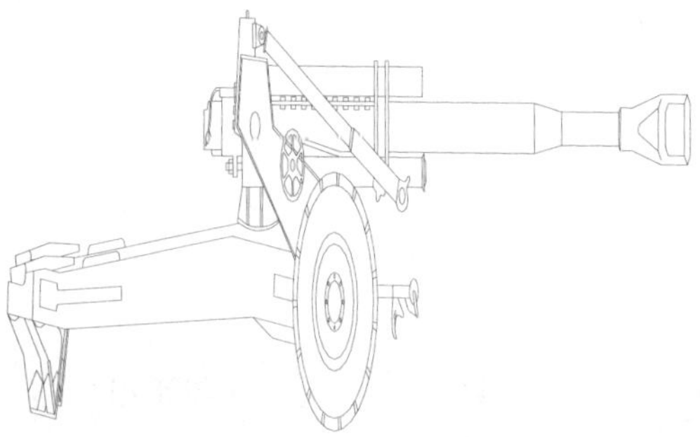	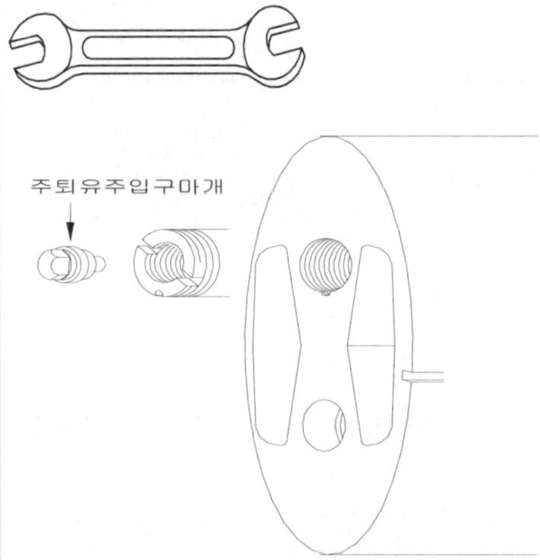

③ 주입구에 배유기를 설치	④ 계량컵에 예비유를 받는다.	⑤ 1분 후 유제화 상태 확인
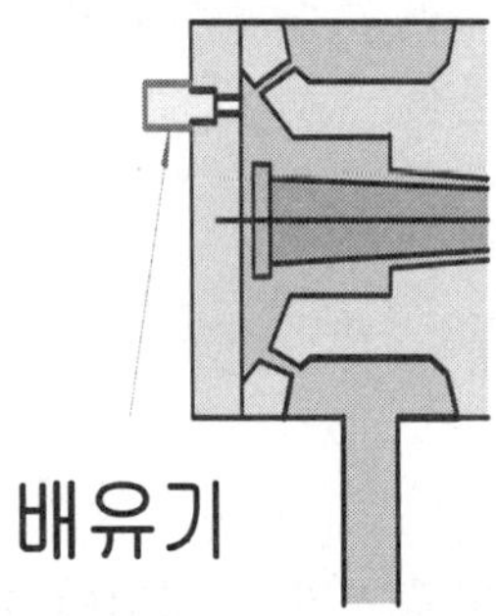		

그림 2-45. 검사 요령

다) 판정 및 조치요령

① 예비유 배출시 거품이 처음에만 나오는 경우는 공기에 의한 유제화로 주퇴유를 보충해 준다.

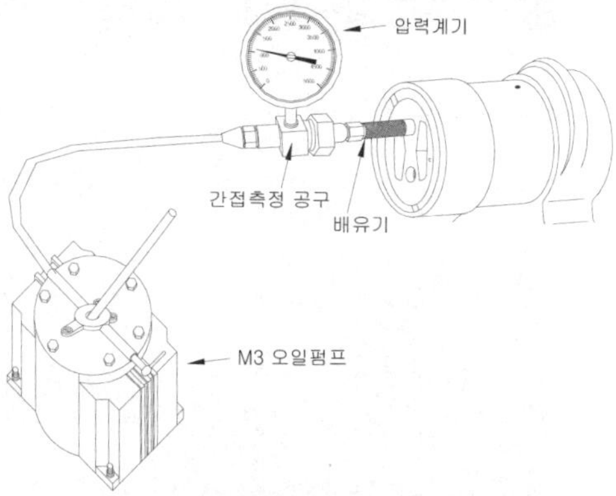

공기유제화	주퇴유 보충

② 유백색층 형성이 되면 질소가스에 의한 유제화로 비정상으로 직접측정을 실시한다.

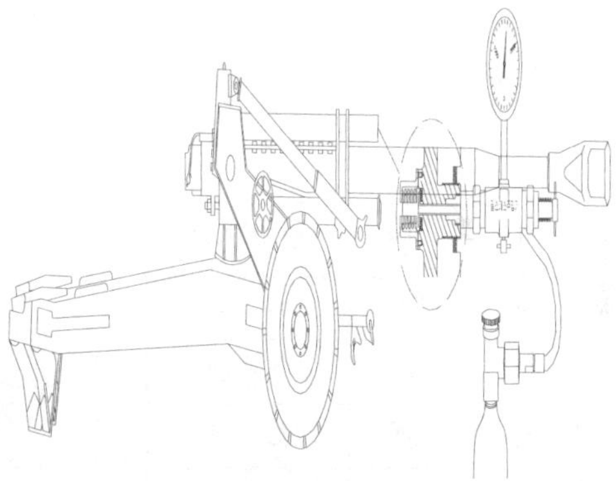

질소가스 유제화	직접측정

2) 질소가스압력 직접측정

직접측정이란? 주퇴장치의 복좌기 선단에 있는 질소가스 주입구에서 질소가스 압력을 측정하는 것으로 측정시 유의사항은 포신을 수평으로 위치시키고 배유기 설치 후 예비유를 배출해야 한다.

가) 질소가스 여부는 저장용기의 색과 불꽃반응으로 확인한다.

가 스 명	보관용기
산 소	녹 색
수 소	주황색
질 소	회 색
헬 륨	갈 색
아 세 틸 렌	노란색

저장용기의 색

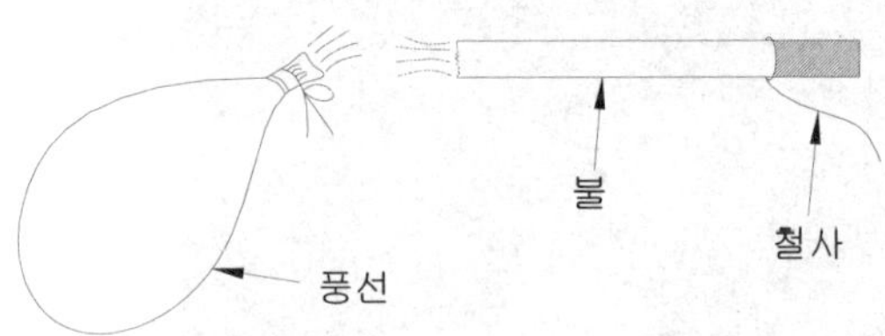

가 스 명	반 응
산 소	거세게 붉히고 화염 발생
수 소	가스에 불이 붙는다.
질 소	불은 약간 붉히다가 끈다.
헬 륨	불을 약간 붉히다가 끈다.
아세틸렌	황색 화염과 연기 발생

산소

나) 질소가스 마개 제거시 반드시 안전판을 사용한다.

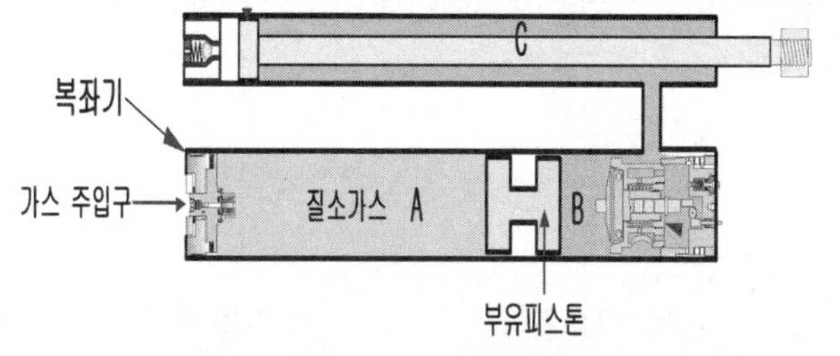

질소가스 주입구

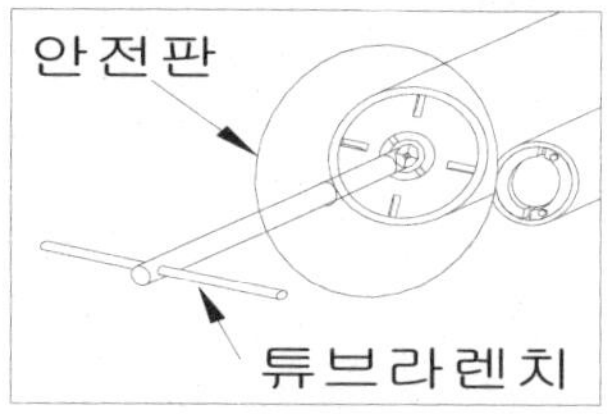

안전판

다) 측정완료 후 배기밸브를 열어 주기구내 가스를 제거한다.

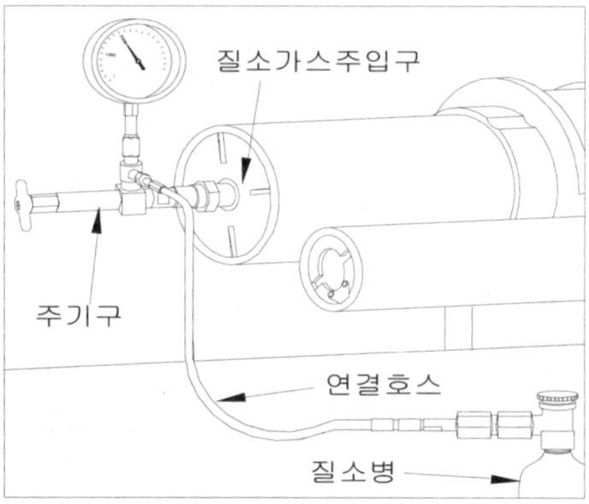

주기구

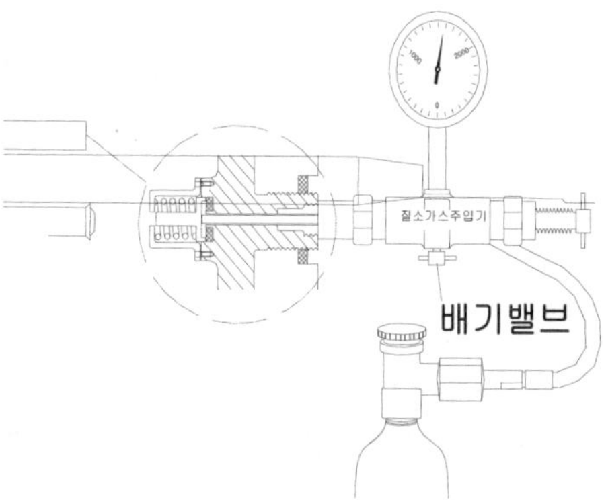

주기구의 배기밸브

3) 측정요령

가) 포신을 수평으로 위치시킨다.

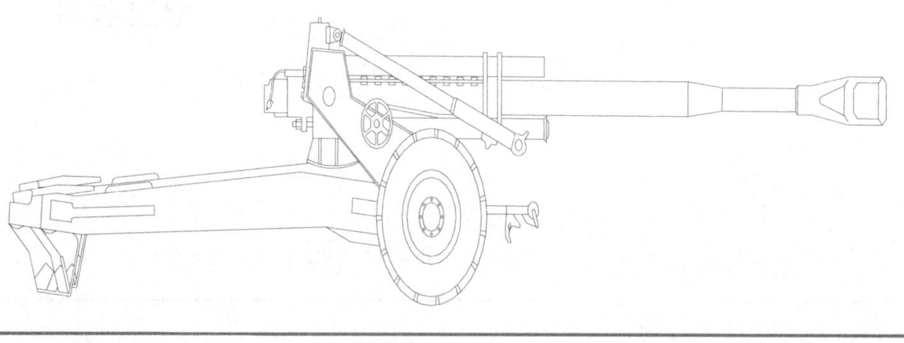

나) 주퇴유 주입구에 배유기를 설치하여 예비유를 배출한다.

다) 안전판을 대고 튜브라렌치로 가스마개 및 씰을 제거한다.

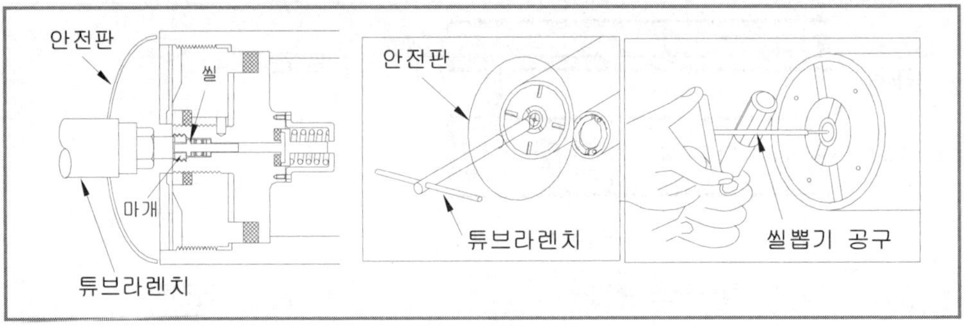

라) 가스주입구에 주기구를 연결한다.

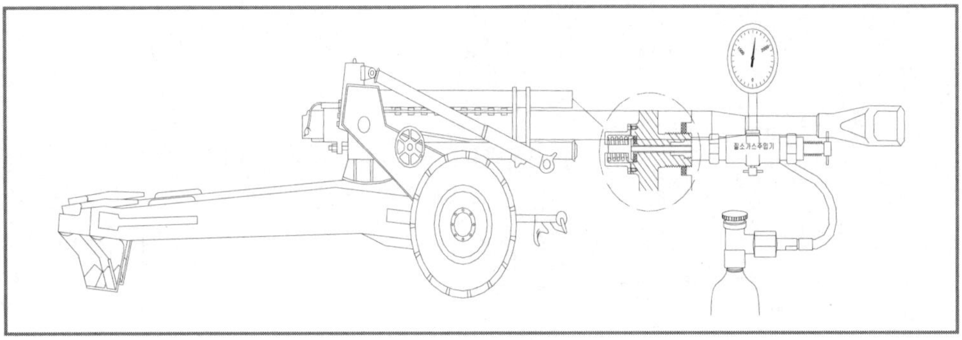

마) 밸브 열개를 시계방향으로 회전 후 게이지의 압력을 확인한다.

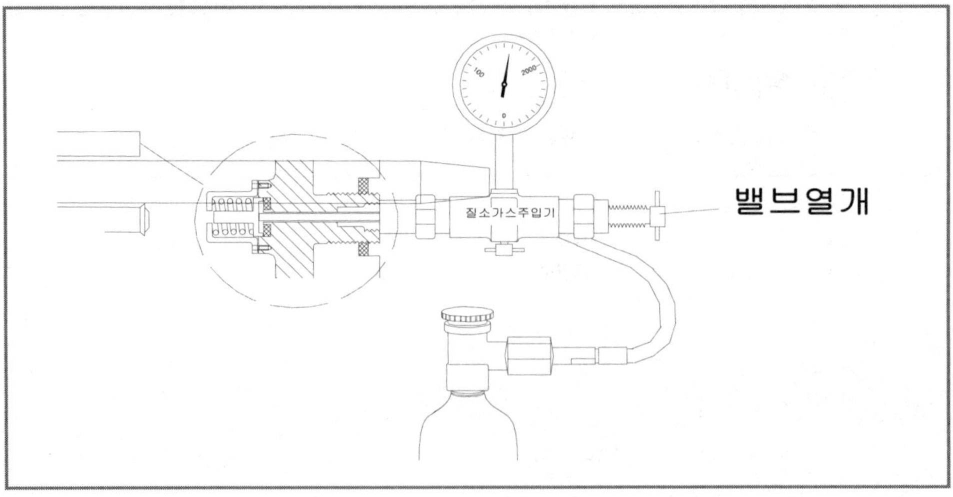

바) 배기밸브를 열어 주기구 내 가스를 제거한다.

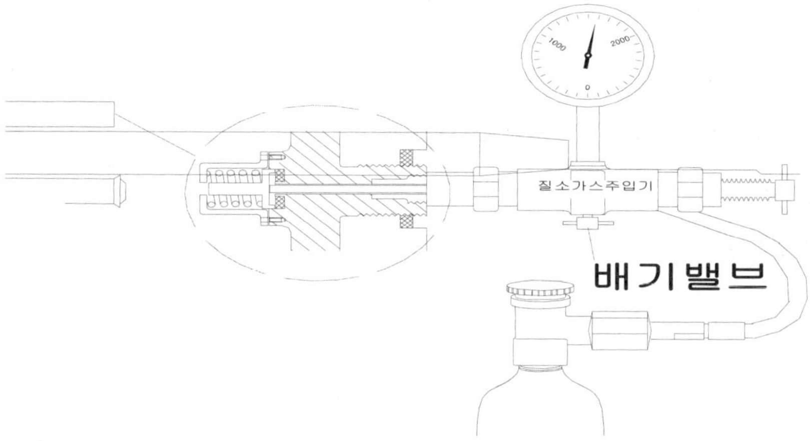

사) 측정압력을 정상 압력과 비교하여 판정한다.

포 별 / 온 도(℃)	105mm HOW	155mm HOW	
		M114	KH179
110°F (48.3)	1,256(psi)	1,805(psi)	2,297(psi)
100 (37.8)	1,230	1,765	2,246
90 (32.2)	1,202	1,728	2,200
80 (26.7)	1.175	1,690	2,152
70 (21.1)	1,150	1,650	2,100
60 (15.6)	1,125	1,610	2,049
50 (10)	1,096	1,570	1,998
40 (4.4)	1,070	1,530	1,947
30 (-1.1)	1,038	1,490	1,896
20 (-6.7)	1,013	1,450	1,844
10 (-12.2)	986	1,410	1,793
0 (-17.7)	959	1,370	1,741

4) 최종검사

측정 결과에 대한 판정 및 조치로 측정값이 표준압력과 비교하여 ± 50psi 이내이면 정상이며 ± 50psi이상이면 비정상이다. 비정상인 경우 검사요령은 정상 압력으로 조정한 뒤 72시간 경과 후 질소가스 압력을 재측정한다. 재측정 값이 표준압력 ± 50psi 이내이면 정상이며 ± 50psi 이상이면 비정상으로 이 때 조치는 주퇴장치를 교환한다.

제4절 포가결합체(Carriage)

1. 평형기(Equilibrator, Assembly)

가. 구조기능

(1) 외부형태

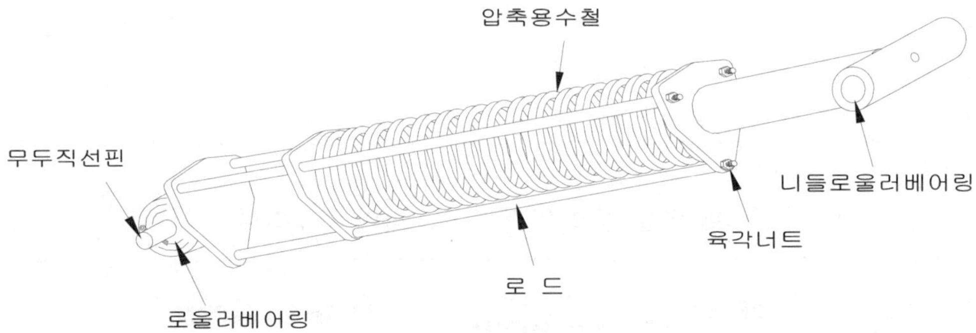

그림 2-46. 외부형태

(2) 기능

용수철식 평형기는 용수철의 팽창력을 이용하여 포신의 상승을 용이하게 도우며, 하강시에는 포신이 급작스럽게 하강하는 것을 용수철의 압축력으로 원활하게 하강하게 한다.

105밀리 곡사포에는 평형기 1개가 상부포가와 요가 후단에 설치되었고 평형기 내부에 2개의 용수철로 구성되어 있으며, 작용은 포신 상승시 용수철이 팽창되고 평형기 전체 길이는 짧아지는 반면 포신 하강시에는 평형기 용수철이 압축되고 평형기 전체 길이는 길어진다.

나. 제거설치

(1) 제거설치시 필요공구에는 이그니스, 펀치, 황동봉, 뿔함마, 동함마, 플라이어 등이 있으며 마닐라 로프, 목편 (4″× 4″× 12″), 고임목 등이 있어야 한다.

(2) 주의사항으로는 고저 장치를 이용 평형기 뒷멈치의 하중을 제거해야 하며 니들베어링 및 부싱의 파손에 주의하고 뒷멈치 제거 후에는 평형기 밑에 목편을 받쳐 평형

기의 추락에 주의한다.

설치시에는 평형기의 방향 및 뒷멈치의 방향이 바뀌지 않도록 주의해야 하는데 평형기 로드 2개가 위로 향하게 하고 뒷멈치축 덮개의 짧은 쪽이 오른쪽으로 향하게 결합한다.

(3) 제거설치 순서

(가) 평형기만을 제거하는 경우에는 플라이어를 이용하여 평형기 앞멈치 짜개핀 2개를 제거하고, 포신을 최대 고각으로 한 뒤 평형기에 4″× 4″× 1″목편을 설치한다. 평형기 뒷멈치축 덮개핀과 덮개를 펀치와 이그니스로 제거하고,고저장치를 움직여 뒷멈치축에 하중이 걸리지 않도록 하면서 뒷멈치축을 우측에서 좌측으로 황동봉과 함마를 이용하여 제거한다.

평형기 앞멈치를 황동봉을 이용 제거후 평형기를 안전하게 들어내어 고임목 위에 내려놓는다.

※ 설치는 제거의 역순으로 한다.

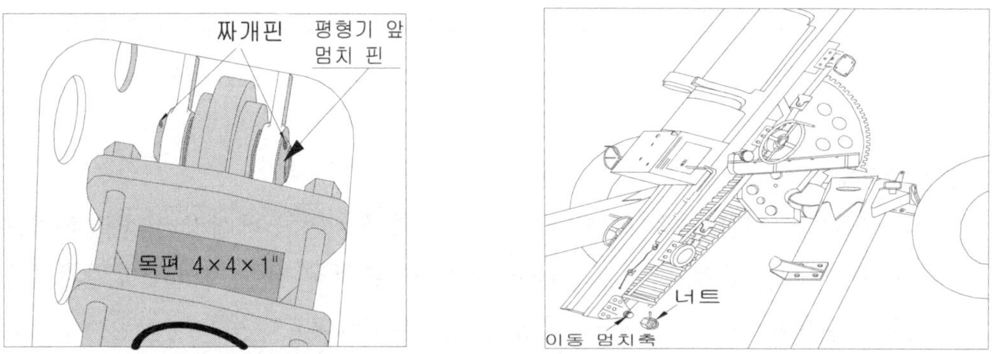

그림 2-47. 평형기만을 제거하는 경우

(나) 전체적인 제거 설치시 평형기 제거는 포신을 최저로 내리고 평형기에 4″× 4″× 12″목편을 설치 후 포신을 수평으로 하고 플라이어를 이용하여 평형기 앞멈치 짜개핀 2개를 제거한다.

평형기 뒷멈치축 덮개핀과 덮개를 펀치와 이그니스로 제거하고, 고저장치를 움직여 뒷멈치축에 하중이 걸리지 않도록 하면서 뒷멈치축을 우측에서 좌측으로 황동봉과 함마를 이용하여 제거 후 평형기가 떨어지지 않게 밑에서 받쳐주면서 평형기를 내려놓는다.

평형기 앞멈치를 황동봉을 이용하여 제거 후 평형기를 안전하게 들어내어 고임목 위에 내려놓는다.

※ 설치는 제거의 역순으로 한다.

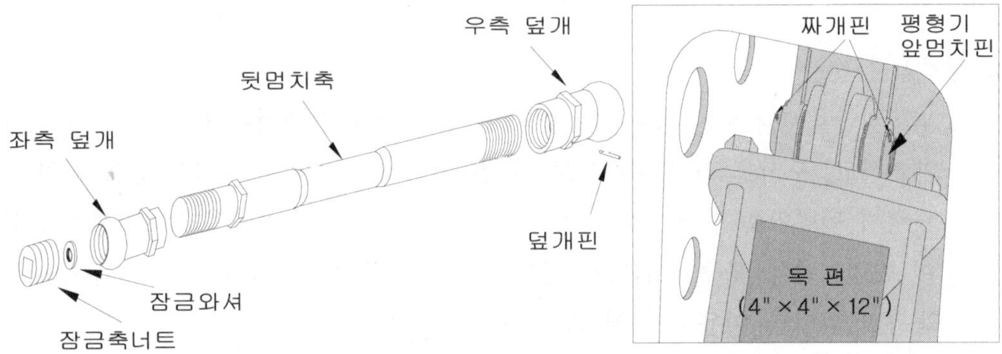

그림 2-48. 전체적인 제거 설치시 평형기 제거

다. 분해결합

분해시 필요공구와 준비물은 양구스페너 1세트, 목봉 및 목편 4개 등이며, 주의사항은 평형기 용수철의 급작스런 팽창으로 인한 충격에 유의하고 평형기 용수철을 압축시킬 때는 반드시 2인이 실시한다.

(1) 분해순서

분해순서는 뒷멈치 베어링집 짜개핀을 분해 후뒷멈치 베어링 집을 분해하고 조정나사 3개를 분해한다. 조정나사 분해 후 용수철 전단 자리와 후단자리를 차례로 분해한 뒤 조정나사 받침대 3개를 분해한다.

평형기 축 및 자리를 분해하고 용수철을 분리한다.

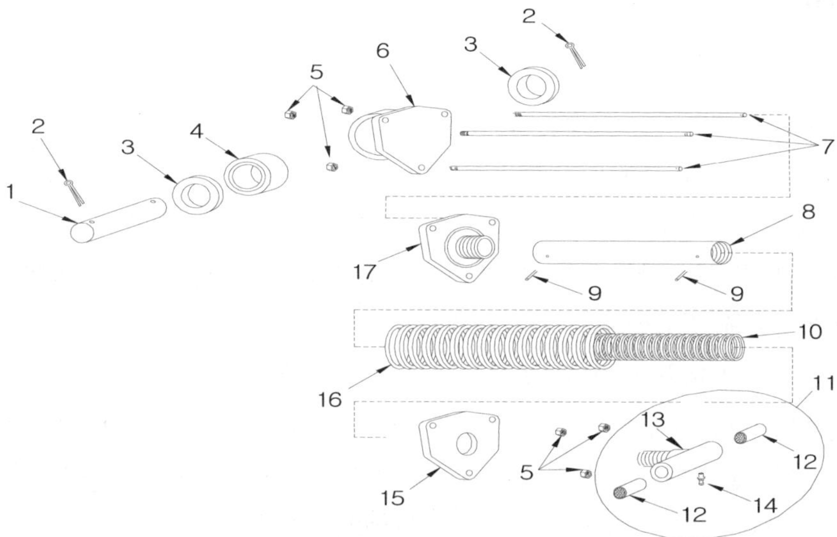

(1) 평형기 앞멈치	(7) 조정나사 받침대	(13) 베어링 축
(2) 짜개핀 (2개)	(8) 평형기축 고정핀	(14) 주유구 (2계단 교환품)
(3) 와셔 (좌우 2개)	(9) 평형기축	(15) 평형기 후단자리
(4) 롤러 베어링	(10) 용수철(내부)	(16) 용수철 (외부)
(5) 너트 (6개 : 앞뒤)	(11) 평형기 후단 결합체	(17) 평형기축 자리
(6) 용수철 전단자리	(12) 니들 베어링	

그림 2-49. 용수철식 평형기 분해도

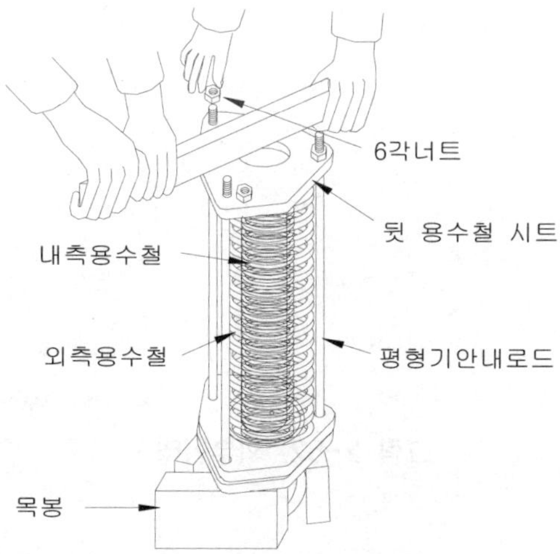

그림 2-50. 평형기 결합

라. 검사정비

(1) 평형기 작용검사

용수철식 평형기는 용수철의 장력을 이용하여 포신의 상승과 하강을 용이하게 하기 때문에 용수철의 장력이 작거나 너무 클 때는 이에 따른 부작용이 발생하게 된다. 따라서 용수철의 장력상태를 검사하여 조정하는 것은 매우 중요하다. 필요한 공구는 양구스패너이며 검사요령은 포를 고저로 이동시키면서 평형기 작용상태를 점검한다.

작용상태에 대한 판정 및 조치로 상승이 곤란한 경우에는 3개의 조정너트를 조여주며, 하강이 곤란하 경우에는 3개의 조정너트를 풀어준다.이 때 주의사항은 조정너트를 풀고 조일 때에는 3개의 조정너트를 동일하게 조여야 한다.

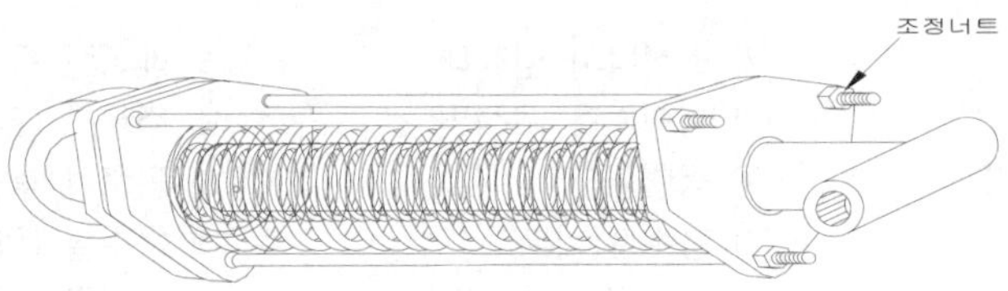

그림 2-51. 평형기 장력 조정

2. 요가(Carriage Cradle)

가. 구조/기능

(1) 외부형태

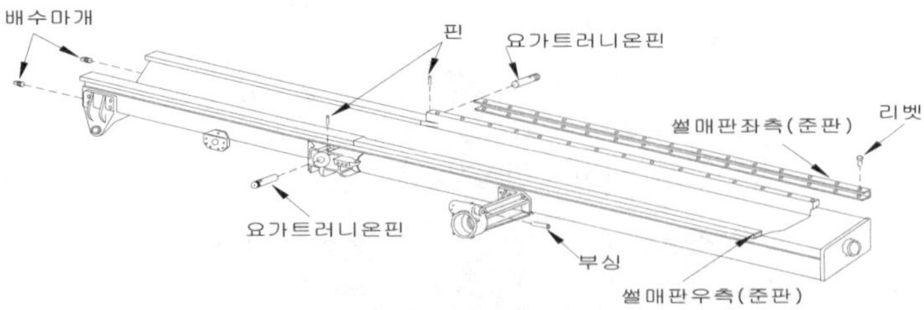

그림 2-52. 외부형태

(2) 기능

요가는 주퇴장치와 포신이 주퇴 복좌를 하기 위한 U자형 받침대로 준판이 설치되어 주퇴장치나 포신이 원활하게 미끄러지도록 하는 레일의 역할을 한다. 요가에는 여러 가지 부착물이 있는데 격발을 위한 방아끈과 요가 축을 중심으로 고저이동을 위한 고저장치가 부착되어 있다.

나. 제거설치

(1) 필요공구

5/16″, 7/8″양구 및 복스 렌치, 자동복스대, A후렘 등이며 기타 준비물에는 고임목, 마닐라로프, 받침대 등이 있다. 요가 제거시 주의사항으로는 준판과 고저치호가 손상되지 않도록 해야한다.

(2) 제거순서

마닐라로프를 이용 요가를 X자로 무게중심인 좌·우 고저치호 상단에 A후렘을 걸고 15/16″, 7/8″양구 및 복스렌치와 자동복스대를 이용하여 상부포가와 고저치호를 결합하고 있는 좌우 각각 7개의 고정 볼트너트를 제거한다. A후렘의 윈치를 이용 요가를 들어 올린 뒤 A후렘을 서서히 밀어 받침대 위에 내려놓는다. 설치는 제거의 역순으로 한다.

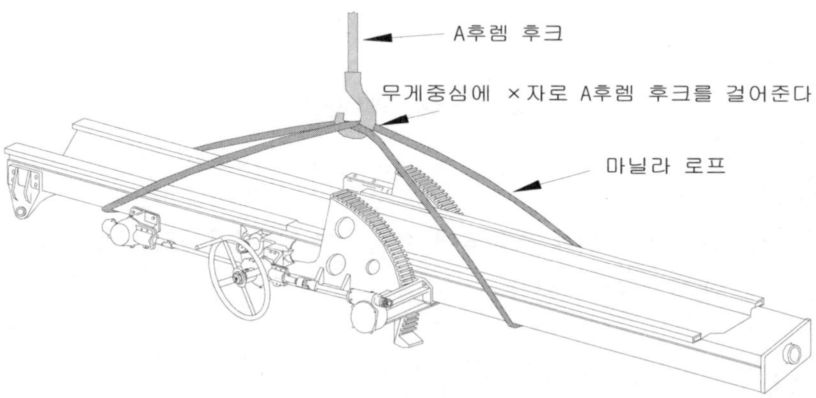

그림 2-53. 요가 제거

다. 요가검사

요가의 준판은 정밀성이 높아 기지정비를 요하므로 파손되었으면 후송해야 한다. 또 준판상에 오물여부를 점검하여 정비하고 요가축에 결합된 고저치호 붓싱유격이 0.006″ 이상이면 붓싱을 교환한다.

주퇴지시기를 점검하여 손상되었으면 교환한다. 주퇴 피스톤로드의 멈치 나사와 짜개핀도 확인해야 하며 105㎜ 요가는 내부가 비어있어 동절기에 습기가 차 동파되는 경우도 있으므로 수분의 유무를 점검하여 배수구멍을 뚫어 배출시켜야한다.

3. 상부 포가(Top Carriage Assembly)

가. 구조 기능

(1) 외부형태

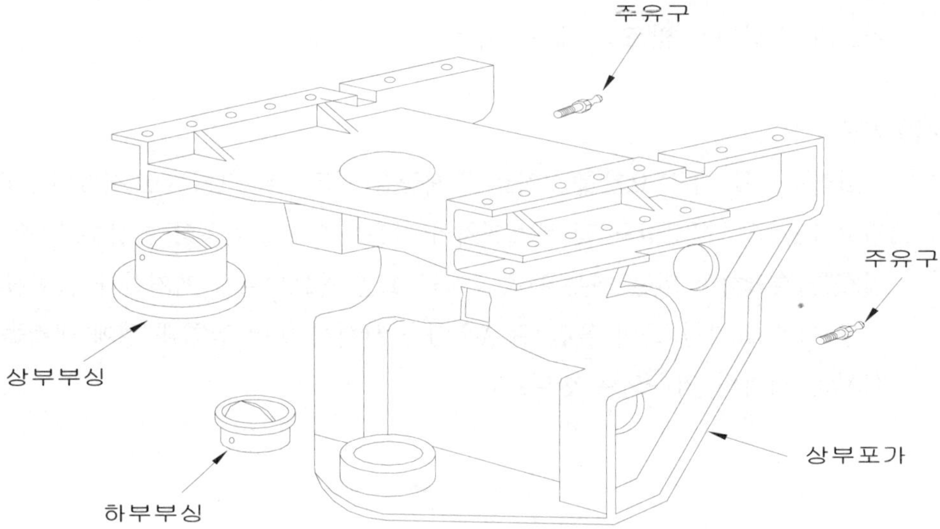

그림 2-54. 외부형태

(2) 기능

상부포가는 정형기위에 결합되어 요가 이상을 지지하고 상부포가 축을 중심으로 좌우 방향 이동이 된다.

나. 제거설치

(1) 필요공구

육모렌치, V렌치, 상부포가축 뽑기 공구, 정비용 깔판, 부싱 분해구, 핸드 그라인더, 드릴 및 드릴 날 등이며 준비물은 연마포, 상부 포가축 부싱, 그리스, 그리스 닛불 등이다. 주의할 사항으로는 중량물이므로 제거설치시 4인 이상이 작업해야 하며, 상부포가축 결합시 키 홈을 맞추어야 하고 상부포가축 부싱 연마시 보호안경을 반드시 착용해야 한다.

(2) 제거순서

상부포가축 상·하부 덮개 고정나사를 육모렌치로 제거한 후 V렌치로 상 · 하부 덮개를 제거한다. 그리고 상부포가축뽑기 풀러를 상부포가축에 결합하여 이그니스로 서서히 조여 상부포가축을 상부포가로부터 분리한 다음 상부포가를 정형기로부터 제거하여 고임목 위에 내려놓는다.

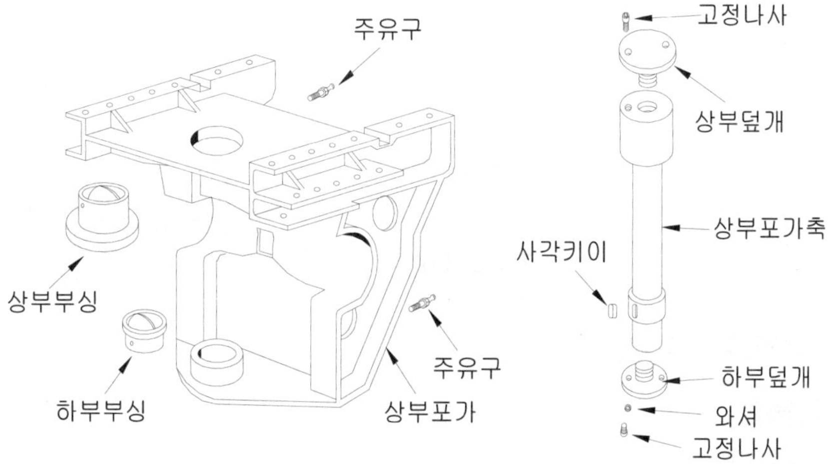

그림 2-55. 상부포가

다. 검사정비

상부포가축 상·하부 부싱을 부싱분해구를 이용하여 분해하고 신품 부싱을 부싱결합자리에 맞도록 연마포를 이용하여 외경을 가공한다. 가공된 부싱을 상부포가에 결합한 후 상부 포가축을 결합하여 부드럽게 결합되는가를 확인하고 상부포가를 정형기의 상부포가 결합자리에 결합시켰을 때 회전상태가 원활한가 확인한다.

부싱 결합상태가 원활하지 않으면 방향장치 토크력이 증가한다.

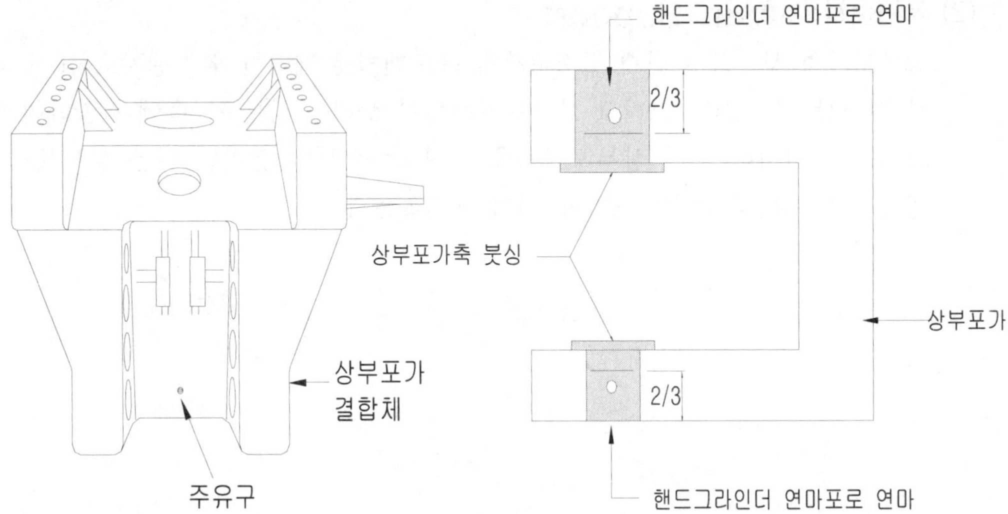

그림 2-56. 부싱교환

4. 하부포가(차축 : Axle)

가. 구조기능

(1) 외부형태

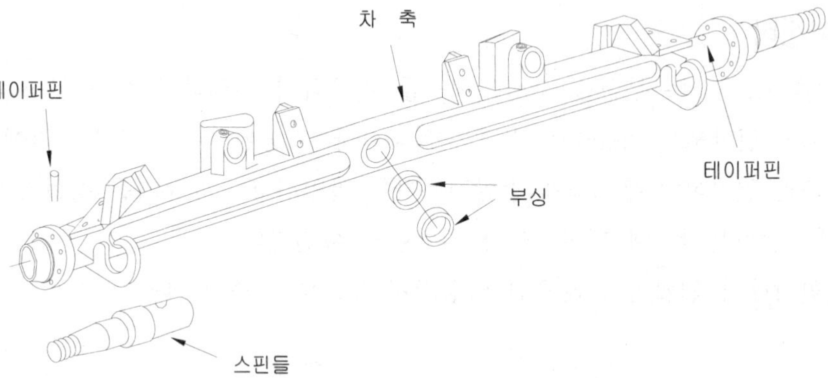

그림 2-57. 외부형태

(2) 기능

105밀리 곡사포 하부포가는 차축으로 포 전체를 지지해 주며, 하부포가 양쪽에 차륜이 결합되며 또한 정형기가 횡축으로 결합되어 있다.

5. 정형기(Pintle Axle Support)

가. 구조기능

(1) 외부형태

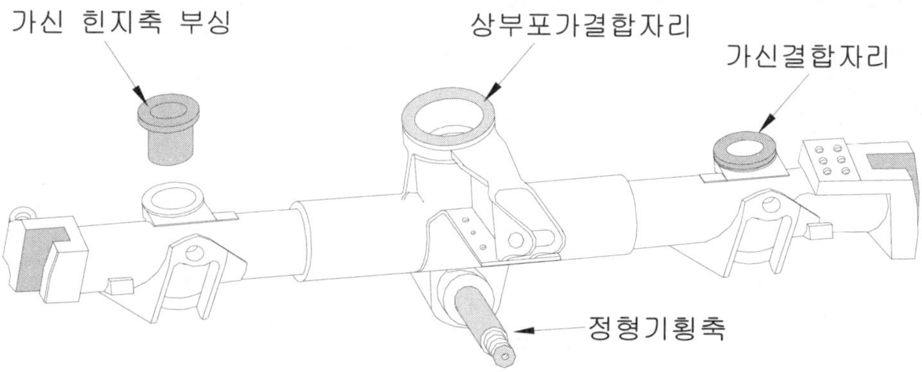

그림 2-58. 외부형태

(2) 기능

정형기는 차축에 횡축으로 결합되어 좌·우 10°범위 내에서 포의 수평을 유지해 준다. 정형기는 앞멈치와 뒷멈치, 가신힌지축 부싱, 정형기 횡축으로 구성되어 있는데, 정형기 뒷멈치는 정형기가 10°이내에서만 작용되도록 고정시켜주고 앞멈치는 화포 이동시 정형기가 흔들지 않도록 고정시켜주는 역할을 한다. 정형기의 가신 힌지축 부싱이 과다하게 마모되면 사격시 화포가 흔들려 산탄의 원인이 되기도 한다.

나. 제거설치

(1) 필요공구로

-자 드라이버, 펀치, 쇠망치, 3/4″양구 및 복스 렌치, 이그니스, 황동봉 등이 있다. 주의해야 할 사항으로는 A후렘으로 차축을 고정시킨 다음 작업을 실시해야 하며 중량물이므로 4인 이상이 작업해야 한다.

(2) 제거순서

정형기 횡축 멈치나사를 -자 드라이버로 제거하고, 정형기 횡축 고정너트를 이그니스로 제거한다. 정형기 횡축 브래킷의 고정핀을 펀치로 제거하고 고정나사

4개를 3/4″양구 및 복스 렌치로 풀어낸 후 브래킷을 황동망치를 이용하여 제거한다.

정형기를 좌 · 위로 서서히 회전시키면서 차축으로부터 분리시킨다.

6. 고저 장치(Elevating Mechanism Assembly)

가. 구조기능

(1) 외부형태

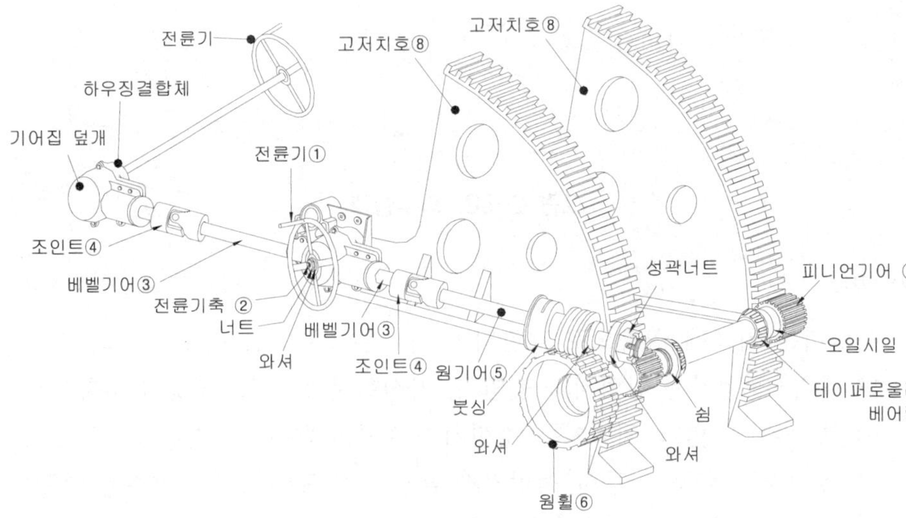

그림 2-59. 외부형태

(2) 기능

고저장치의 회전력은 전륜기 → 전륜기축 → 베벨기어 → 조인트 → 웜기어 → 웜휠 → 피니언 기어 → 고저치호 순으로 전달된다. 회전력 전달은 요가에 결합된 요가축(트라니온축)을 중심으로 요가를 회전시키면 포신 및 주퇴장치가 함께 고저이동이 된다.

나. 분해결합

(1) 필요공구

7/16″, 9/16″, 7/8″, 1 1/16″양구 및 복스 렌치, 이그니스, 플라이어, 펀치, 절단기 등이며, 제거설치 시 주의해야 할 사항은 반달키 망실과 피니언기어 결

합시 피니언기어의 화살표와 웜기어의 화살표가 일치되도록 해야 하며 웜휠 및 웜기어 결합시 웜기어와 웜휠의 중심을 정확히 맞추어야 한다. 또한 부싱 결합시 핀 구멍 위치를 정확히 맞추어야 한다.

(2) 고저전륜기 및 베벨기어 분해

7/8″ 양구 및 복스 렌치로 고저전륜기 고정너트(①)를 풀어 와셔(②)를 분리하고, 뿔망치를 이용하여 고저전륜기(③)를 축으로부터 분해하고 반달키(④)를 들어낸다.

7/16″양구 및 복스 렌치를 이용 기어집 덮개 고정나사를 제거하고 덮개(⑤)를 분해한 뒤 베벨기어(⑥) 축 결합체를 기어집으로부터 제거한다.

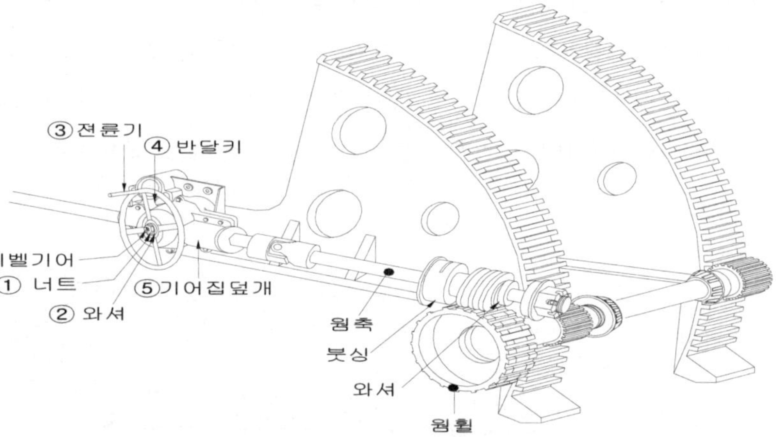

그림 2-60. 고저전륜기 및 베벨기어

고저기어집은 펀치를 이용하여 베벨기어 축에 있는 핀을 제거한 후 조인트를 분해하고, 고저기어집 덮개로부터 베벨기어 축을 제거한 뒤 와셔 및 슬리브 베어링 (부싱)을 제거한다.

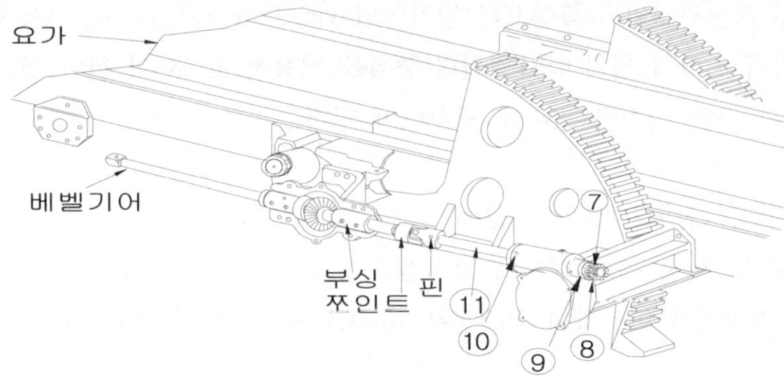

그림 2-61. 베벨기어 축 및 쪼인트

(3) 웜기어 및 웜휠 분해

웜기어 분해는 플라이어를 이용하여 웜기어에 고정된 핀을 제거하고, 1 1/16″ 양구 및 복스 렌치를 이용하여 웜기어 고정너트를 풀어 내고 와셔를 분해한다. 웜기어 집과 와셔를 고정하고 있는 직선핀은 펀치를 이용하여 제거하고 뿔망치를 이용하여 웜기어의 앞부분을 툭 치면서 웜기어 집으로부터 제거한다.

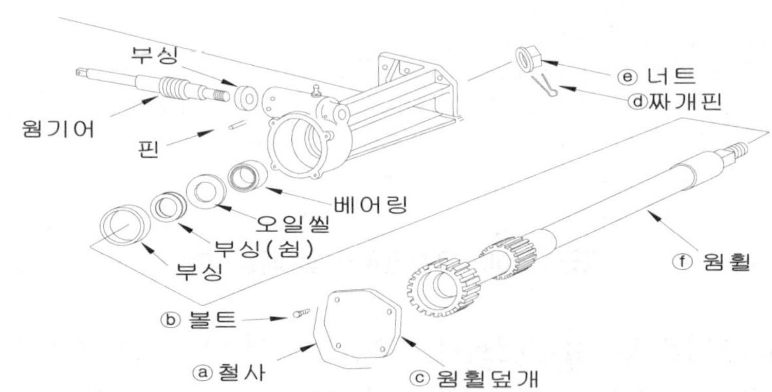

그림 2-62. 웜기어 및 웜휠 분해

웜휠 분해는 절단기를 이용 덮개 고정 볼트를 연결하고 있는 와이어(ⓐ)를 절단하고 9/16″양구 및 복스 렌치를 이용 웜휠축 덮개볼트(ⓑ)를 풀어 덮개(ⓒ)를 분리한다. 플라이어를 이용하여 웜휠의 피니언기어 고정너트 짜개핀(ⓓ)을 제거하고 이그니스를 이용하여 웜휠의 고정너트(ⓔ)를 풀어낸다. 뿔망치를 이용하여 웜휠을 좌측에서 우측으로 제거한 후 센터조정용 와셔를 분해한다.

(4) 웜휠 및 웜기어 결합

웜휠의 ①번 위치에 와셔를 적당량(6~7장)을 삽입 후 피니언기어의 ⓐ와 ⓑ 화살표를 일치시킨 후 피니언기어를 웜휠에 결합한다. 피니언기어 고정너트를 적당히 조인 후 ②번 웜기어에 와셔를 결합한 후 웜기어집에 밀어 넣고 와셔 및 고정핀을 결합한 후 웜기어 고정너트를 조인다. 웜휠과의 중심이 맞았는지 확인하기 위하여 ③번 위치에 토크렌치를 결합 후 토크력을 측정한다. 적정 토크력은 5 in-l/b 로 만일 적정 토크력이 나오지 않는 경우에는 ①번위치의 와셔 숫자를 조정한다.

토크력 조정이 완료된 후에는 웜휠과 웜기어 사이에 그리스를 채워 넣고 웜휠집 덮개를 닫고 9/16″고정 볼트를 조인 후 철사로 풀리지 않도록 연결한다.

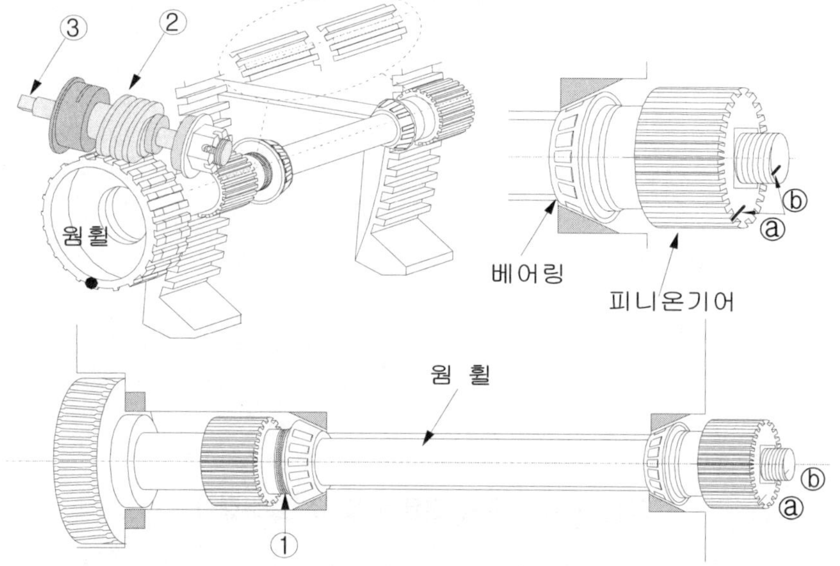

그림 2-63. 웜휠 및 웜기어 결합

(5) 고저전륜기 및 조인트 결합

⑦번 기어집덮개와 ⑨번 베벨기어축 사이에 ⑧번 와셔의 두께를 조정하여 ⑩번 베벨기어와의 공회전을 조정한 다음 조인트와 베벨기어 축을 기어집 ⑦에 밀어 넣고 덮개 고정너트를 결합한다.

고저전륜기 고정키 및 고저 전륜기를 베벨기어 축에 결합한 후 고정너트를 조이고 베벨기어 및 조인트를 결합하여 기어집 ⑥에 밀어 넣고 전륜기의 중심이 일치 하는가 고저핸들을 돌려본다. 일치하면 기어집 덮개를 결합하고 일치하지 않으면 고저기어집 고정 볼트 ⑪을 풀고 중심을 맞춘 후 볼트를 조인다. 이 때 정상토크력은 20in-l/b이어야 한다.

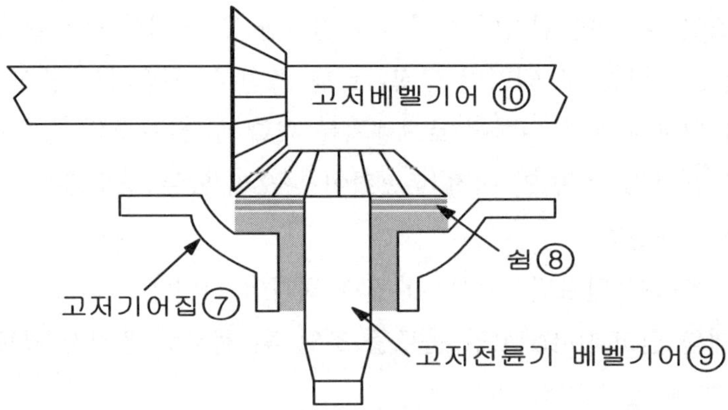

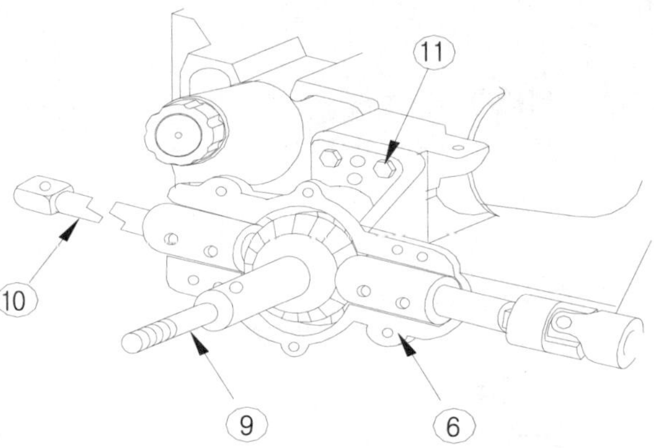

그림 2-64. 고저 전륜기 및 조인트 결합

다. 고저장치 작용검사

필요공구는 양구스페너 1셋, 토크렌치, 드라이버 등이며, 검사내용은 전륜기 공회전 및 전륜기 작용력 점검과 치호, 와셔, 기어 등의 마모 여부이다.

(1) 검사요령은 포를 최대로 고저 이동시키면서 전륜기의 회전상태와 전륜기 작용력을 점검한다. 작용력 점검결과에 대한 판정은 전륜기 공회전이 30°이상을 초과하면 비정상이며 치호, 와셔, 기어가 마모되어 조금이라도 포가 유동하면 비정상이다.

※ 장비별 전륜기 정상 작용력

장 비 명	105㎜ 곡사포	155㎜ 곡사포	8인치 곡사포
정상 토크력	65in-l/b 이내	104in-l/b 이내	104in-l/b 이내

(2) 조치

공회전 조정은 조인트 공회전시 조인트를 교환하고, 베벨기어가 공회전 하는 경우에는 쉼을 조정한다. 작용력 조정은 쉼 조정 및 중심을 맞추면서 기어 치합을 재조정 하고, 피니언 기어, 웜기어, 베벨기어의 쉼은 조정 작업을 실시하고 붓싱은 교환한다.

각 부분품의 과다 마모 경우에는 부분품을 교환한다.

검사결과 마모로 인한 원인 또는 부적절한 조정으로 인하여 1/12회전 이상으로 작용되는 공회전이 있으면 사격시 산탄이나 원근탄 발생의 원인이 될 것이다. 고저치호, 피니언 기어, 웜 및 웜휠 부분에 모래나 오물, 기타 물질이 그리스와 함께 고착되어 있으면 조기마모의 원인이 된다. 따라서 이들 부품은 청결히 손질되어야하며 주기적으로 주유해야 한다. 치호나 와셔, 기어의 마모가 심하여 사격시 명중률이 떨어지면 교환하여야 하며 전륜기 작용력을 점검하여 원활한 고저 작용이 이루어지도록 한다.

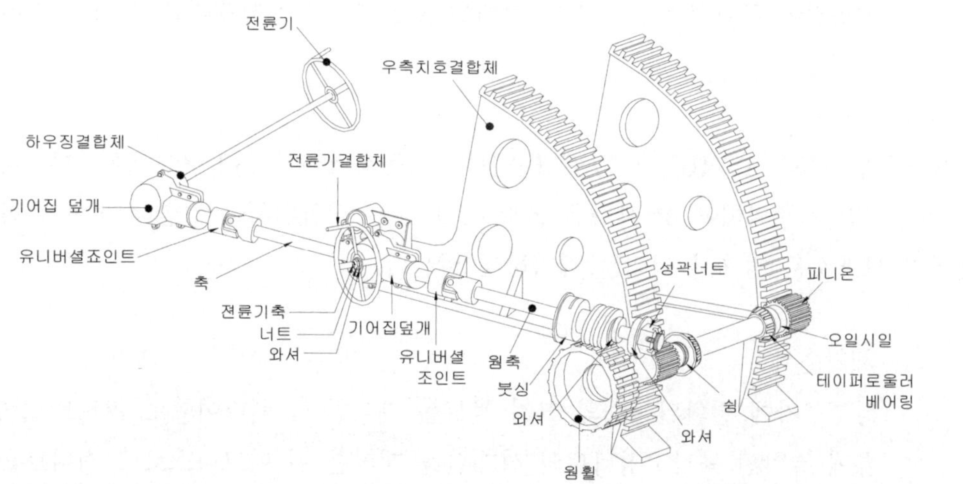

그림 2-65. 고저장치 구조

화포의 이해

7. 방향장치(Traversing Mechanism Assembly)

가. 구조기능

(1) 외부형태

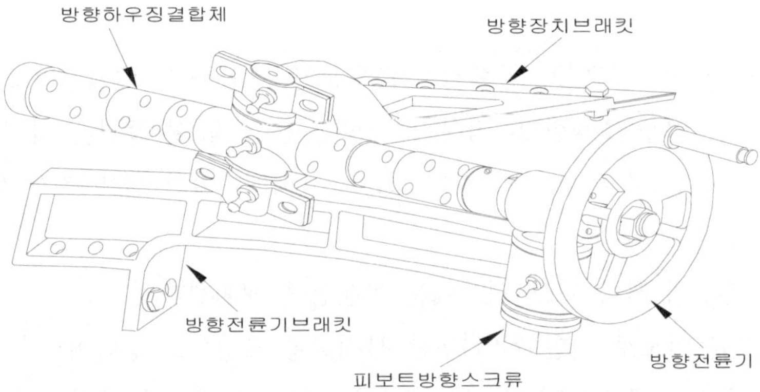

그림 2-66. 외부형태

(2) 기능

방향장치 전륜기를 회전시키면 회전력은 전륜기축을 통하여 방향하우징 결합체의 길이 변화에 의한 직선운동에 의해 방향장치 브래킷을 움직이게 되고, 방향장치 브래킷은 상부포가로 전달되어 상부포가 이상을 좌우로 회전하게 한다. 방향회전이 곤란하면 브래킷의 높이를 조절하거나 상부포가축 부싱을 정비한다.

나. 제거설치

필요공구는 5/8″, 15/16″, 1 1/8″양구렌치, 자동복스대, 4/32″육모렌치, 이그니스 등이며 분해결합시 주의해야 할 사항은 볼트 및 너트를 결합위치에 결합해 놓아야 하며 방향전륜기 브래킷은 필요시 이외는 제거하지 않는다.

(1) 제거순서

상부포가에 결합된 5개의 고정 볼트를 제거하고, 플라이어로 피보트 방향스크류에 결합된 육각고정너트의 짜개핀을 제거한 뒤 이그니스로 고정너트를 제거한 후 방향장치를 분해하여 작업대 위에 놓는다.

설치는 제거의 역순으로 한다.

다. 분해결합

필요공구는 이그니스, 9/16″, 육모렌치, 양구렌치 1세트, 뿔함마, 펀치 등이며 분해결합시 주의해야 할 사항은 와셔 망실과 손상에 유의한다.

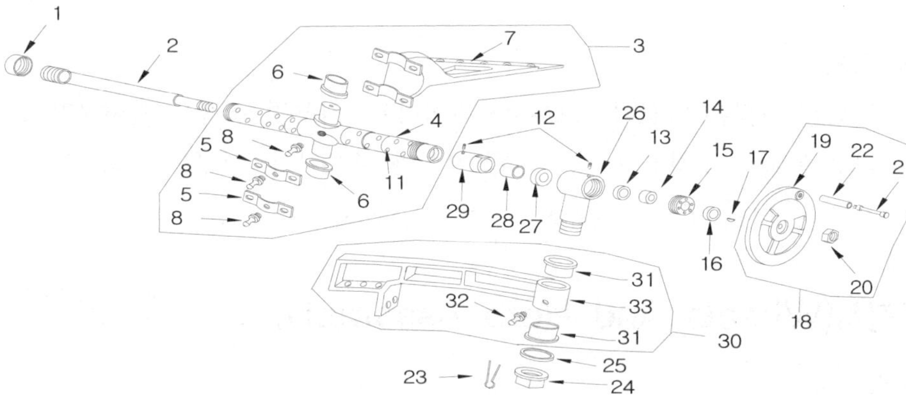

1.너트끝 캡
2.스크류(선회너트)
3.브래킷 결합체
4.선회 너트
5.선회 캡
6.부싱
7.브래킷
8.주유기
9.6각,캡스크류
10.잠금와셔
11.플러그
12.6각소켓 고정나사
13.볼베어링
14.피보트 스페이서
15.베어링 너트
16.오일시일
17.사각키이
18.전륜기 결합체
19.몸체
20.너트
21.스템
22.슬리이브
23.짜개핀
24.너트
25.드러스트 와셔
26.피보트
27.오일시일
28.부싱
29.칼라
30.방향전륜기 스크류 결합체
31.부싱
32.주유기
33.전륜기 스크류,브래킷

그림 2-67. 나사식 방향장치 분해도

라. 검사정비

필요공구는 양구스페너 1셋, 해머, 드라이버 등이며, 검사내용은 전륜기 공회전 여부, 전륜기 작용력과 스크류, 와셔, 슬리브베어링 등의 마모여부이다.

(1) 검사요령

방향장치 점검은 고저장치와 같이 좌우 방향 이동을 3~4회 작동시켜 보고 공회전과 스크류, 슬리브베어링, 와셔의 마모상태를 관찰한다.

(2) 검사결과에 대하여 전륜기 공회전이 30°이상이면 비정상이다.

※ 장비별 전륜기 정상 작용력

장 비 명	105㎜ 곡사포	155㎜ 곡사포	8인치 곡사포
정상 토크력	52in-l/b 이내	120in-l/b 이내	120in-l/b 이내

(3) 조치

공회전 조정은 마모된 스크류를 교환하고, 작용력 조정은 방향장치 브라켓과 피봇 높이를 조정하고 기어 치합 부분에 주유한다. 상부포가 축 부싱 교환 후 작용력 과다발생시는 상부포가 축 부싱을 재정비한다.

8. 차륜장치(Wheels And Herb Assembly)

가. 구조기능

(1) 외부형태

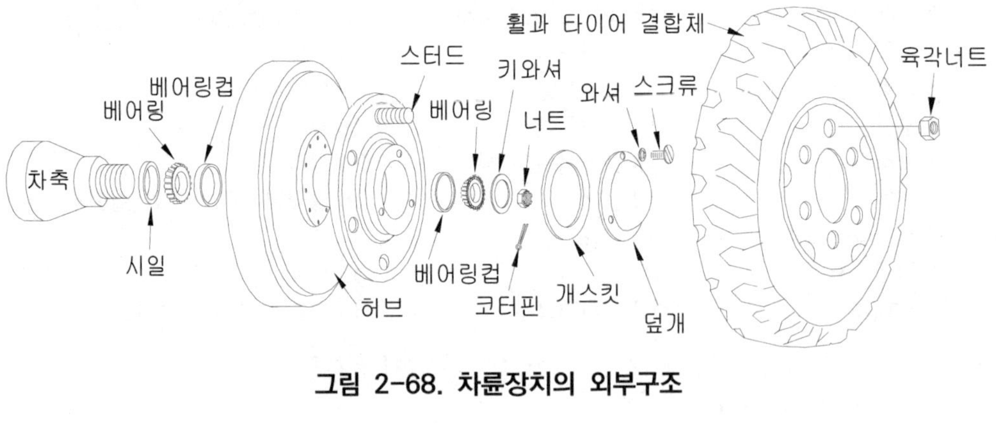

그림 2-68. 차륜장치의 외부구조

(2) 기능

차륜장치는 견인식 곡사포의 견인을 위해 하부포가 좌우에 결합되어 있다. 105밀리 곡사포의 경우는 사격시 지면에 2점이 접지되어 4점 중 2점을 지면에 지지하는 역할을 한다. 화포의 차륜은 통상 일반차량의 차륜과 같이 하부 및 제동을 위한 드럼, 기타 베어링 등으로 구성되어 있다.

나. 분해결합

필요공구는 -자 드라이버, 호일복스, 9/16″, 3/4″ 복스렌치, 플라이어 등이며 분해결합시 주의해야 할 사항은 분해 전 타이어 제거시 목봉이나 기타 받침목으로 차축을 고정시켜야 하며 휠 너트의 좌·우 방향을 구분하여 결합해야 한다.

(1) 분해순서

휠 너트(①)를 분해 후 휠과 타이어 결합체(②)를 분리한다. 허브 너트(③) 및 베어링(④)을 제거 후 허브 결합체(⑤)를 제거한다.

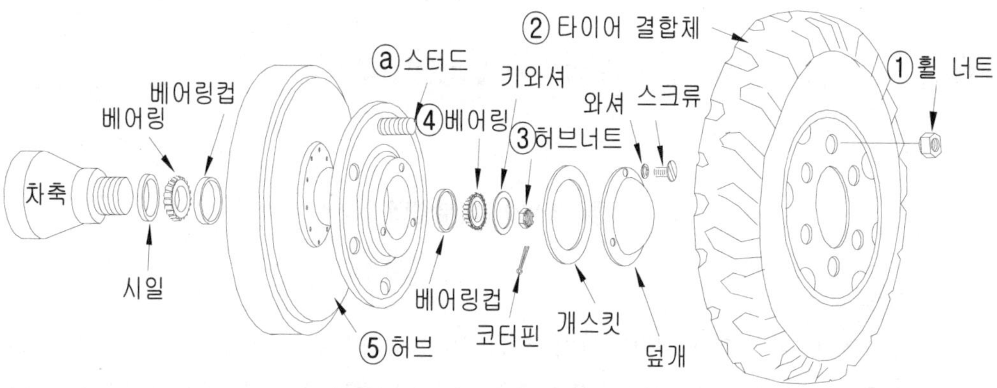

그림 2-69. 휠과 허브 결합체

(2) 스터드 볼트(그림2-69 ⓐ)의 마모 및 변형시에는 타이어의 회전밸런스가 불량하고 주행간 너트 이탈로 인한 안전사고 위험을 초래하게 된다. 스터드 볼트의 마모 및 변형의 원인은 타이어 탈부착시 충격 및 너트 결합시 나사산의 결합상태가 불량하기 때문이다.

스터드 볼트의 마모 및 변형시 정비방법은 드럼에서 허브를 분리하여 스터드볼트를 교환하는데 스터드 볼트 분해시 포미 쪽을 보고(포 주행방향)우측 타이어의 볼트는"R", 왼쪽은"L"의 볼트를 결합한다.

9. 가신(Trail)

가. 구조 / 기능

(1) 외부형태

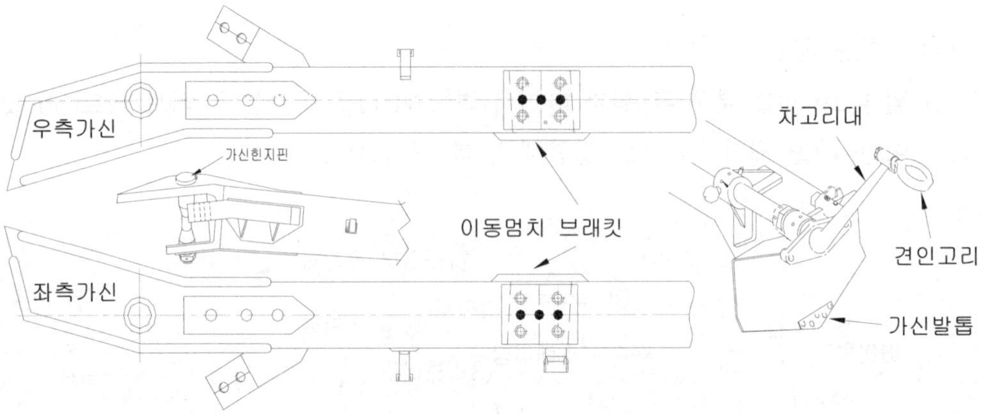

그림 2-70. 외부형태

(2) 기능

가신은 모든 화포에 전부 설치되어 있다. 사격시에는 양 가신이 개각되어 지면에 2점을 접지하여 반동을 받아주고, 이동시에는 포를 견인하게 된다. 또한 가신 옆에는 부수기재를 설치할 수 있는 자리가 있고 이동시에는 부수기재를 가신 옆에 부착하고 이동하게 된다.

나. 제거설치

필요공구는 플라이어, 이그니스, 뿔망치 등이며 제거설치시 주의해야 할 사항은 A후렘으로 차축을 고정시킨 후 작업을 실시해야 한다.

제거순서는 플라이어로 가신 축 아랫멈치 너트의 짜개핀을 제거한 후 가신 축의 육각성곽너트를 이그니스로 제거한다.

뿔망치를 이용하여 가신 축을 위로 쳐 올리고 가신 힌지핀을 빼어낸 뒤 좌·우 가신을 한쪽씩 서서히 후방으로 제거한다.

설치는 제거의 역순으로 한다.

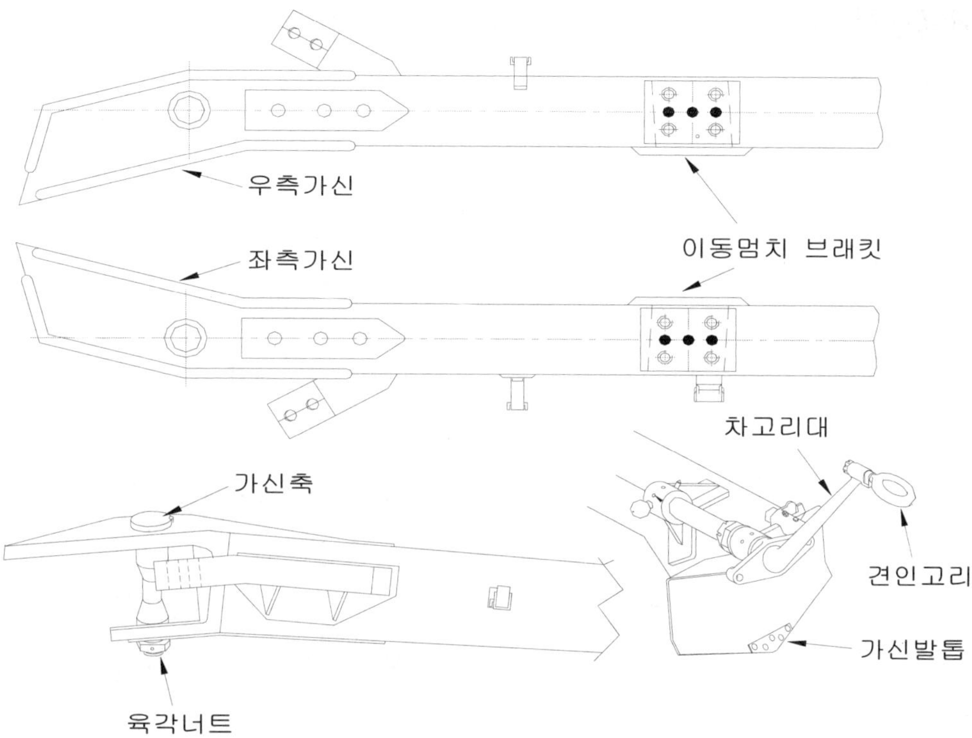

그림 2-71. 가신 힌지핀 결합체

다. 검사정비

필요공구는 이그니스, 해머, 버니어캘리퍼스 등이며 검사내용은 차고리멈치와 짜개핀의 유무, 가신축 홀 마모상태, 그리고 굴곡 및 손상여부 등이다. 만일 멈치나 짜개핀이 망실되었으면 추가로 부착하며, 가신부분이 굴곡 되었거나 파손된 부분이 있으면 가능한 용접을 하여 정비한다.

가신축과 가신이 정형기나 차축에 정확하게 결합되었는가를 검사하고 가신축 홀이 2.005˝ 이상으로 마모되어 커졌으면 가신축을 여기에 맞게 깍아 결합하거나 가신 자체를 교환하여야 한다.

10. 제동장치(Brake Operating Mechanism Assembly)

가. 구조기능

(1) 외부 및 내부형태

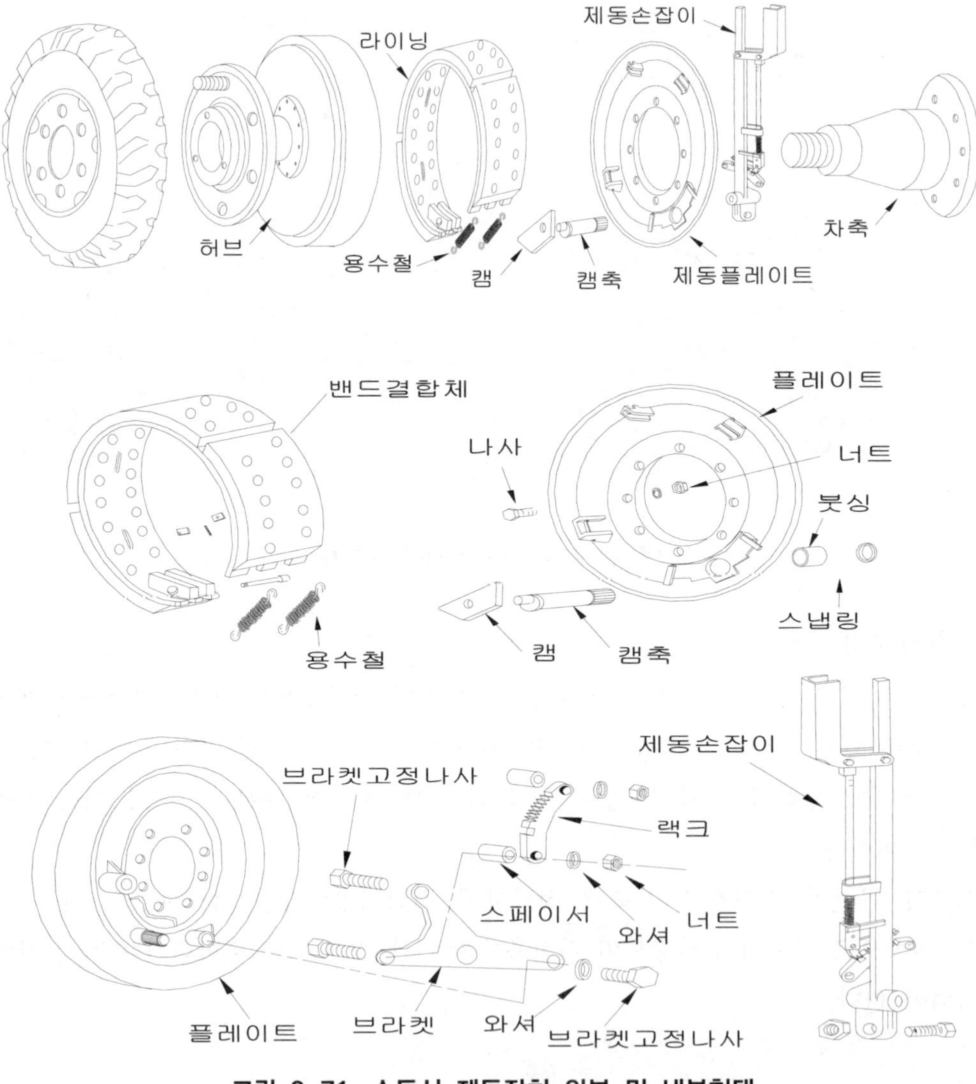

그림 2-71. 수동식 제동장치 외부 및 내부형태

(2) 기능

수동식 제동장치는 모든 포에 장치되어 있다. 이것은 사격시 차륜의 회전을 방지하고 포신을 제거하거나 기타 정비작업을 할 경우 차륜이 유동되지 않도록 할 때 사용한다.

나. 분해순서

필요공구로는 -자 드라이버, 9/16"렌치, 플라이어 등이 있으며 분해결합시 주의해야 할 사항은 라이닝 분해시 무리하게 확장하지 말아야 한다.

제동레버분해는 제동손잡이의 6각머리 나사(④)를 풀고 랙크를 고정시키고 있는 6각머리 나사(①) 2개를 푼 뒤 렉크 스페이tu(⑥)를 분리한다.

제동 손잡이(⑤)를 캠축으로부터 분리하고 -자 드라이버와 플라이어를 이용하여 캠축 멈치와셔를 분해한다.

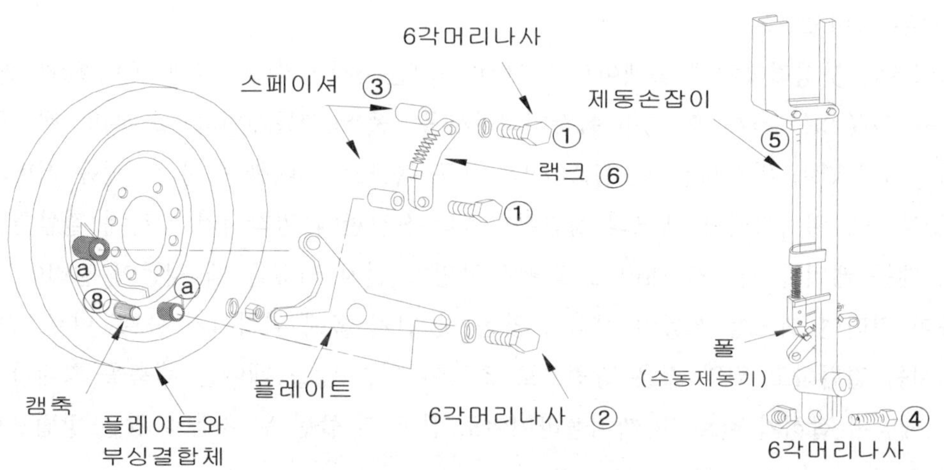

그림 2-72. 브레이크 작동기구

다. 검사정비

(1) 제동 캠플레이트(그림2-73ⓐ)의 "▛" 모양의 멈치 용접부에 균열 또는 파손시에는 제동이 불량하게 되는데 이것은 과도한 힘으로 제동을 잡아 멈치가 떨어지기 때문이다. 멈치가 떨어진 경우에는 멈치가 결합되는 홈에 들어갈 수 있도록 단조강의 "▛" 모양의 부품을 제작하여 전기용접한다.

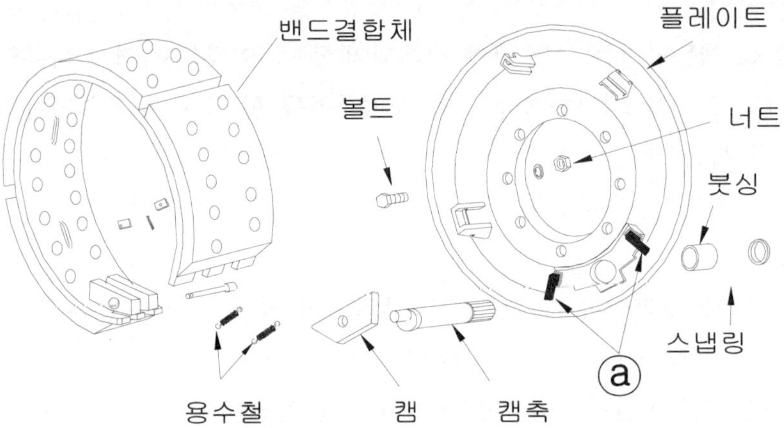

그림 2-73. 브레이크 백킹플레이트 결합체

(2) 제동레바가 치호의 1/2이상 내려가도 제동이 제대로 잡히지 않는 것은 캠축 회전반경이 작아져 캠 회전시 라이닝을 규정치 만큼 확장해 주지 못하기 때문인데 이런 경우 정비요령은

플레이트와 붓싱결합체에 플레이트을 고정 시키는 6각머리나사 2개 (①,②)와 슬리브스페이셔 2개(③)를 분해 후 ④번 육각머리나사를 풀어 제동레버(⑤)를 분리, 랙크를 레바폴의 3번째 칸에 위치시킨 후 캠축(⑧)을 포구 쪽으로 최대한 돌린 후 제동 레버의 캠축 결합부위에 위치시키고 랙크의 상단부를 하부장갑판에 밀착시켜 캠축에 결합한다

이때 제동 레버를 지그시 내려 고정나사 구멍이 일치 되었을 때 제동이 걸려야 된다.

제동이 걸리면 랙크를 제동이 걸리지 않는 첫 번째 홈에 위치시켜 볼트, 너트, 슬리브스페이셔를 결합하고 위와 같은 방법으로 조정이 되지 않을 때에는 캠축을 최대한 포구쪽으로 제동이 잡히기 바로 전 까지플라이어로 잡고 더 돌린 뒤 처음과 같은 방법으로 결합한다.

캠축을 최대한 포구 쪽으로 제동이 잡히기 바로 전 까지 플라이어로 잡고 더 돌린 뒤 처음과 같은 방법으로 실시함에도 불구하고 제동이 되지 않는 경우에는 라이닝을 교환한다.

(3) 수동식 제동장치 검사

필요공구는 호일복스 렌치, 양구스페너 1셋, 시그니스 게이지 등이 있으며, 검사해야 할 내용은 정상적으로 제동작용이 되는지, 용수철 장력이 이완되었는지, 그리고 플레이트 멈치가 파손 되었는가 등이다.

검사요령은 드럼을 회전시키면서 라이닝 압축상태와 제동작용 상태를 확인한다. 제동작용이 제대로 이루어지지 않는 경우 수동식 제동장치를 분해하여 부분품을 점검하면서 축의 마모여부를 검사하고, 축이 마모되었으면 교환한다.

제동드럼에 흠이나 편 마모가 있으면 선반으로 수리한다. 브레이크 라이닝의 마모나 파손상태를 검사하고 심하게 마모되었으면 라이닝을 교환한다. 또한 용수철 장력이 약화되었으면 교환하고, 라이닝 간격을 검사하여 0.025″ ~ 0.050″ 사이에 있도록 캠축을 조정한다.

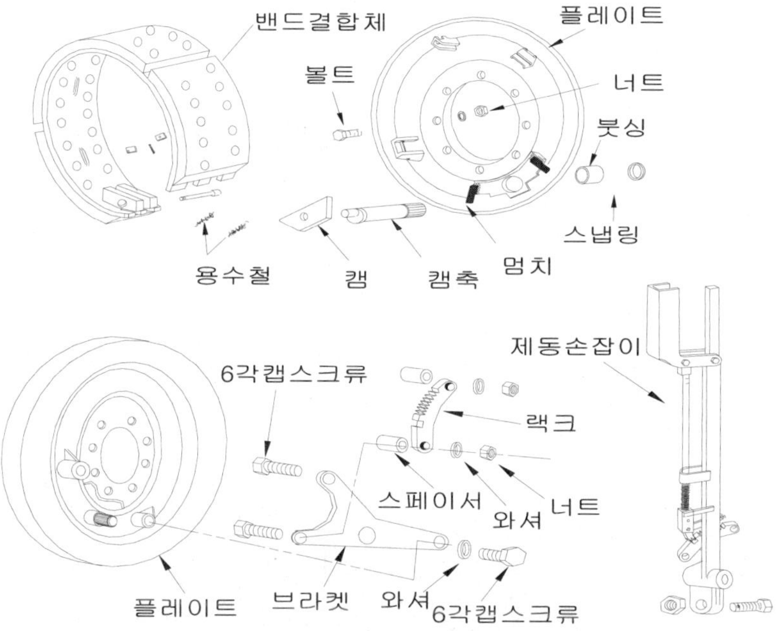

그림 2-74. 수동식제동장치

제3장 155밀리 곡사포

제3장 155밀리 곡사포

제1절 개 요

1. 화포구조

가. KH179 곡사포

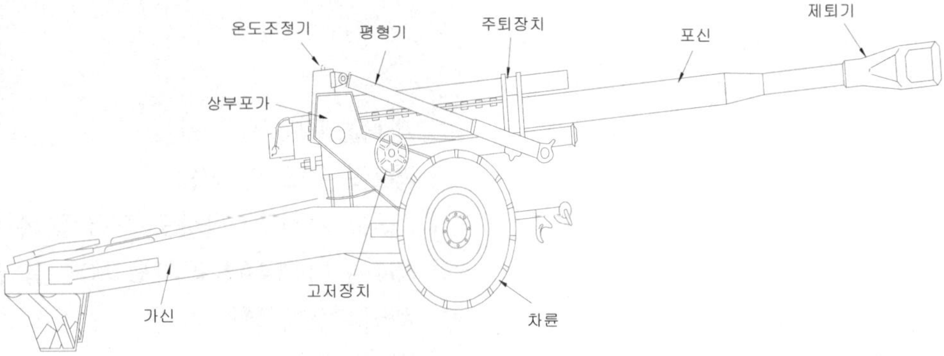

그림 3-1. KH179 곡사포

나. M114A1 곡사포

그림 3-2. M114A1 곡사포

2. 제원

구 분 \ 장비별		KH179	M114A1
총 중 량		6,855㎏	5,760㎏
포 신 중 량		2,774㎏	1,735㎏
전체길이 / 포신길이		10.4m / 6.2m	7.3m / 3.73m
포 신 수 명		CN79 : 1,750 발	M1 : 2,000 발 M1A1 : 7,500 발
첨 도(강선 회전율)		20구경장(3.10m)에서 1회전	25구경장(3.88m)에서 1회전
약 실 압 력		47,000 psi	38,400 psi
탄두가 포구를 떠날 때 속도		826 ㎧	564 ㎧
발사속도	최 대	4발(최초 3분간)	4발(최초 3분간)
	지 속	2발(3분 경과 후)	1발(3분 경과 후)
최대사거리	HE 탄	24㎞	14.6㎞
	RAP 탄	30㎞	
방 위 각		좌 : 23.5°, 우 : 25°	좌 : 23.5°, 우 : 25°
고 저 각		0 ~ +68.6	-2 ~ +65
강 선 수		48조 우선	48조 우선
주 퇴 장		26°이하 : 60″ 40°이상 : 41″	26°이하 : 60″ 40°이상 : 41″
폐 쇄 기 형 태		계단 막음 나사식	계단 막음 나사식
격 발 장 치		격 철 식	격 철 식
주 퇴 장 치		유기압 독립 불변식	유기압 독립 불변식
평 형 기		기 압 식	용 수 철 식
제 동 장 치		공 기 식	공 기 식

3. 특징

탄약은 분리장전탄을 사용하며, 강력한 약실가스압력의 후방 누출을 방지하기 위해 계단막음나사식 폐쇄기를 사용한다. 수동식 제동장치만 있는 105밀리 곡사포에 비해 비상제동릴레이에 의해 작동되는 공기식 제동장치가 추가 장착되어 있고, KH179에는 2개의 기압식평형기를 M114A1에는 2개의 용수철식 평형기를 사용한다.

제2절 구조기능

1. 포신결합체

가. 외부명칭

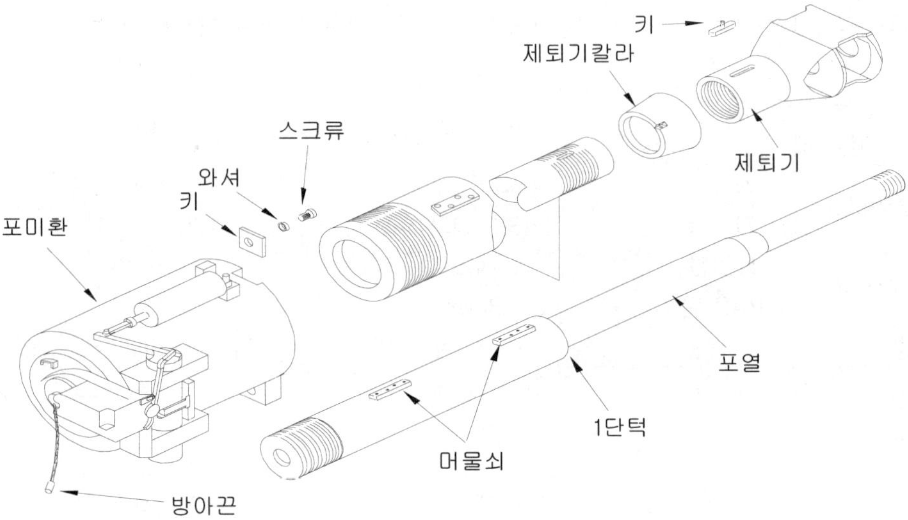

그림 3-3. 155밀리 KH179 포신결합체 외부명칭

(1) 포열(Tube, Cannon)

탄환이 장전되어 발사되는 부분으로 포열외부에는 사격시 포신의 회전을 방지해주는 2개의 머물쇠가 부착되어 있으며, 포신의 무게중심이 표시되어 있는데 KH179 포열(CN79)은 1단턱이 무게중심이고, M114A1 포열(M1,M1A1)은 c.of.g선이 무게중심이다.

(2) 포미환(Breech Ring)

포탄을 추진시키는 약실내 고압의 가스를 차단시키기 위해 원통형의 형태로 포열에 연결되어 있으며, 계단막음 나사식 폐쇄기와 격철(撃鐵)식 격발장치를 수용하고 있다. 또한, 포미환 하단부에는 포신의 일련번호가 표기되어 있다.

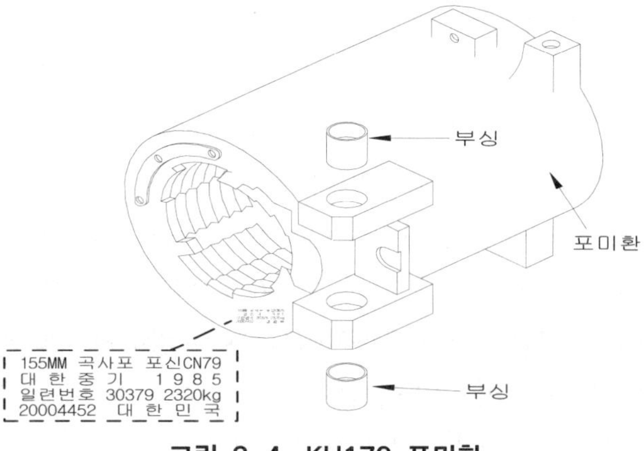

그림 3-4. KH179 포미환

(3) 제퇴기(Muzzle Brake)

사격시 발생하는 반동(주퇴력)을 감소시키기 위해 KH179 포신 끝에 설치된 장치로 탄두가 포구를 떠날 때 탄두를 밀어주던 추진 가스가 제퇴기의 조절판에 부딪치면서 포신의 주퇴력을 약 35% 정도를 감소시켜 주는 장치이며, 무게는 166㎏이고 포구제동기라고도 부른다.

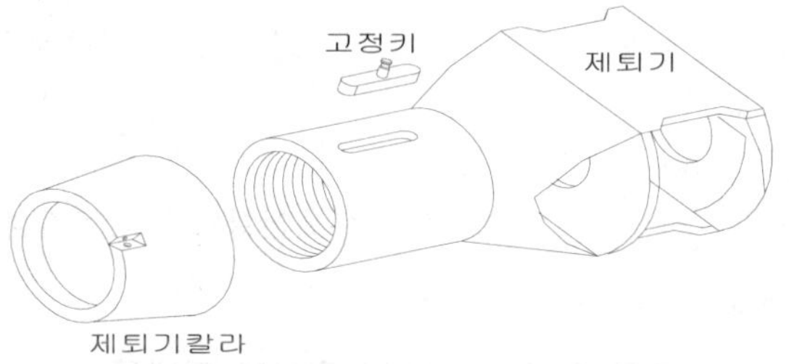

그림 3-5. KH179 제퇴기 외부구조

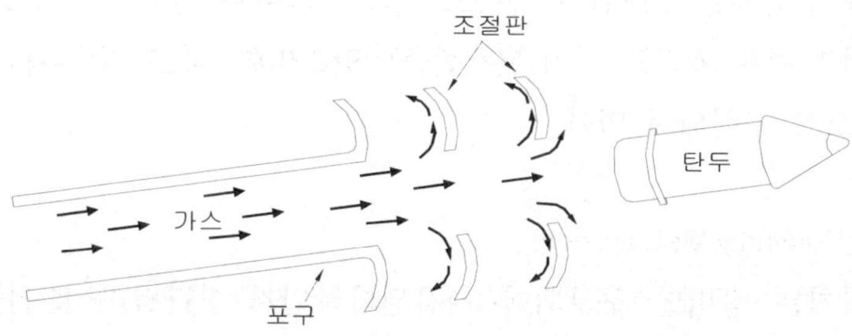

그림 3-6. 제퇴기의 주퇴력 감소원리

(4) 폐쇄기(Breech Block)

155밀리 곡사포 폐쇄기는 탄피가 없는 분리 장전탄을 사용하기 때문에 강력한 약실압력을 차단시키기 위하여 계단막음나사식 형태로 제작되어 있으며, 155밀리 곡사포는 3계단 3쌍, 8인치 곡사포는 2계단 4쌍의 계단막음 나사식 형태로 되어있다. 또한 돌림쇠 머리와 돌림쇠 로라를 이용하여 폐쇄기 손잡이를 작동시키면 폐쇄기 나사의 전 후진 운동뿐만 아니라 회전운동까지 하도록 되어있다. 사격시는 뇌관을 공이틀뭉치(KH179는 칸퀴)에 결합하여 뇌관자리에 삽입하여 격발시킴으로써 뇌관의 불꽃이 저지축의 화공을 통하여 약실내부의 추진 장약에 인화시켜 폭발압력을 발생시킨다.

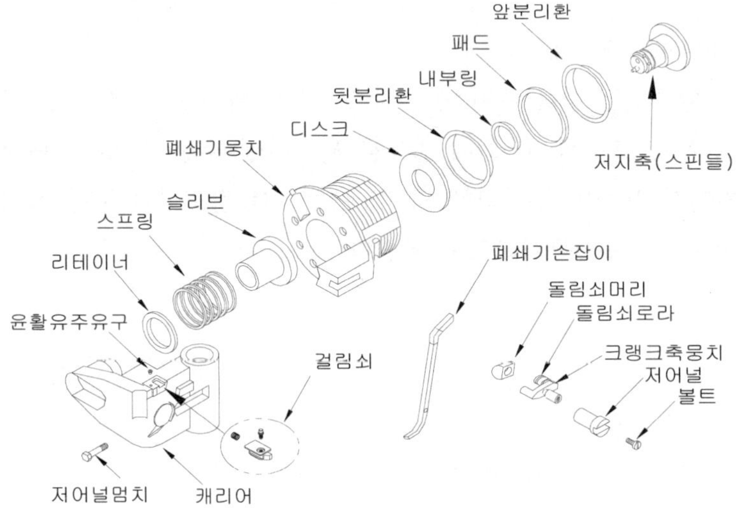

그림 3-7. 155밀리 곡사포 폐쇄기

저지축 결합체는 155밀리 곡사포 폐쇄기 내부에 결합되어 있으며 약실가스를 밀폐시켜 주는 것으로 저지축(스핀들), 앞분리환, 패드, 내부링, 뒷분리환, 디스크 순으로 구성되어 있다.

(5) 격발장치(Firing Mechanisms)

격발장치는 장비별 구분되어 사용된다. 먼저 155밀리 KH179 곡사포에는 M35 공이틀뭉치가 사용된다. M35 공이틀뭉치의 작용은 방아끈을 당기면 레버의 지렛대 작용에 의해서 요크가 당겨지면서 스프링이 압축되고 압축된 스프링은 케이스 내부 지레와 단발자에 의해 해머가 해제되면 스프링이 팽창되어 햄머가 앞으로 전진함에 따라 격발이 이루어진다.

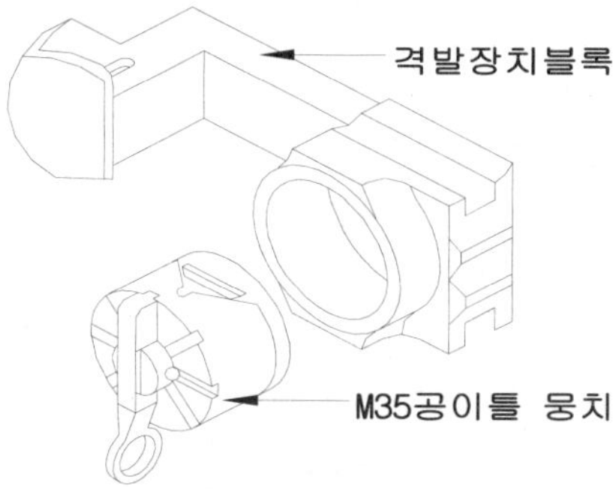

그림 3-8. 외부구조

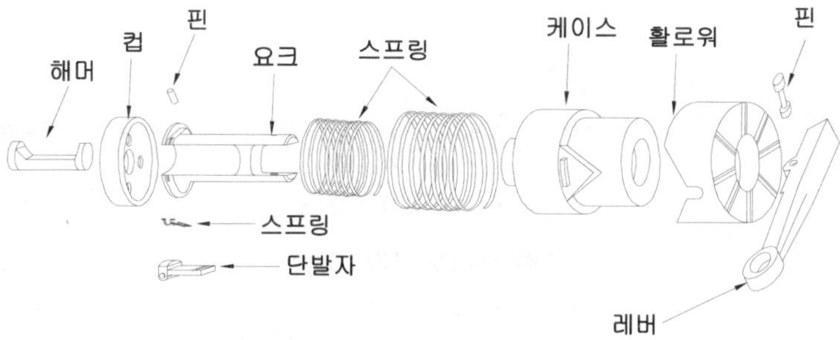

그림 3-9. 내부구조

155밀리곡사포 M114A1에는 M1 공이틀뭉치가 사용된다. M1 공이틀뭉치는 공이 앞 마개에 뇌관을 결합하여 격발장치 하우징에 결합하도록 되어있다. 따라서 공이틀뭉치를 결합한 후에 해머형의 공이치기로 쳐주면 뇌관이 공이의 타격으로 인해 폭발하고 불꽃이 발생된다.

그림 3-10, 3-11은 M1공이틀 뭉치의 외부 및 내부구조를 나타내주고 있는데 그림 3-11의 화살표 방향에서 타격하면 뇌관이 점화되어 불꽃이 발생되고 이 불꽃은 화공을 통하여 약실 내 추진장약에 점화를 시켜 탄두를 추진시킨다.

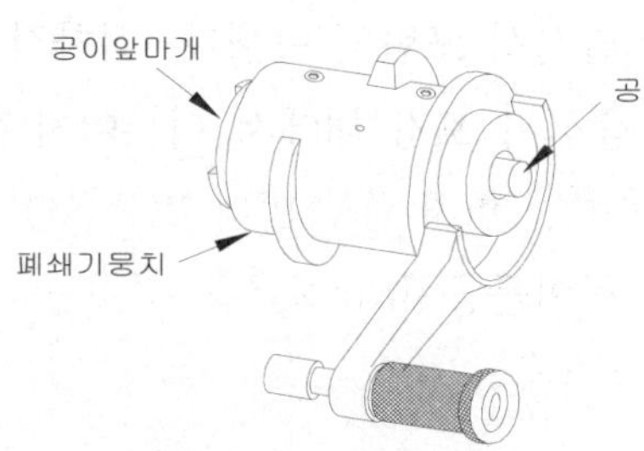

그림 3-10. 외부구조

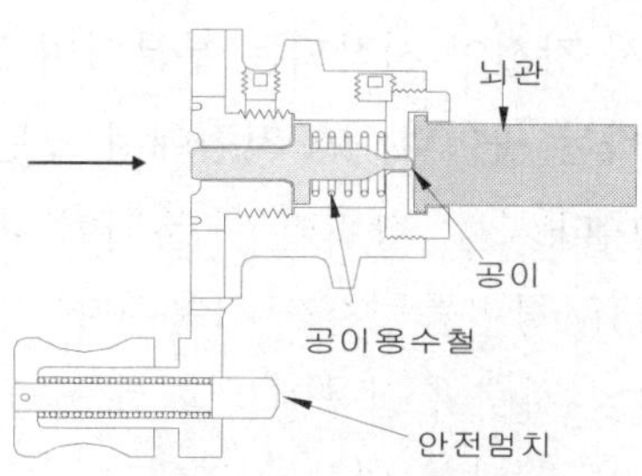

그림 3-11. 내부구조

나. 내부명칭

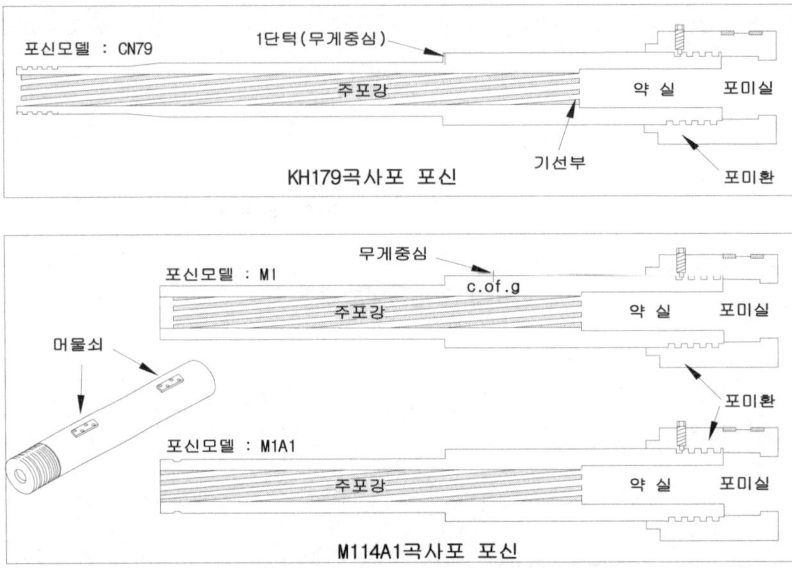

그림 3-12. 내부명칭

(1) 포미실(Breech recess)은 폐쇄기와 격발장치를 수용하는 곳이며 사격시 발생하는 반동에 의해 폐쇄기가 뒤로 밀리는 것을 방지 시켜주는 부분이다.

(2) 약실(Chamber)은 포탄 및 장약을 수용하는 부분이다.

(3) 가스저지자리(Gas Check Seat)는 약실후단부에 위치하여 저지머리가 닿는 부분으로 가스가 후방으로 방출되지 않도록 밀폐시켜 준다.

(4) 머물쇠(Recoil Guide Key)는 155밀리 포신의 우측 앞, 뒤에 2개가 부착되어 있다. 사격 시 포신의 회전을 방지하기 위하여 요가 통 내부의 활주로에 결합되어 직선 운동을 한다.

(5) 기선부(Forcing Cone)

포강 내에서 강선이 시작되는 부분이며 포탄 발사시 포탄의 탄대가 점차적으로 강선에 물리기 시작하는 곳이다. 이 지점에서 포탄의 중심이 포강 내에서 이루어지며 가장 많이 마모되는 곳이다.

2. 주퇴장치

가. 외부명칭

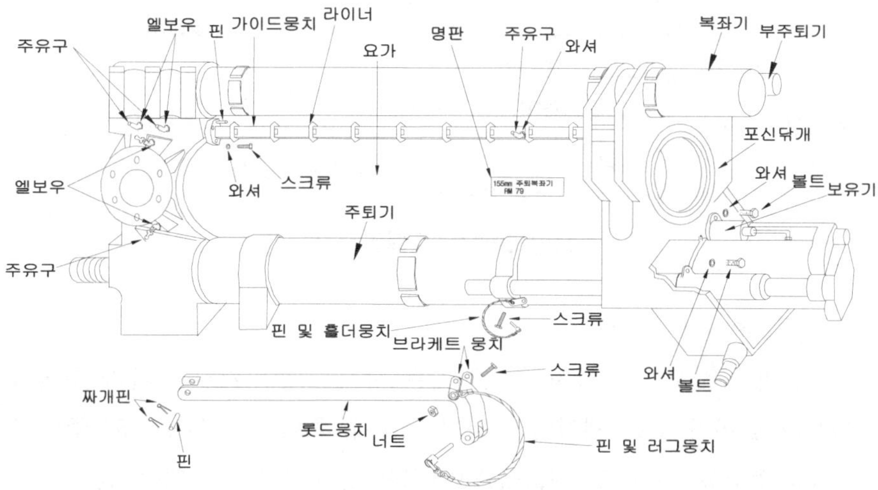

그림 3-13. 외부명칭

(1) 주퇴조절기(Variable Recoil Mechanism)

주퇴조절기는 조절기로드 연결쇠, 조절기 로드, 조절기 캠의 회전, 조절기어, 조절봉의 순서에 의하여 주퇴조절 작용이 이루어진다.

주퇴조절기는 주퇴기에 부착되어 포신고각이 26~40°사이에서 주퇴장을 조절하도록 주퇴유 이동 홈을 조절한다. 주퇴조절기의 왕복운동이 캠에 의하여 회전운동으로 바뀌고 이 회전운동이 주퇴조절 기어에 전달되어 기어가 회전하면 주퇴 조절봉이 회전한다. 주퇴 조절봉은 26°~ 40°사이에서 회전하여 주퇴 피스톤의 주퇴유 이동홈 4개중 2개를 개폐하여 그림 3-14에서와 같이 A 부분의 주퇴유의 흐름을 조절한다.

즉, 26°이하의 저각에서는 4개의 홈이 모두 개방되어 긴 주퇴를 하고 40°이상의 고각사격에서는 2개의 짧은 홈만 개방되어 짧은 주퇴를 하게 된다.

주퇴조절기 작용은 연결쇠가 상부포가에 연결되어 있으므로 포신을 상승시키면 주퇴조절기 로드가 밀려 주퇴조절기 캠이 회전한다. 주퇴조절기 캠의 회전은 주퇴조절기의 회전운동으로 바뀌고 기어가 회전하면서 주퇴 조절봉을 회전시켜 작용케 한다.

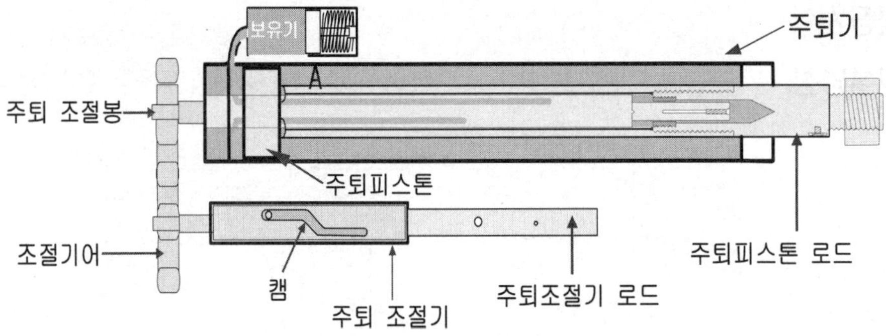

그림 3-14. 주퇴조절기

(2) 보유기(Replenisher)

155밀리 곡사포 주퇴장치의 주퇴기는 사격시 주퇴거리에 따라 주퇴기 내의 주퇴유가 들어가 있는 체적이 변하기 때문에 주퇴유를 저장하고, 주퇴 유량의 판독 및 주퇴유 주입 및 배출을 하기위한 보유기가 설치되어 있다.

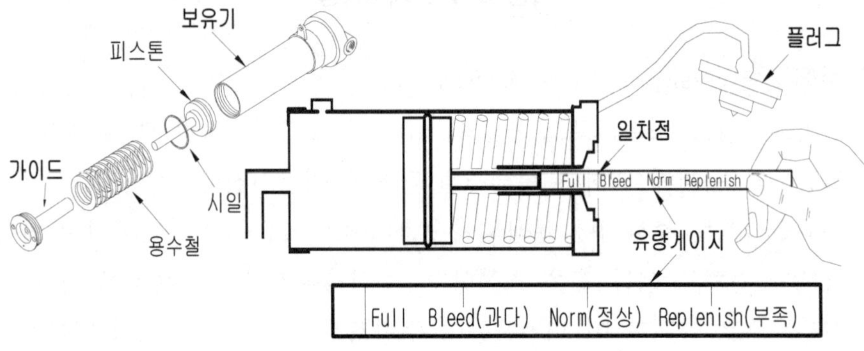

그림 3-15. 보유기

나. 내부명칭

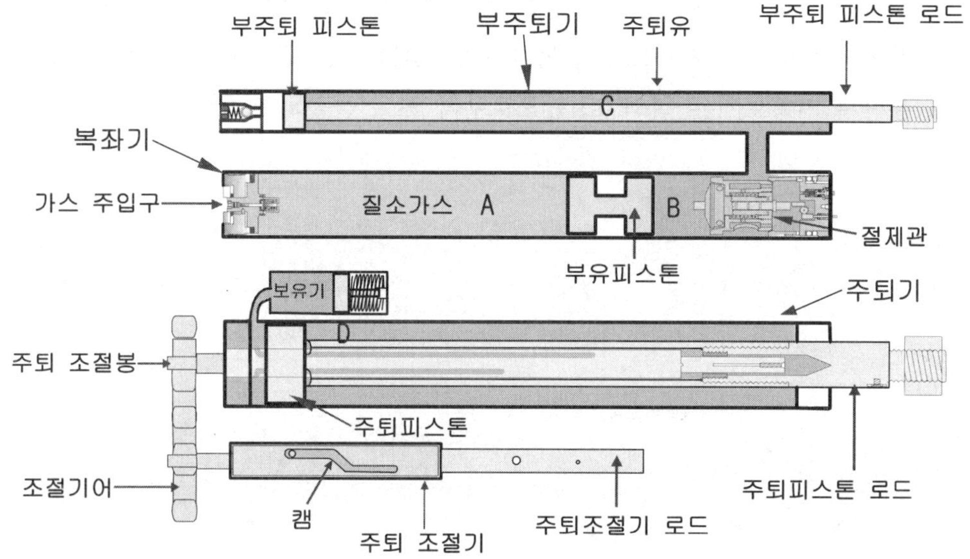

그림 3-16. 내부명칭

(1) 작용원리

155밀리 곡사포 주퇴장치의 작용은 105밀리 곡사포 주퇴장치 작용을 발전시킨 것이다. 105밀리 곡사포의 경우는 포신과 주퇴장치가 결합되어 후좌하면서 작용하나 155밀리 곡사포에서는 포신이 주퇴피스톤 로드와 부주퇴피스톤로드를 끌면서 후좌를 한다.

그림 3-16에서 포탄이 발사된 뒤 포신이 뒤로 후좌하면 부주퇴기에 있는 주퇴유 C가 연통관을 통하여 복좌기 내부 B로 이동한다. 이때 절제관은 일정한 주퇴유압이 부유피스톤에 가해지도록 밸브가 열리면서 주퇴유의 흐르는 양을 조절한다. 이동된 주퇴유는 부유피스톤을 밀고 질소가스는 압축된다. 동시에 포신 하부에 있는 주퇴기에서는 D부분에 유압이 형성되어 주퇴 절제작용이 이루어진다.

포신의 반동이 이와 같은 유압에 의하여 정지되면 복좌기 내부에 있는 질소가스 A는 원래의 상태로 되돌아가려고 팽창함으로써 부유피스톤을 B방향으로 밀어 원위치 시킨다. 주퇴 조절기는 주퇴기 내부의 D부분에 유압을 포의 고저각에 따라 적절히 조절하는데, 특히 고각 사격시 포신의 주퇴장을 짧게 하여 지면에 닿는 것을 방지하고 저각 사격시 주퇴장을 길게 하여 포의 충격이 없이 원활한 주퇴복좌 작용이 이루어지도록 한다.

(2) 주퇴유 주입구 및 기름보기

주퇴유 주입구는 복좌기 포미쪽 선단에 위치하고 있어 주퇴유를 주입 하거나 배출하는 곳이며 기름보기는 복좌기내 주퇴유량을 판독할 수 있는 것으로 정상 유량시 기름보기는 복좌기선단으로부터 ⅜˝ 돌출되어 있다.

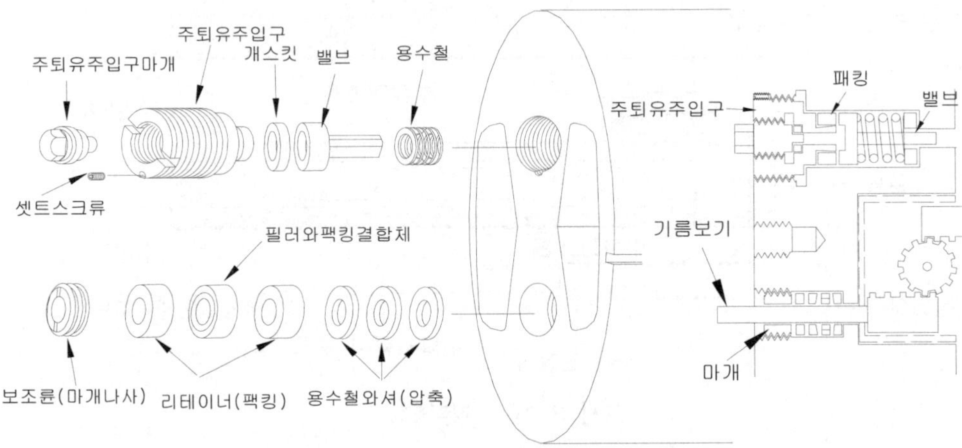

그림 3-17. 주퇴유 주입구 및 기름보기

(3) 질소가스 주입구

질소가스 주입구는 복좌기 포구쪽 선단에 위치하고 있어 복좌기에 질소가스를 주입하거나 배출하는 곳이다.

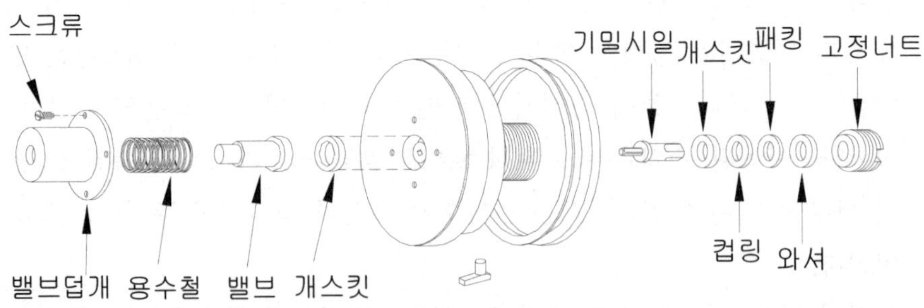

그림 3-18. 질소가스 주입구

(4) 공기호흡기

주퇴피스톤의 복좌운동시 부주퇴기내의 공기를 배출시킨다.

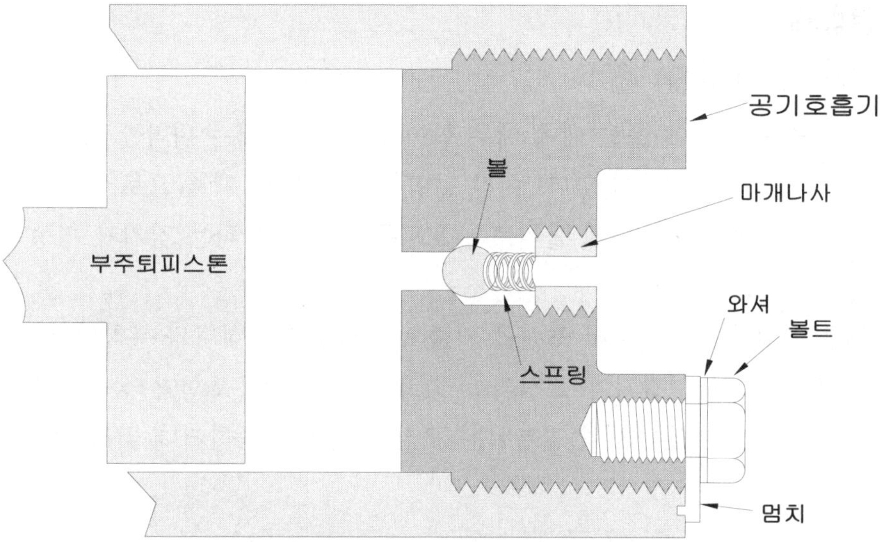

그림 3-19. 공기호흡기

(5) 절제관

주퇴시에는 밸브가 열리고 복좌시에는 밸브가 닫히면서 주퇴유의 흐름을 조절한다.

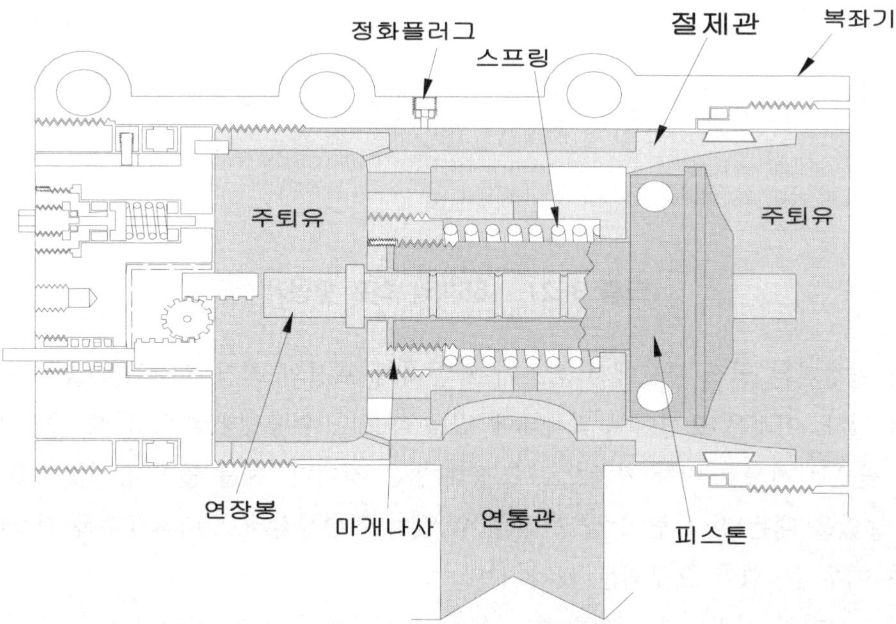

그림 3-20. 절제관

3. 포가결합체

가. 평형기(Equilibrator)

포신은 자체 중량 때문에 올릴 때에 매우 힘이 들고 내릴 때는 위험한 속도로 내려오며 포를 앞으로 뒤집으려는 경향이 있다. 이와 같이 포신을 내릴 때 앞으로 수그러지는 현상을 억제하고 위로 올릴 때는 쉽게 올리도록 도와주는 역할을 하는 장치가 평형기로서 기압식과 용수철식으로 구분된다.

아래 그림은 기압식 평형기로서 포신을 기준으로 좌우측에 하나씩 부착되어 있으며, 온도조정기는 상부포가와 연결되어 고정되어 있고 신장부위는 포신이 상승하거나 하강시 길이가 조정되며, 평형기앞멈치 연결부위는 포신과 같이 상승하거나 하강한다.

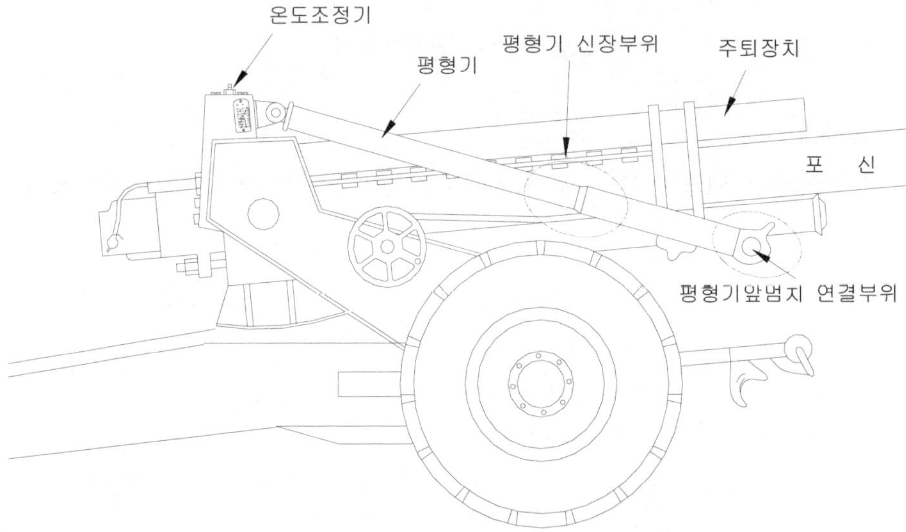

그림 3-21. 155미리 화포 평형기

기압식 평형기는 일정 온도에서 질소가스 압력이 포신의 최저 고각(0밀)을 지탱하도록 조정되어 있다. 이것은 포신이 수직상태에 있을 때보다 수평상태로 있을 때 가장 높은 압력(힘)을 필요로 하므로 이를 기준으로 조정해 놓은 것이다. 예를 들어서 전봇대를 수직으로 세워 놓았을 때는 한 사람이 잡고 있을 수 있지만 수평상태로 내려갈수록 전봇대를 지탱하는데 매우 큰 힘이 요구되는 것과 같다.

평형기는 2개의 실린더를 결합하여 사용하기 때문에 포신이 하강할 때는 질소가스가 압축(25℃ 포신수평 에서 약 1,600psi, 평형기 전체길이 증가)되면서 압력이 올라가 급격히 하강하지 못하게 하고, 포신을 상승시킬 때는 질소가스가 팽창(25℃에서 포신 최고각에서 약 1,300psi, 평형기 길이 감소)하면서 압력은 내려가지만 포신을 지탱하는데 드는 힘은 적어지므로 포신을 쉽게 올리게 되는 것이다.

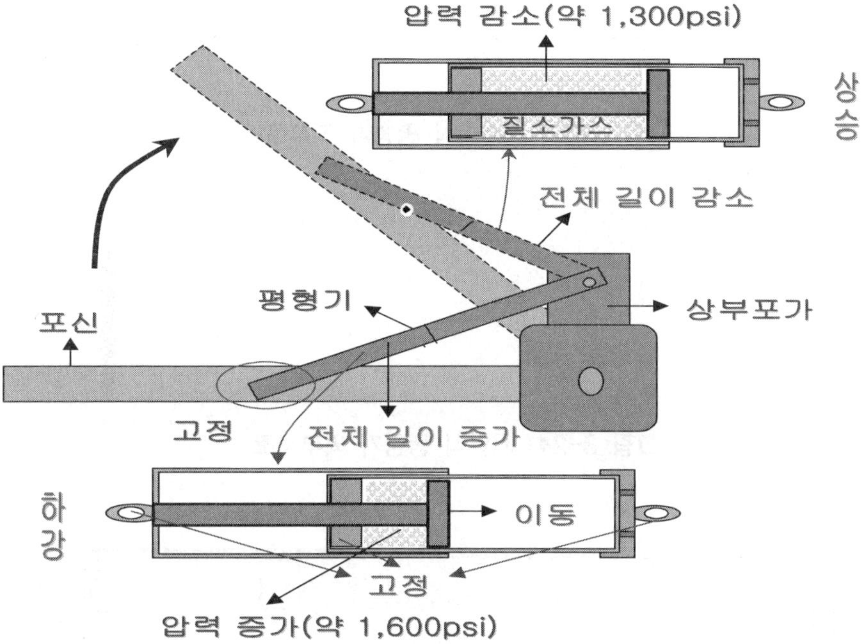

그림 3-22. 평형기 작동원리

수평상태에서 질소가스 압력이 1600psi보다 높을 경우 포신을 지탱하는 힘보다 압력이 세기 때문에 포신을 올리기는 쉬운 반면 내리기는 어려우며, 반대로 1600psi보다 낮을 경우 포신자체 하중이 포신을 지탱하는 힘보다 크기 때문에 포신은 내리기는 쉬운 반면 올리기는 어려운 것이다. 만약 질소가스 압력이 1600psi 보다 훨씬 높을 경우 제동기를 풀어주면 고저전륜기를 돌리지 않아도 저절로 포신이 올라가는 현상이 발생된다.

이러한 질소가스 압력은 온도에 비례하고 체적에 반비례하기 때문에 기온의 변화에 따라 압력이 변한다.

따라서 기온의 변화에 따라 기압식 평형기의 가스압력을 조정해 줄 필요성이 있기 때문에 온도조정기를 부착하여 평형기가 포신을 당기는 각도를 조정함으로써 기온의 변화에 따라 기압식 평형기가 당기는 힘을 조정하여 사용할 수 있도록 하였다.

용수철식 평형기는 용수철의 팽창력을 이용하는 것으로 기압식과 원리는 비슷하다.

KH179 곡사포는 기압식 평형기가 좌·우측에 각각 1개씩 2개가, M114A1 곡사포는 용수철식 평형기가 좌·우측에 각각 1개씩 2개가 결합되어 있다.

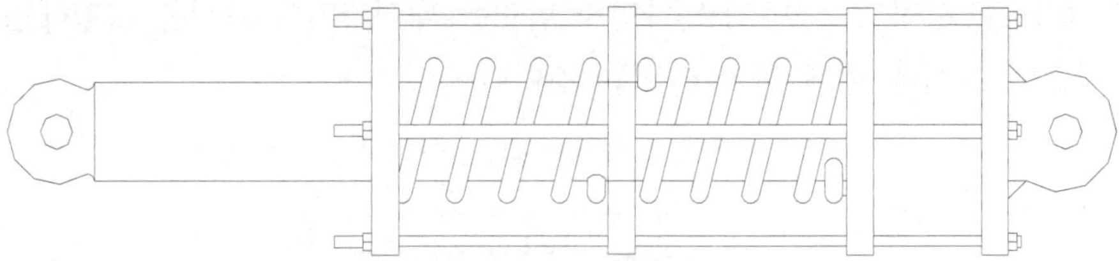

그림 3-23. 용수철식 평형기 외부구조

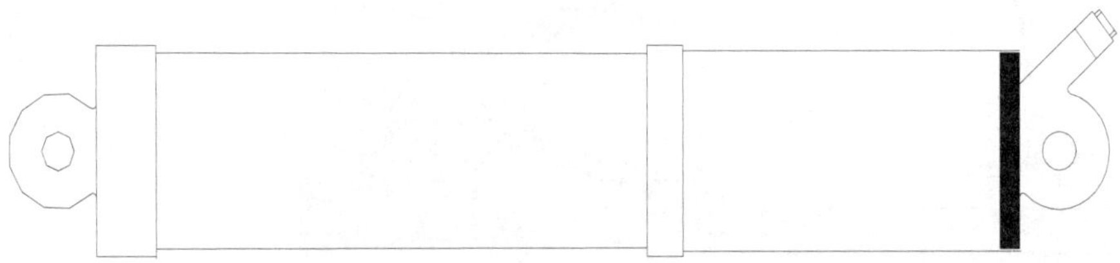

그림 3-24. 기압식 평형기 외부구조

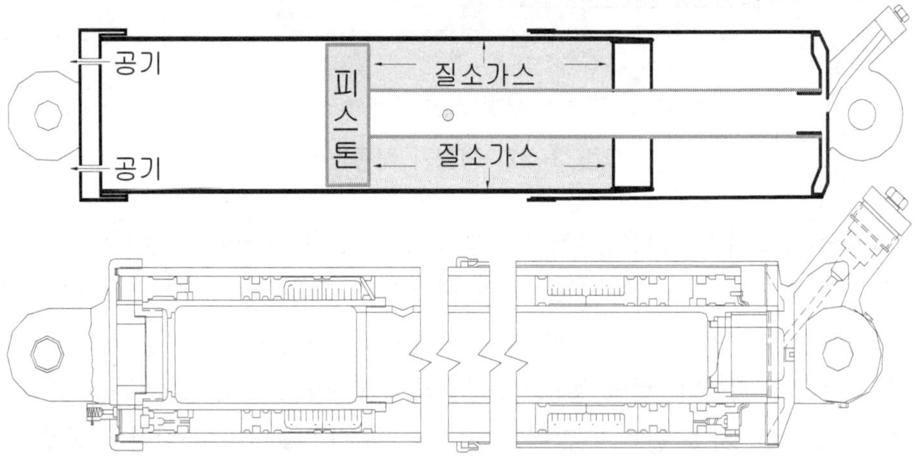

그림 3-25. KH179 기압식 평형기 내부구조

나. 요가

포신을 감싸주기 위해 원통형으로 구성되어 있으며 요가 내부에는 포신의 머물쇠가 사격시 주퇴복좌 운동을 하면서 포신이 회전하지 않도록 활주로가 위치해 있다. 또한 포신 외부의 오물을 닦아주고 주퇴장을 측정할 수 있도록 포신닦개가 부착되어 있다.

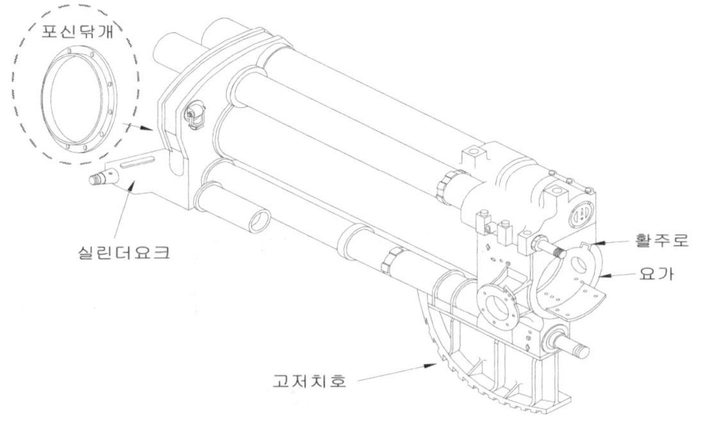

그림 3-26. 원통형 요가

다. 상부 포가(Top Carriage)

상부포가는 트라니온 축에 의해 주퇴장치와 포신을 지지하며, 상부포가축 볼트에 의해 하부포가 위에 결합되어 상부포가 축을 중심으로 방향이동을 하며, 우측에는 고저장치가 부착되어 있다

그림 3-27. 상부포가

상단부에는 온도조정기 브라켓과 온도조정기가 결합되어 있다. 기압식 평형기는 온도에 따라 가스압력의 변화가 발생하기 때문에 온도조정기를 설치하여 포신을 당기는 평형기의 중심축선을 이동시켜 가스압력을 보상하고 포신의 상승과 하강을 원활히 하도록 평형력을 조절하는 장치이다.

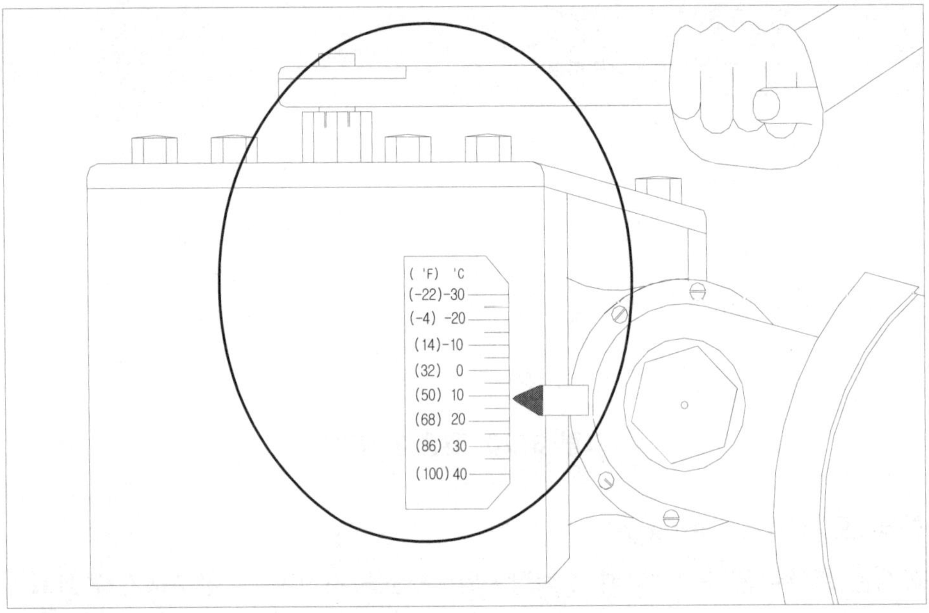

그림 3-28. 온도 조정기

라. 하부 포가(Bottom Carriage)

화포의 가장 밑 부분으로 상부포가 이상이 결합되어 방향회전을 하도록 지지하며, 하부포가 좌우에는 차축과 차륜 및 제동장치가 결합되어 있고, 전면에는 발사 작기 및 아크기어가 결합되어 있다. 또한 좌·우측면에는 가신이 결합되고, 후면 중앙에는 비상제동릴레이 및 공기탱크가 결합되어 있다. 상부포가 이상의 균형된 방향이동을 위해 하부레이스 하단에는 20개의 판스프링이 배열되어 있는데 얇은 판tm프링 9개, 두꺼운 판스프링 11개로 구성되어 있고 배열 순서는 그림 3-29의 그림에서와 같다.

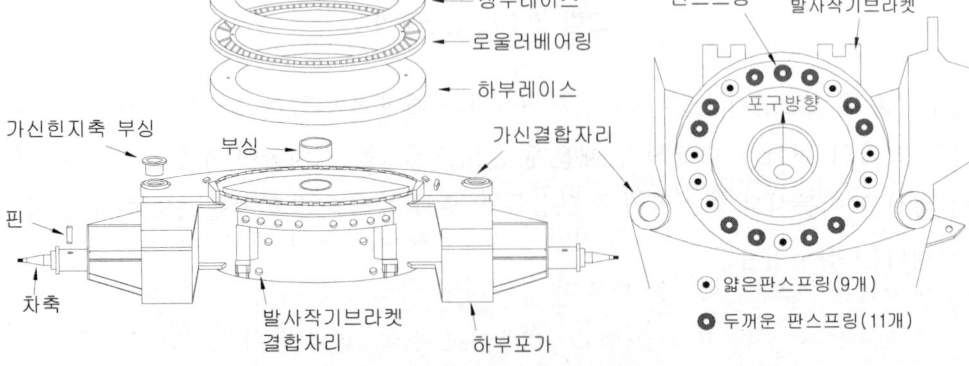

그림 3-29. KH179 하부포가

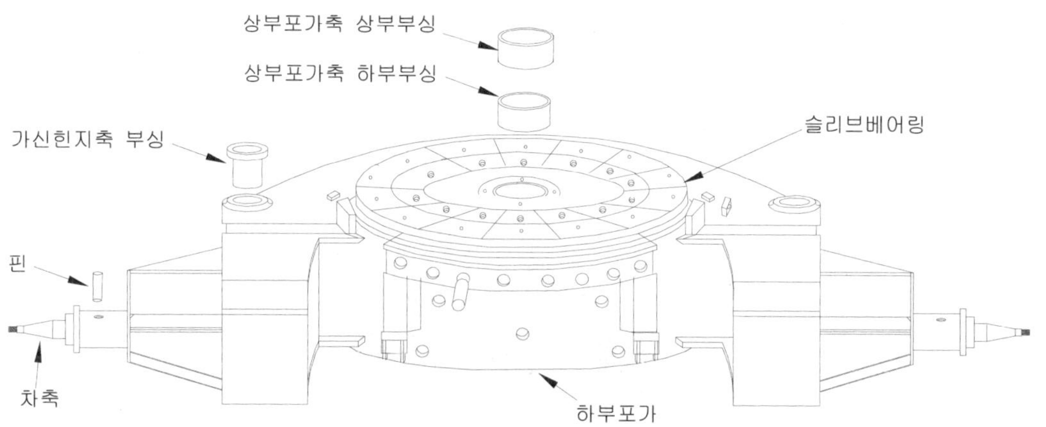

그림 3-30. M114A1 하부포가

마. 발사 작기(Firing Jack)

발사작기는 155밀리 하부포가에 설치되어 사격시 3점 접지중 1점을 담당하며 이동시에는 작기를 올려 양쪽 차륜이 지면에 닿도록 하며, 작기판은 가신에 부착하여 이동하고 사격시에는 작기를 내려 양쪽 차륜을 들어주어 가신 발톱과 작기판 1점이 지면에 접지되도록 하여 포의 좌·우 수평을 유지하고 사격을 실시한다.

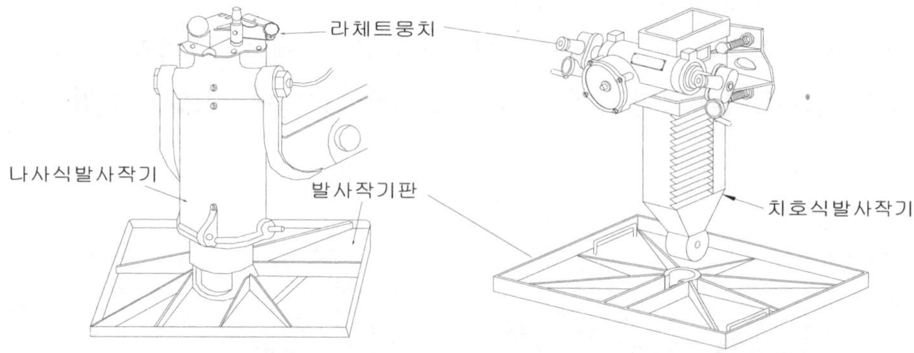

그림 3-31. 나사식 및 치호식 발사작기

바. 고저 장치(Elevating Mechanism)

KH179 및 곡사포의 고저이동은 기압식 평형기를 사용하기 때문에 웜기어와 웜휠을 이용하지 못하는 관계로 역회전을 방지하기 위하여 클러치식 제동장치와 피니언 기어를 이용한다. 작동순서는 전륜기, 전륜기 축, 브레이크 드럼, 피니언 기어, 피니언 기어, 고저치호 순으로 회전력이 전달된다. 고저이동의 정지는 클러치를 이용한다.

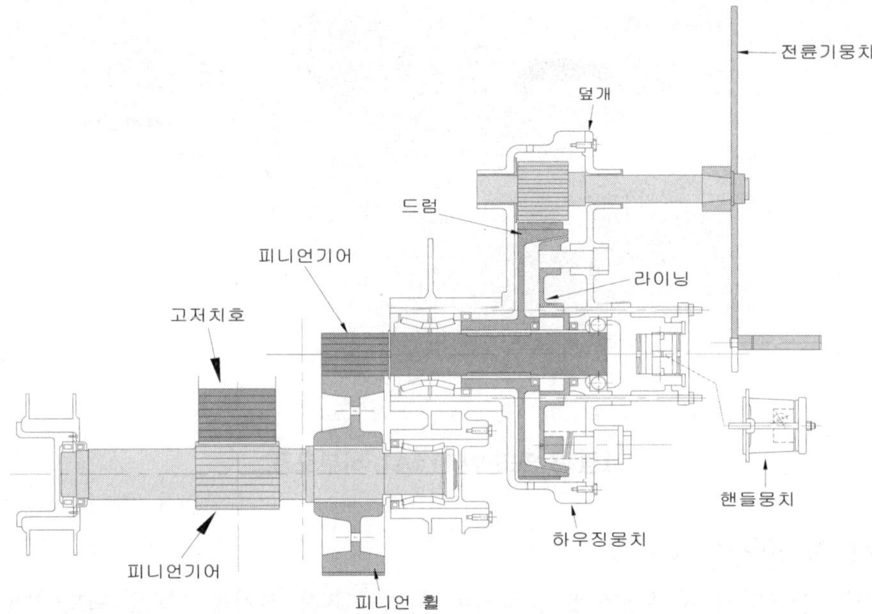

그림 3-32. KH179 클러치식 고저장치

M114A1 곡사포의 고저장치는 웜기어와 웜휠, 피니언 기어, 고저치호를 이용하여 상·하 작용을 하도록 한다. 작동순서는 전륜기, 전륜기 축, 베벨기어, 웜기어, 웜휠, 피니언기어, 고저치호 순으로 회전력이 전달된다.

위와 같이 회전력 전달 계통으로 회전력이 전달되어 주퇴장치와 포신을 상·하로 회전시키며, 고저장치의 공회전 및 클러치 작동불량일 경우 근탄발생의 원인이 된다.

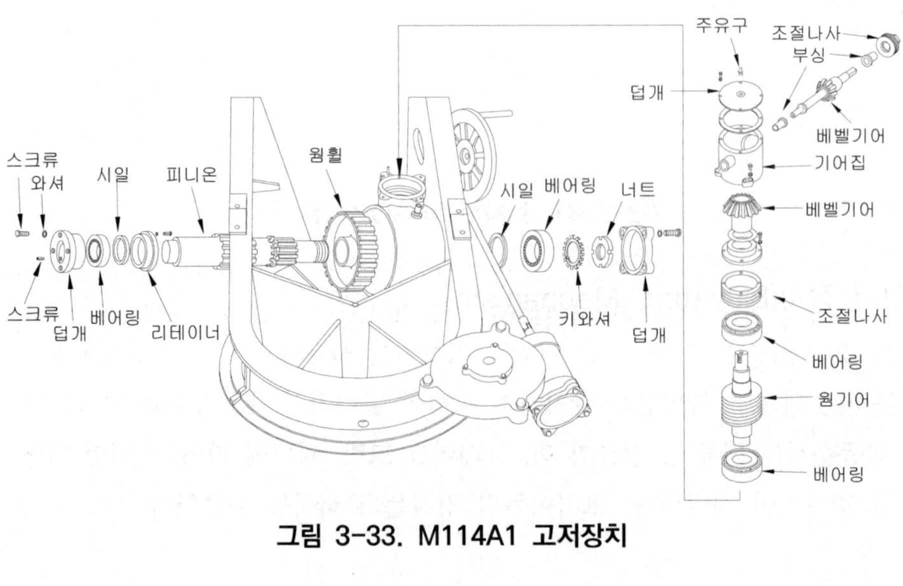

그림 3-33. M114A1 고저장치

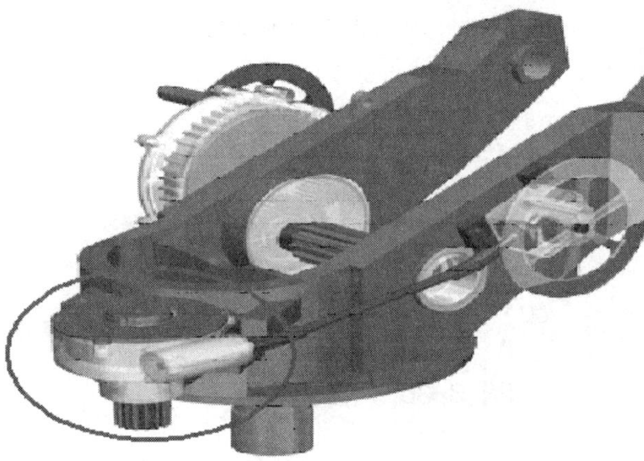

그림 3-34. 방향장치(계속)

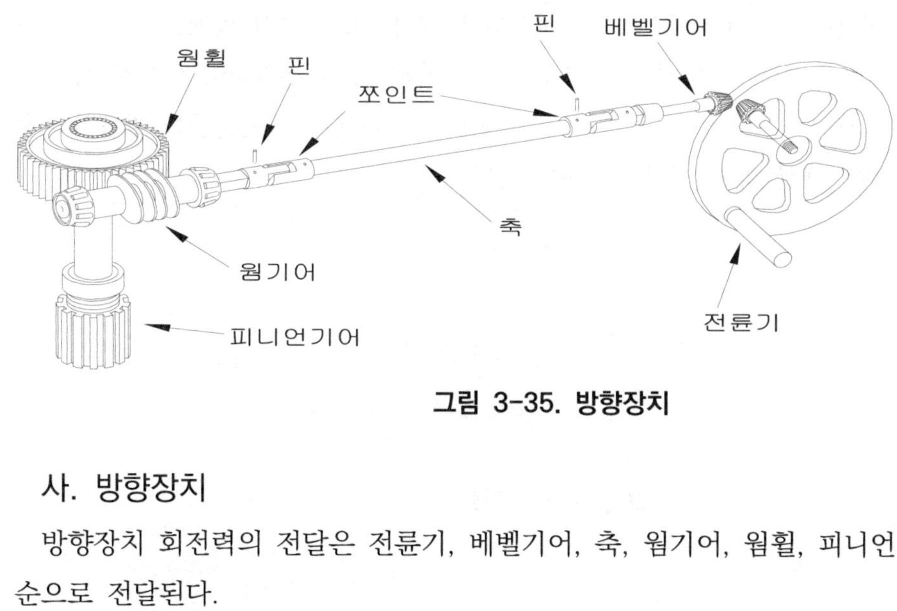

그림 3-35. 방향장치

사. 방향장치

방향장치 회전력의 전달은 전륜기, 베벨기어, 축, 웜기어, 웜휠, 피니언 기어, 아크기어 순으로 전달된다.

아. 차륜장치(Wheels And Hub Assembly)

차륜장치는 견인식 곡사포의 견인을 위해 하부포가 좌우에 결합되어 있고, 사격시에는 발사 작기에 의해 지면으로부터 이격되며, 차륜은 허브 및 제동을 위한 드럼, 베어링 등으로 구성되어 있다.

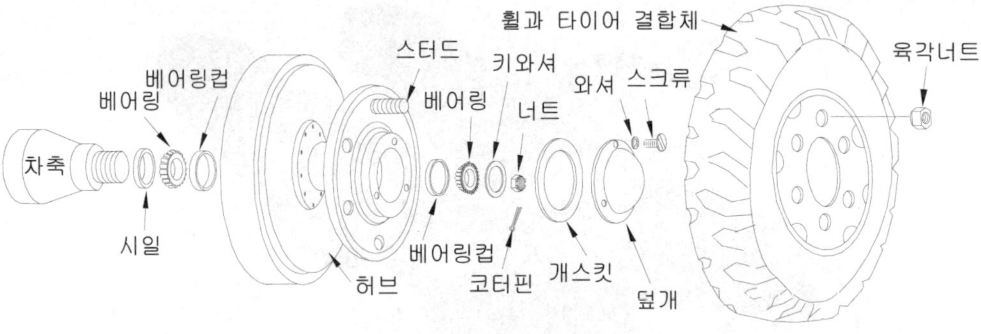

그림 3-36. 차륜장치

자. 가신(Trail)

가신은 견인포에 설치되어 사격시에는 가신을 벌려 지면에 가신발톱 2점을 접지하여 반동을 지면으로 전달하고 이동시에는 포를 견인하게 된다. 또한 가신 옆에는 부수기재를 설치할 수 있는 자리가 있고 이동시에는 부수기재를 가신 옆에 부착하여 이동한다.

155밀리 가신은 가신과 가신발톱이 분리되어 있어 사격시에는 가신발톱을 발톱자리에 설치하고 이동시에는 가신 옆에 결합하여 이동한다.

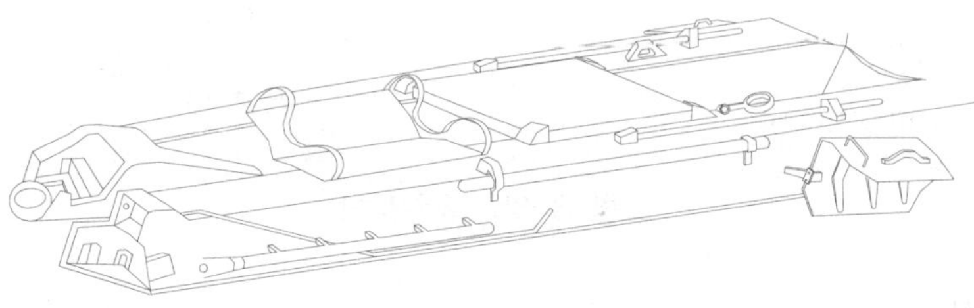

그림 3-37. 가신

차. 이동멈치

이동멈치는 화포 이동시 상부포가 이상을 하부포가에 고정시켜 방향장치를 보호해주는 역할을 한다. 이동멈치의 구분은 두께가 넓고 멈치 받침 간격이 좁은 것이 KH179 이동멈치이고, 두께가 얇으며 멈치 받침 간격이 넓은 것이 M114A1 이동멈치이다.

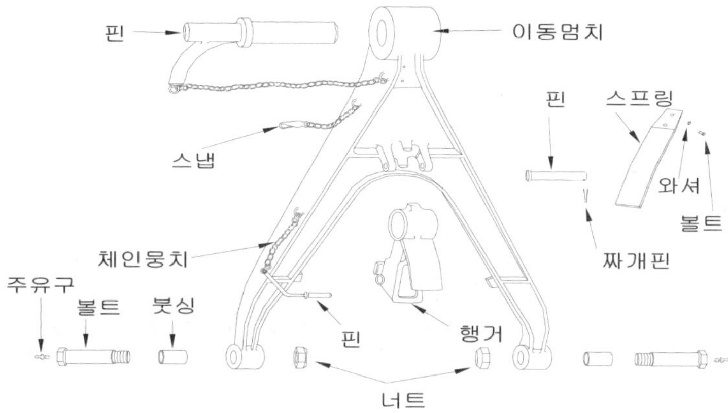

그림 3-38. 이동멈치

카. 제동장치(Brake Operating System)

(1) 수동식 제동장치

수동식 제동장치는 차륜장치 좌·우에 각각 1개씩 설치되어 사격시 또는 기타 작업시 수동에 의하여 차륜에 제동을 걸어주며 화포 이동시에는 제동을 풀어 준다.

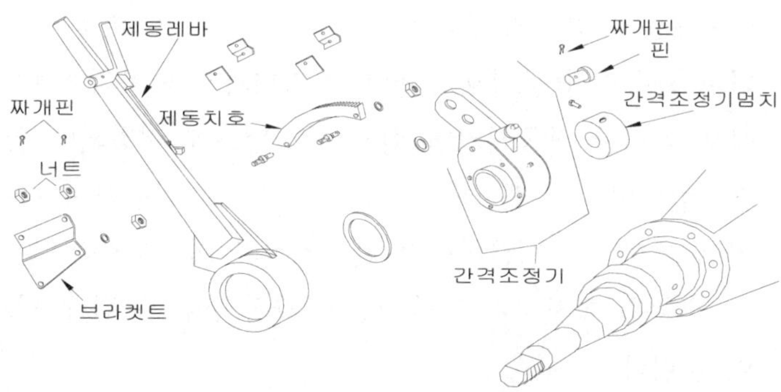

그림 3-39. 수동식 제동장치

(2) 공기식 제동장치

공기식 제동장치는 화포 이동시 운전병이 브레이크를 밟아 제동을 잡거나 포차와 포의 분리시 자동적으로 제동작용이 일어나게 하는 장치로 그림3-37과 같이 구성되어 있으며, 155밀리 곡사포와 8˝곡사포에 설치되어 있다.

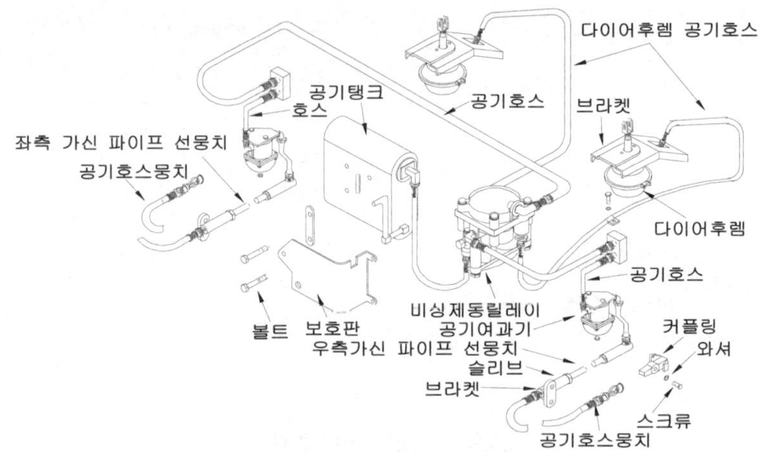

그림 3-40. 공기식 제동장치

(가) 공기순환계통

1) 공기충만 작용시 공기의 순환은 엔진의 콤프레샤로부터 생성된 70 ~ 90 psi의 압축공기가 포차의 공기탱크를 거쳐 우측가신 공기호스 ⓐ와 공기여과기, 비상 제동릴레이를 거쳐 화포 공기탱크에 저장되고 비상제동릴레이 내부의 작용밸브를 하강시킨다.
2) 일반제동시 공기의 순환은 포차의 공기탱크로부터 하이드로백 밸브를 거쳐 좌측가신 공기호스 ⓑ와 공기여과기를 통과후 비상제동 릴레이의 상부 압력판 작동시키면 화포 공기탱크에 저장되어 있던 공기가 비상제동릴레이 작용밸브와 개폐밸브 사이로 이동하여 다이어후렘 작동시키고 푸시로드를 끌어당겨 간격조정기 회전시킨다. 간격조정기의 회전은 캠축을 회전시키고 라이닝을 확장시켜 드럼에 밀착시키면서 제동이 걸린다.
3) 비상제동시 공기의 순환은 우측가신호스가 절단되거나 이탈되면서 가신호스의 공기가 새어 나가면서 압력차에 의한 밸브 용수철의 팽창으로 작용밸브가 상승하고, 개폐밸브와 작용밸브 사이의 공기통로가 개방되면서 작용밸브와 개폐밸브 사이의 틈으로 화포공기 탱크의 공기가 이동하면서 다이어후렘 작동시키고 푸시로드를 끌어당겨 간격조정기 회전시킨다. 간격조정기의 회전은 캠축을 회전시키고 라이닝을 확장시켜 드럼에 밀착시키면서 제동이 걸린다.

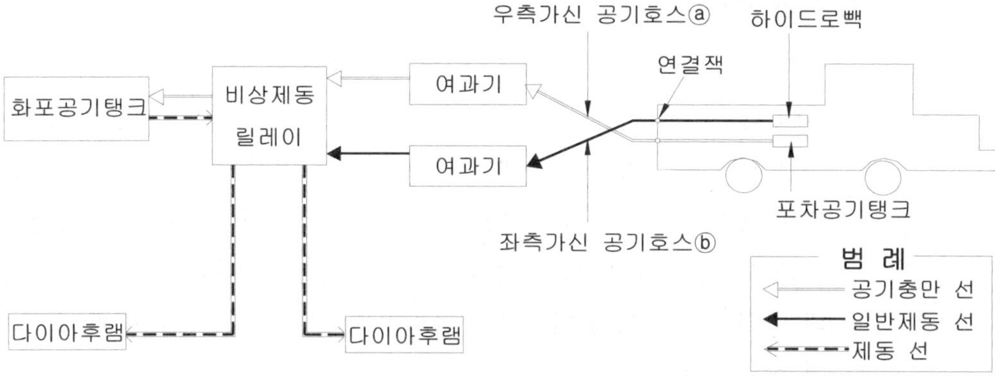

그림 3-41. 공기순환계통

(나) 비상제동릴레이의 기능 및 3대작용

비상제동릴레이는 포차와 화포의 분리시 응급적인 작용으로 포에 제동을 걸어 안전사고를 예방하는데 목적이 있다. 공기탱크 옆에 부착되어 공기탱크와 연결됨으로써 상호 작용하도록 되어 있다. 155밀리 곡사포에는 하부포가에 1개가 부착되어 있고, 8˝곡사포에는 보기장치에 1개가 부착되어 있다.

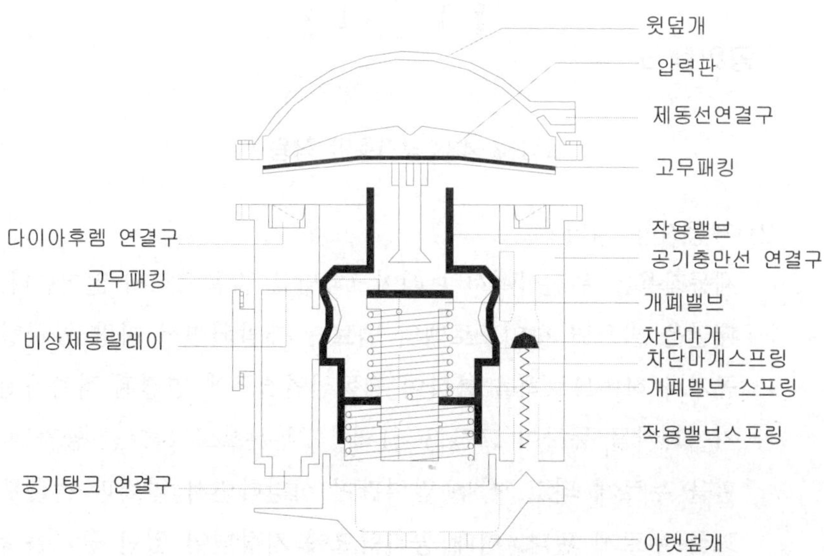

그림 3-42. 내부구조

1) 공기충만작용

공기충만작용은 포차와 포를 연결하여 밸브를 틀면 우측가신호스를 통하여 공기가 들어간다. 그림 3-40의"A"부분을 통해 들어온 공기일부는 "a"부분에 들어가서 작용밸브를 누르고, 나머지 공기는 차단마개를 밀고 작용밸브와 개폐밸브사이를 통해 공기탱크에 저장된다. 차량공기탱크와 화포공기탱크압력이 일치되면 차단마개는 폐쇄되며 차량 공기탱크내 압력보다 화포 공기탱크의 압력이 낮을 경우 수시로 공기 충만작용이 이루어진다.

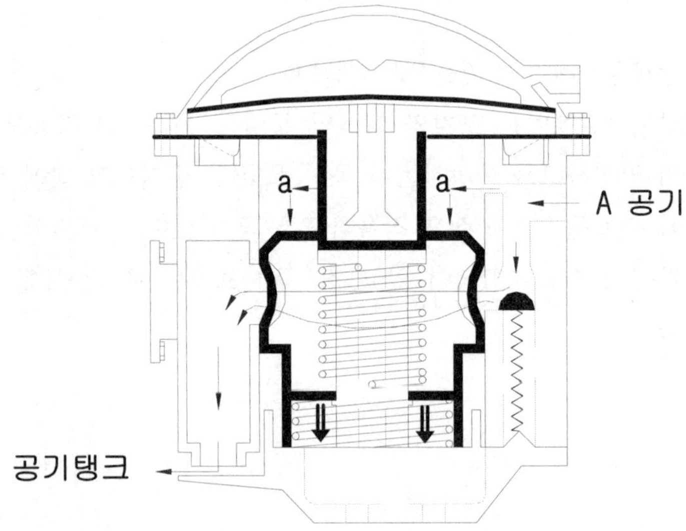

그림 3-43. 공기충만 작용

2) 제동작용 원리

제동작용은 운전석에서 브레이크페달을 밟음으로써 일어난다. 브레이크페달을 밟으면 하이드로백의 밸브가 개방되면서 차량 공기탱크의 압축공기가 하이드로백을 통하여 제동선연결구에 연결된 좌측가신호스와 공기여과기를 통하여 그림 3-41의 "C"부분으로 들어간 공기는 상부 압력판을 누르게 되고, 상부 압력판이 하강하면서 압력판 돌출부가 개폐밸브를 누르게 된다. 이때 공기탱크에 저장되어 있던 공기는 작용밸브와 개폐밸브 틈사이로 이동하여 다이어후렘으로 전달되어 격판을 밀고 푸시로드가 이동하면서 간격 조정기를 밀어주고 캠축이 회전하여 라이닝을 확장시켜 제동이 걸리게 된다. 운전병이 페달에서 발을 떼면 상부 압력판을 누르던 공기는 차량으로 복귀되면서 안전밸브를 통해 대기중에 배출되고, 다이어후렘으로 들어간 공기는 개폐밸브 중앙통로를 통해 배출된다. 이 때 우측가신 호스에서는 자동적으로 공기가 유입되어 공기 충만작용이 이루어진다.

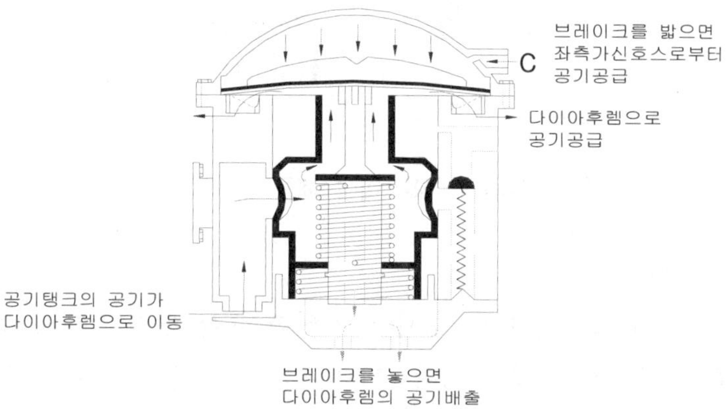

그림 3-44. 일반제동 작용

3) 비상제동작용(Emergency Brake Application)

포차와 포가 예기치 않은 사고나 방열을 위하여 연결호스가 분리됐을 때 그림 3-42의 "a"부분에 일정하게 유지됐던 공기압력이 호스파열로 "A"부분으로 빠지게 되고 따라서 작용밸브가 위로 올라가게 된다. 이때 작용밸브는 같이 결합되어 있는 개폐밸브를 끌고 올라감으로써 상부압력판 돌출부에 닿게 되고 개폐밸브는 열리게 된다. 따라서 화포 공기탱크에 있던 공기는 다이어후렘으로 이동하여 제동이 걸린다.

제동해제는 다이어후렘으로 이동한 공기는 개폐밸브가 상승하여 상부 압력판 돌출부가 누르고 있으므로 일반제동시와 같이 개폐밸브 중앙통로로 빠질 수가 없다. 따라서 비상제동 후에는 화포공기탱크 공기를 빼줌으로써 해제가 된다.

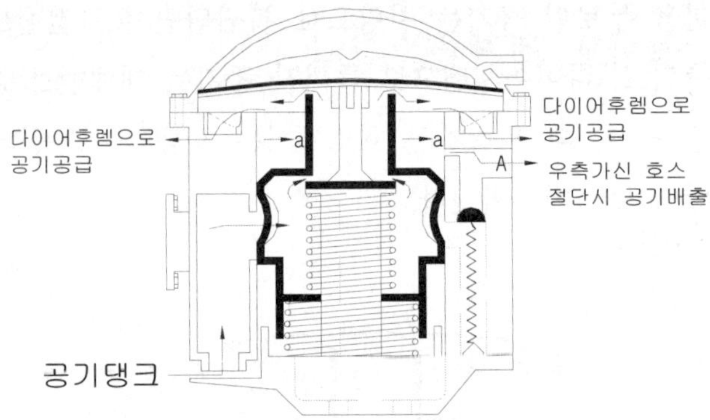

그림 3-45. 비상 제동 작용

(다) 주요정비요령

공기여과기의 여과망은 8시간 운행 후 또는 월간 정비시 솔벤트로 세척해 주고, 공기탱크 및 공기여과기 내부의 수분을 제거해 준다.

화포 이동 중 자동으로 제동이 걸려 공기탱크의 공기를 배출해도 비상제동이 해제되지 않는 것은 다이어후렘 내부의 공기가 배출되지 않았기 때문인데 이때는 비상제동릴레이에서 다이아후렘으로 연결된 공기호스를 풀어서 공기를 배출하고 비상시에는 호스를 절단하여 공기를 배출시키면 된다.

제3절 KH179곡사포 제거 및 설치

1. 필요공구 및 준비물

가. 특수공구

토션바 풀러(트라니온축), 가신축 뽑기 공구, 풀러후크(하부 레이스), 페이스 스패너 렌치(트라니온축 덮개), 상부포가축 렌치, 포신스링, 평형기고정스페이셔, 고무 패드(상부포가와 주퇴기의 충격방지, 트라니온축의 결합), 마닐라 로프, 제퇴기 분해구, 와이어 로프

나. 일반공구

플라이어, 이그니스, 조절렌치, 펀치, 함마(고무, 뿔, 쇠). 여닫이봉, 와이어로프, 목봉, 드라이버(-, +), 자동복스대, 토크렌치, 양구렌치 및 복스렌치 (7/16″, 1/2″, 9/16″, 3/4″, 11/16″, 7/8″, 15/16″, 1⅛″, 1 7/8″, 2″), 육모렌치(3/16″)

다. 기타

그리스, 화포 손질포, 연마포, 밀칼, 줄, 시그니스 게이지

2. 주의사항

평형기에 고정 스페이셔를 설치 후 클러치 작동할 때는 고저핸들의 강력한 회전력에 의하여 안전사고가 발생할 수 있기 때문에 경고 하달 후 작동을 해야 하며, 정비 실시 중에는 차륜위에 올라서지 않도록 한다.

3. 준비작업

화포를 평탄한 지형에 위치시키고 가신을 최대로 벌린 후 수동식 제동장치를 이용하여 제동을 건다. 온도조절렌치를 이용 온도조정기 화살표를 대기 온도에 일치시킨다. 온도조정기 화살표를 올릴때는 포신고각을 200~230mil(12~13°)에 화살표를 내릴때는 포신고각을 0~53mil(0~3°)로 조정을 해야 한다.

포신을 최저로 내려 고정 스페이셔를 설치하고 포신을 수평으로 위치시키고, 발사작기를 이용하여 바퀴가 지면에서 약간 이격되도록 한다. 파손을 방지하기 위하여 방향포경장치대와 거리상한틀을 제거한다.

4. 제거설치

가. 방향장치

방향장치를 제거하기 쉽게 포신을 고각으로 올린 뒤 연결 조인트와 웜기어를 고정하는 테이퍼 핀을 펀치를 이용하여 제거한다. 고정나사는 풀기 어려운 웜 기어쪽의 상단에 있는 나사부터 1 1/8″소켓 또는 양구렌치를 이용하여 시계 방향순으로 3개를 먼저 제거한다. 배를 방향장치에 밀착시키고 약간 드는 기분으로 제거하는 동안 지탱하고 나머지 1개의 나사를 소켓과 스피드 핸들로 제거한다. 방향장치를 상부포가와 분리시 쉼의 갯수를 확인하고 방향장치를 제거한다.

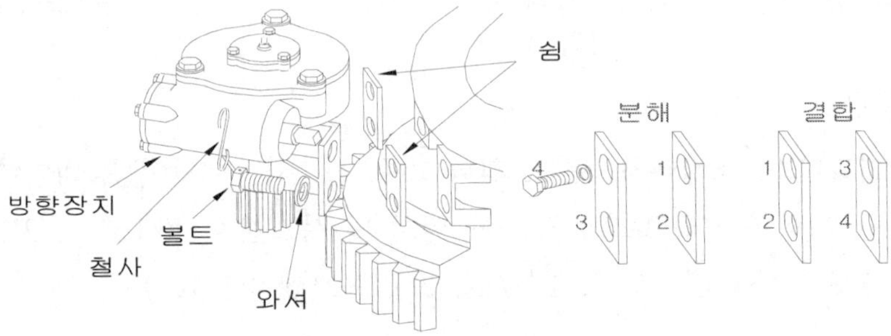

그림 3-46. 방향장치 제거

나. 아크기어 제거

가이드를 고정시키고 있는 13개의 나사를 -자 드라이버로 제거하고 6개의 아크기어 고정 나사를 1⅛″양구 렌치로 제거한다. 아크기어 고정나사는 좌·우측 끝의 긴 나사 2개와 짧은 나사 4개로 되어 있으며 양끝의 긴 나사를 먼저 제거한다(결합시에도 양쪽의 긴 나사부터 결합). 이때 주의해야 할 사항으로는 결합시 상부포가까지 결후 아크기어가 2/3 이상 결합되는지 확인해야 한다. 2/3 이상 결합이 안 될 때는 상부포가를 들어내고 판스프링을 재배열해야 한다.

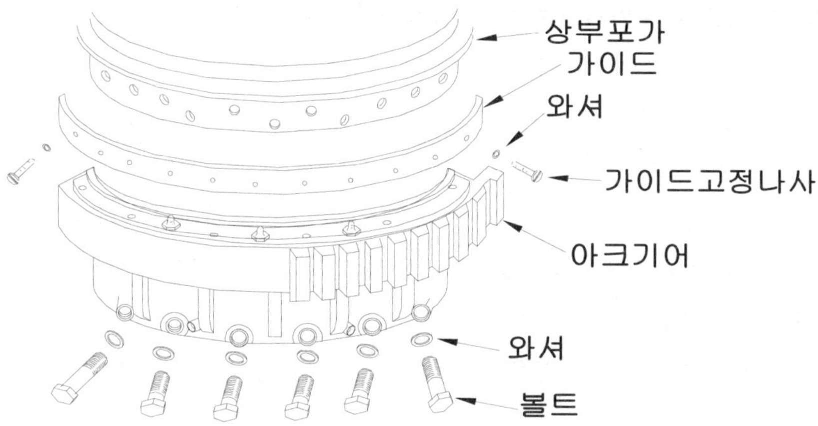

그림 3-47. 아크기어 제거

다. 제퇴기 제거

제퇴기 분해구로 제퇴기 칼라의 스크류와 내부의 용수철 및 볼을 제거하고 제퇴기 칼라를 포미쪽으로 돌려서 고정키를 제거하고 봉 또는 파이프를 이용하여 제퇴기를 포구 방향으로 회전시켜 분리해 내려놓는다. 이 때 주의해야 할 사항은 제퇴기의 무게가 166kg으로 추락에 의한 안전사고에 각별히 주의해야 한다.

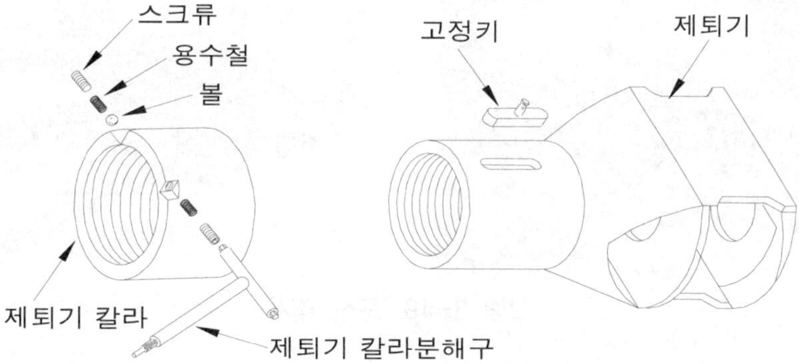

그림 3-48. 제퇴기 제거

라. 포신 제거

(1) 고무패드를 주퇴장치와 상부포가 사이에 놓은 뒤 포신을 수평으로 위치시킨다.

(2) 주퇴피스톤 로드/부주퇴피스톤 로드 멈치나사 짜개핀을 플라이어로 제거한다.

(3) 부주퇴피스톤 로드 멈치나사 제거 전 내부너트 고정나사를 육모렌치로 제거 후 멈치나사 제거가 용이하게 2″스패너로 내부너트를 부주퇴기후단에 밀착되도록 조여준다.

(4) 주퇴피스톤 로드/부주퇴피스톤 로드 멈치나사를 1 7/8″복스와 이그니스로 제거한다.

(5) 여닫이 봉을 포미환의 주퇴피스톤 브라켓과 주퇴장치 사이에 삽입하여 포신을 뒤로 밀어낸다(이때 포구쪽에서 목봉을 이용하여 동시에 밀어준다).

(6) 와이어로프(마닐라)와 로프를 이용하여 포신의 무게중심선에 포신스링을 걸 수 있을 때까지 5톤렉카는 붐을 회전하고 크레인은 도르래원리를 이용하여 뒤로 뺀다.

(7) 포신의 흔들림으로 인한 나사산 마모 방지를 위해 부주퇴 피스톤/주퇴피스톤로드 멈치너트를 재결합한다.

(8) 포신 스링을 1단턱 굵은 쪽의 2/3 지점인 무게중심선에 걸고 안전에 유의하여 제거한다.

〈주〉

포신 스링 설치시 사수상한의 자리와 일직선이 되도록 하여 머물쇠와 머물쇠 자리와의 마찰력을 최소화 한다

(9) 포신 제거 후 고저장치 클러치를 당겨 각종 기어의 하중을 제거한다.

그림 3-49. 포신 제거

마. 평형기 제거

(1) 파손방지를 위해 평형기 후미의 공기플러그를 7/16″렌치로 제거한다.

(2) 평형기 앞멈치 짜개핀과 고정너트를 플라이어와 이그니스로 제거

(3) 뒷멈치 축 고정너트를 이그니스로 제거한다.

(4) 고저장치를 이용하여 앞멈치 축의 하중을 제거한다. 이때 축이 연결구멍의 중심에 위치하여 양쪽에 틈(●)이 생기도록 한다.

(5) 뒷멈치 축을 밖에서 손으로 잡고(떨어지는 것을 방지) 안에서 밖으로 고무망치로 쳐

서 제거한다. 이때 파이프나 봉으로 평형기 아래 부분을 지탱한다.

(6) 평형기의 무게중심을 맞추어 인양로프를 이용하여 뒷멈치쪽을 들어준다.

(7) 평형기 앞멈치를 분리하여 평형기를 제거한다.

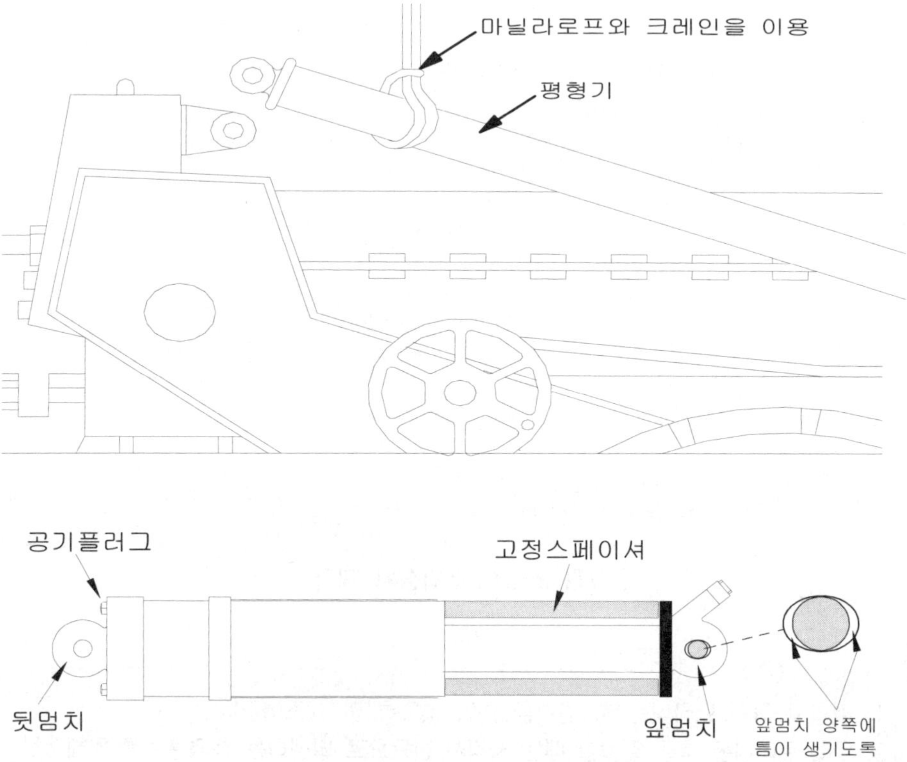

그림 3-50. 평형기 제거

바. 주퇴장치 제거

(1) 주퇴조절기 연결봉 짜개핀과 고정핀을 플라이어로 제거한다.

(2) 주퇴조절기 연결봉을 제거한다.

(3) 트라니온축 마개고정나사를 3/16″육모렌치로 제거한다.

(4) 페이스 스패너 렌치(V렌치)로 마개를 제거한다. 이때 축과 마개가 같이 돌면 고저장치를 이용 주퇴장치를 최대로 하강하여 축에 하중을 걸어준다.

(5) 리테이너와 롤러베어링을 제거

(6) 좌측 트라니온축 내부에 마개를 안쪽에서 바깥쪽으로 봉으로 밀어낸다.

(7) 좌측 트라니온축에 토션바 풀러를 설치하여 제거한다.

(8) 우측 트라니온축에 토션바 풀러 연결대 및 토션바 풀러를 설치하여 제거한다.

(9) 와이어 로프를 무게중심인 요가 보강대 턱의 5번째에 X자로 걸어서 제거한다.

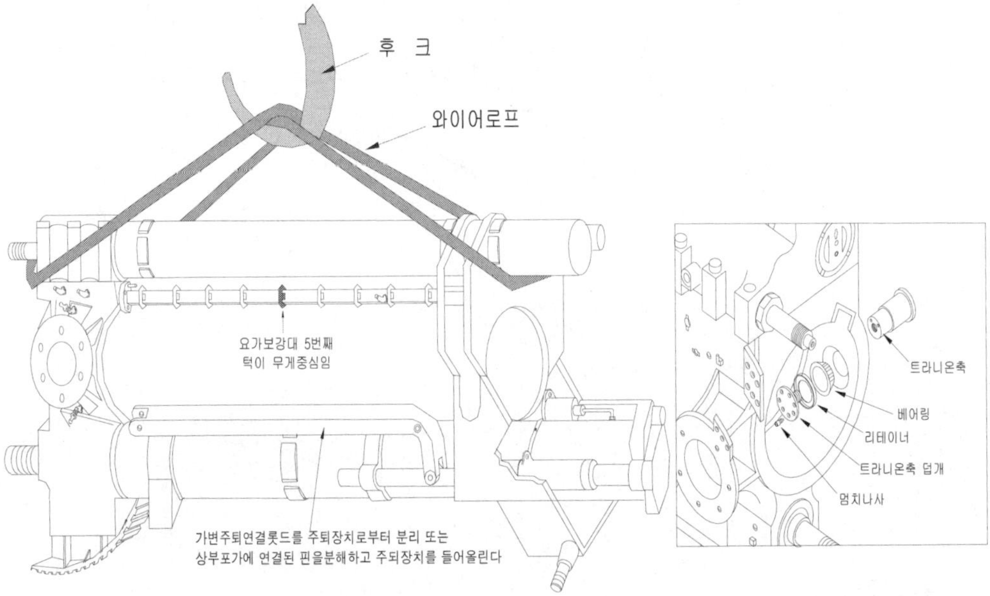

그림 3-51. 주퇴장치 제거

〈주〉

1. 결합시 좌측 트라니온 축 덮개를 틈이 없도록 먼저 조여준다.
2. 우측 트라니온 축을 결합할 때는 사격시 반동으로 발생하는 충격흡수를 위해 상부포가 면과 주퇴장치 사이 간격이 0.18~1.80mm이 되도록 한다.
3. 고저 치호와 피니언 기어 사이 쉼조정

사. 상부포가 제거

(1) 상부포가 축 하부덮개 고정나사를 일자드라이버로 제거 후 하부덮개를 제거한다. 이때 축의 낙하시 안면부 안전에 유의해야 한다.

(2) 상부포가축의 상부덮개 고정나사를 7/16″ 양구렌치로 제거 후 덮개를 제거한다.

(3) 상부포가축 고정너트의 짜개핀을 플라이어로 제거 후 상부포가축 너트를 상부포가 축 렌치를 이용하여 제거한다. 이때 하부에서 이그니스로 축을 잡고 상부포가축 렌치를 이용하여 상부포가 축 너트를 돌려서 제거한다.

(4) 안면부 안전에 유의하여 위에서 아래로 상부포가축을 제거한다.

(5) 상부 덮개 쪽에서 레이스 2개와 롤러베어링을 제거한다.

(6) 여닫이봉을 트라니온축에 연결하고 인양로프를 걸어 제거한다.

〈주〉
1. 결합 후 아크기어가 2/3이상 결합되는지 확인하며, 결합이 않되면 상부포가와 베어링을 제거하고 판스프링 재배열후 설치한다.
2. 상부포가축이 아래로 떨어지므로 안전에 주의한다.

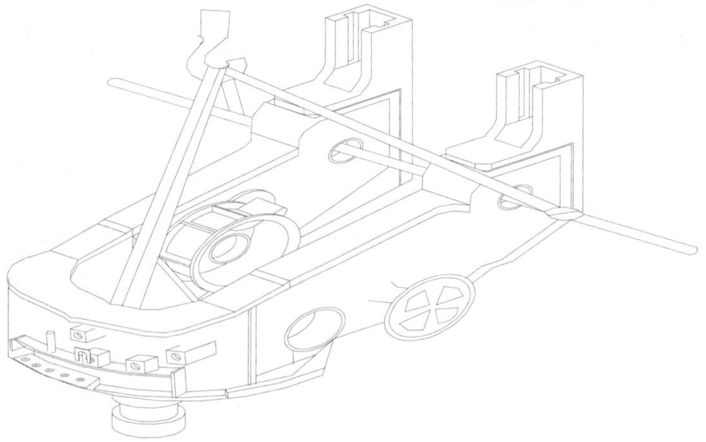

그림 3-52. 상부포가 제거

아. 하부포가 제거 및 설치

(1) 풀러 후크를 이용하여 상부레이스와 롤러베어링 및 하부레이스를 제거한다. 상 · 하부레이스의 구분은 두께로 확인하는데 얇은 레이스가 상부레이스다.
(2) 얇은 스프링 9개와 두꺼운 스프링 11개의 원판스프링을 제거한다.
(3) 설치시 하부포가에 새 그리스를 엷게 바른 후 두꺼운 판스프링과 얇은 판스프링을 배열(그림3-55참조)하고 다시 그리스를 엷게 바른다. 이때 주의해야 할 사항은 판스프링의 자리이탈 여부를 확인해야 한다.
(4) 두꺼운 하부 레이스, 롤러 베어링, 얇은 상부 레이스 순으로 결합하고 결합시 방향 토크력 감소를 위해 그리스를 주입하며, 결합후 상 · 하부 포가의 간극은 0.07 ~ 0.4mm로 유지한다.

그림 3-53. 상하부 레이스 제거

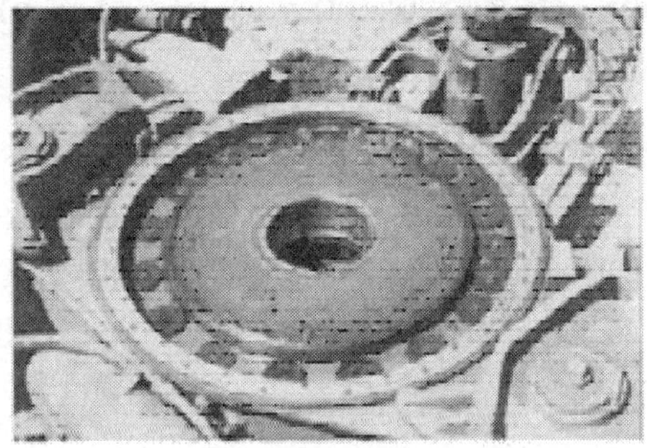

그림 3-54. 판스프링 제거

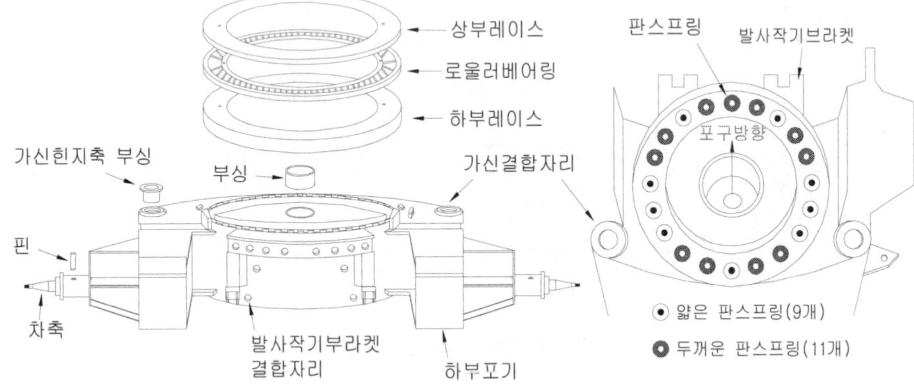

그림 3-55. 판스프링 배열위치

자. 차륜장치 제거

(1) 육각 너트를 풀어 타이어를 제거하고 축 덮개 고정볼트 4개를 제거한다.

(2) 일자드라이버 또는 펀치를 이용하여 와셔를 편 후 허브너트 분해구를 이용하여 육각형 평 너트를 제거한다.

(3) 잠금링을 일자 드라이버로 제거한다.

(4) 축 너트를 제거하고, 베어링과 드럼을 분해한다.

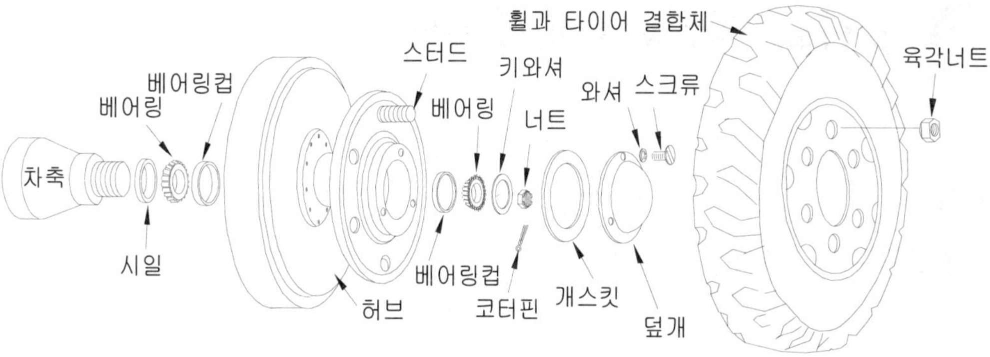

그림 3-56. 차륜장치 제거

차. 가신 제거

(1) 렉카 및 크레인을 이용 가신의 무게중심인 공수 고리에 훅을 걸어준다.

(2) 나사산의 마모에 주의하여 공기호스 뭉치를 제거한다.

(3) 가신 힌지축의 플러그를 풀어 윤활유 주유구 및 심지를 제거하고 가신축뽑기 공구를 설치한 후 축 밑면에 있는 덮개나사를 제거하고 가신축뽑기 너트를 돌려서 축을 제거한다. 이때 가신 힌지축에 걸리는 하중을 최소화하기 위하여 발사작기 및 가신 후단을 들어 가신축 홀의 수평을 맞추어 하중을 최소화한다.

(4) 하부포가와 가신 사이에 여닫이 봉을 끼워 가신을 옆으로 빼낸다. 가신의 유동 발생 시 가신힌지축 부싱을 교환한다.

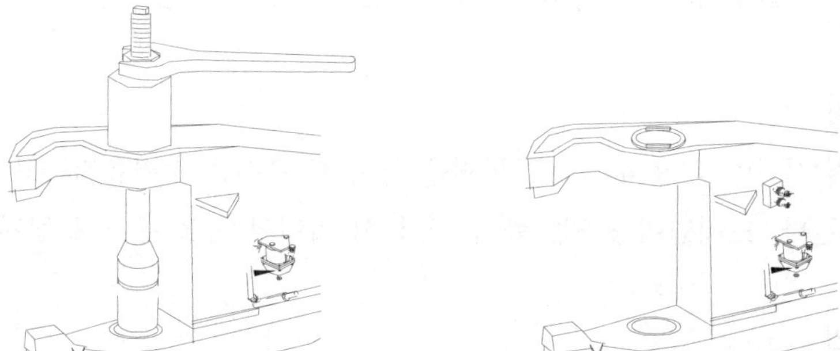

가신힌지핀 분리 우측가신분해

그림 3-57. 가신 제거

화포의 이해

제4절 M114A1 곡사포 제거 및 설치

1. 개요

가. 필요공구 및 준비물

(1) 특수공구

토션바 풀러(트라니온축), 가신축 뽑기 공구, 페이스 스패너 렌치(트라니온축 덮개), 상부포가 축 렌치, 포신 스링, 평형기 고정목편, 고무 패드(상부포가와 주퇴기의 충격방지, 트라니온 축의 결합용이), 와이어로프

(2) 일반공구

플라이어, 이그니스, 조절렌치, 펀치, 함마(고무, 뿔, 쇠) 여닫이 봉, 와이어로프, 목봉, 드라이버(-, +), 자동복스대, 토크렌치, 양구렌치 및 복스렌치 (7/16″, 1/2″, 9/16″, 3/4″, 11/16″, 7/8″, 15/16″, 1 ⅛″, 1 7/8″, 2″), 육모렌치(3/16″)

(3) 기타

그리스, 화포 손질포, 연마포, 밀칼, 줄, 시그니스 게이지

나. 주의사항

평형기 용수철 선단에 4″× 4″× 12″목편을 설치 후 포신을 수평유지하고 정비시 차륜위에 올라서지 않는다. 크레인이나 5톤 렉카 조작 시 와이어 줄을 손으로 잡지 않도록 한다.

다. 준비작업

화포를 평탄한 지형에 위치시키고 가신을 최대로 벌린 후 수동식 제동장치로 제동을 걸고 포신을 최저로 내려 평형기 용수철 선단에 4″× 4″× 12″목편 설치 후 포신을 수평으로 위치시킨다.

발사작기를 이용하여 바퀴를 지면에서 약간 이격시키고, 방향포경 장치대를 제거한다.

2. 제거 및 설치

가. 방향장치 제거

(1) 평형기 고정목편 설치 또는 제거 전에 방향장치 제거를 용이하게 하기 위하여 포신을 고각으로 올린다.

(2) 연결 조인트와 웜기어를 고정하는 테이퍼 핀을 펀치를 이용하여 제거한다.

(3) 고정나사는 풀기 어려운 웜기어쪽의 상단에 있는 나사부터 1 1/8″소켓 또는 양구렌치 시계 방향순으로 3개를 먼저 제거한다.

(4) 배를 방향장치에 밀착시키고 약간 드는 기분으로 제거하는 동안 지탱하고, 나머지 1개의 나사를 소켓과 스피드 핸들로 제거한다.

(5) 방향장치를 상부포가와 분리시 쉼의 갯수를 확인하고 제거한다.

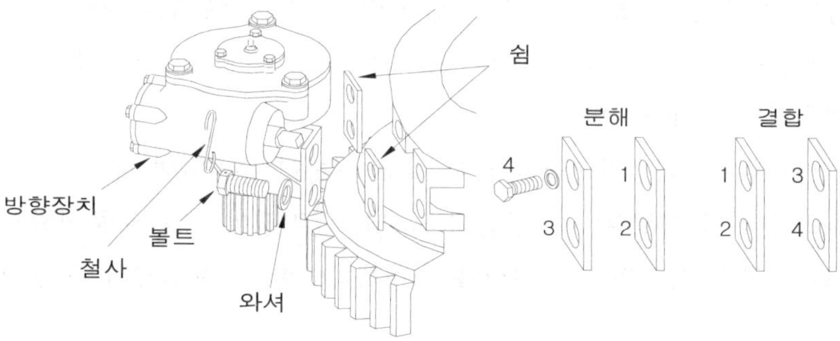

그림 3-58. 방향장치 제거

나. 아크기어 제거

13개의 가이드 고정나사를 -자 드라이버로 제거하고, 6개의 아크기어 고정나사를 1 1/8″소켓 또는 양구렌치로 제거한다. 고정나사는 짧은 나사가 6개로, 결합시에는 양끝부터 결합한다.

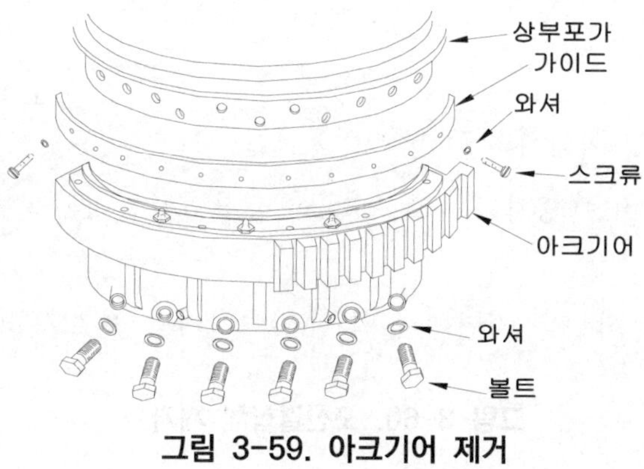

그림 3-59. 아크기어 제거

다. 포신 결합체

(1) 고무패드를 주퇴장치와 상부포가 사이에 놓은 뒤 포신을 수평으로 위치시킨다.

(2) 주퇴피스톤 로드와 부주퇴피스톤 로드 멈치 나사 짜개핀을 플라이어로 제거한다.

(3) 부주퇴피스톤 로드 멈치나사 제거전 내부너트 고정나사를 육모렌치로 제거 후 멈치나사 제거가 용이하게 2″스패너로 내부너트를 부주퇴기후단에 밀착되도록 조여준다.

(4) 주퇴피스톤 로드와 부주퇴피스톤 로드 멈치나사를 1 7/8″복스렌치와 이그니스로 제거한다.

(5) 여닫이 봉을 포미환의 주퇴피스톤 브라켓과 주퇴장치 사이에 삽입하여 포신을 뒤로 밀어낸다.

(6) 와이어로프를 이용하여 포신의 무게중심선에 포신스링을 걸 수 있을 때까지 5톤 렉카는 붐을 회전하고, 크레인은 도르레 원리를 이용하여 뒤로 뺀다.

(7) 포신의 흔들림으로 인한 나사산 마모를 방지하기 위해 부주퇴 피스톤/주퇴 피스톤 로드 멈치너트를 재결합한다.

(8) 포신스링을 무게중심선인 C OF G에 걸고 안전에 유의하여 제거한다. 포신스링 설치시 주의해야 할 사항은 사수상한의 자리와 일직선이 되도록 중심위치를 조정하여 머물쇠와 머물쇠 자리와의 마찰력을 최소화해야한다. 포신제거 후 고임목 위에 올려놓는다.

(9) 결합 : 제거의 역순

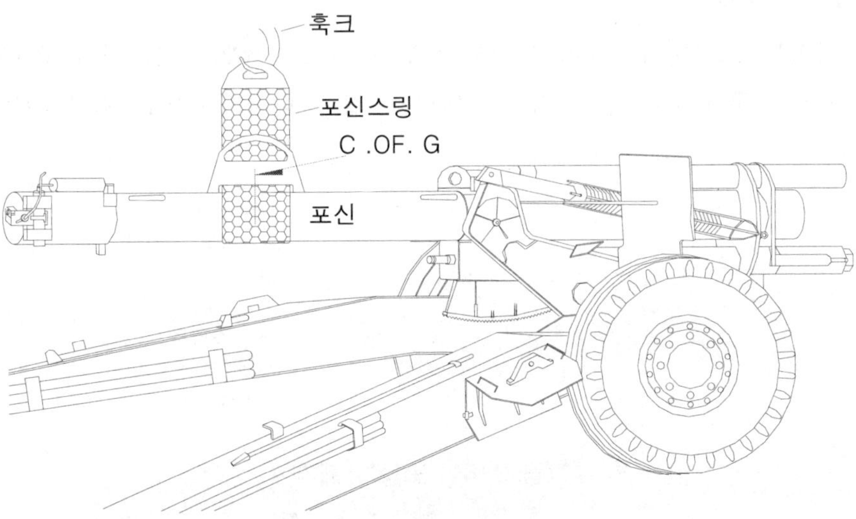

그림 3-60. 포신결합체 제거

라. 장갑판 제거

상부포가에 연결된 보강대 고정볼트(1개)를 15/16″양구렌치로 제거한 후 장갑판 브라켓 상부 고정볼트 2개와 하부 고정볼트 2개를 3/4″양구 렌치로 제거 후 장갑판을 제거하여 고임목위에 놓는다.

마. 평형기 제거

(1) 평형기에 4″×4″×12″목편 설치 후 뒷 멈치 짜개핀(좌, 우 : 각각 2개)을 플라이어로 제거한다.

(2) 고저장치를 이용하여 뒷멈치(좌, 우 : 2개)에 하중이 걸리지 않도록 한 후에 동봉 및 함마를 이용하여 뒷멈치를 제거한다.

(가) 지렛대를 이용하여 평형기를 받쳐주면서 바깥쪽에서 안쪽으로 쳐준다.

(나) 멈치가 쉽게 움직이도록 고저장치를 이용하여 하중을 제거한다.

(다) 평형기를 들어주고 뒷멈치를 바깥쪽에서 안으로 쳐서 멈치를 제거한다.

(3) 앞멈치 짜개핀을 플라이어로 제거하고 앞멈치 너트 2개를 이그니스로 제거한다.

(4) 평형기 뒷 부분을 들어서 올리고 좌·우로 흔들어 앞부분을 앞멈치로부터 분리 후 평형기를 요가에서 제거하고 고임목위에 안전하게 올려놓는다.

(5) 결합은 제거의 역순으로 한다.

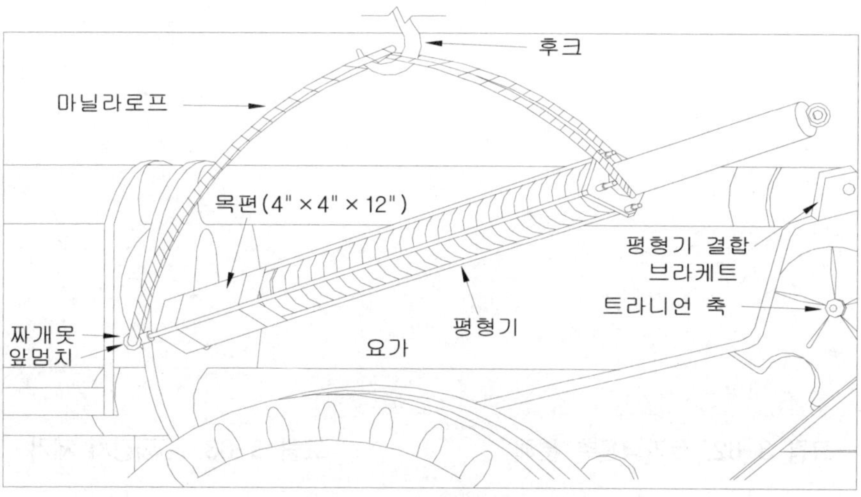

그림 3-61. 평형기 제거

(6) 정비요령

포를 최대 앙각으로 고저 이동시키면서 평형기 용수철의 작동상태를 점검하고 상승이 곤한한 경우에는 3개의 조정나사를 조여주며, 하강이 곤란한 경우에는 3개의 조정나사를 풀어준다. 이 때 주의할 사항은 조정시 3개의 조정나사를 동일하게 조정해야한다.

바. 주퇴장치 제거

(1) 주퇴조절기 연결봉 짜개핀과 고정핀을 플라이어로 제거하고, 주퇴조절기 연결봉을 제거한다.

(2) 트라니온축 마개고정나사를 3/16″육모렌치로 제거하고, 페이스 스패너 렌치(V렌치)로 마개를 제거한다. 축이 헛돌 경우에는 고저장치를 최대로 하강하여 하중을 걸어준다.

(3) 리테이너와 롤러베어링을 제거하고, 좌측 트라니온축 내부의 마개를 안쪽에서 바깥쪽으로 봉으로 밀어낸다.

(4) 먼저 좌측 트라니온 축에 토션바 풀러를 설치하여 제거한 뒤 우측 트라니온 축에 토션바 풀러를 설치하여 제거한다.

(5) 요가에 목봉을 십입 후 와이어로프를 X자로 무게중심인 요가 보강대 5번째 턱에 걸어서 렉카차의 붐을 조작하여 요가를 들어내어 받침대위에 올려놓는다.

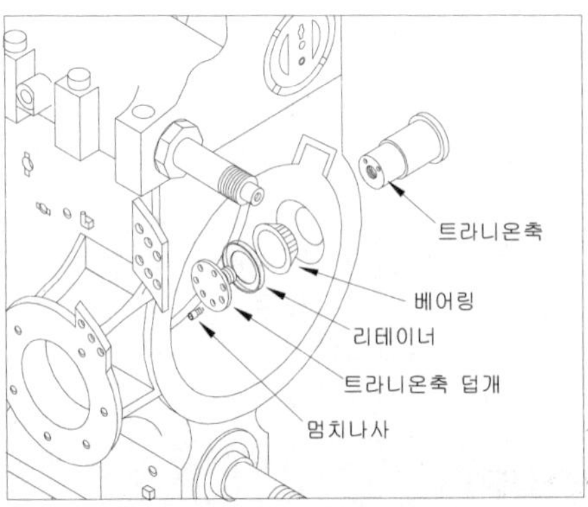

그림 3-62. 트라니온축 분해

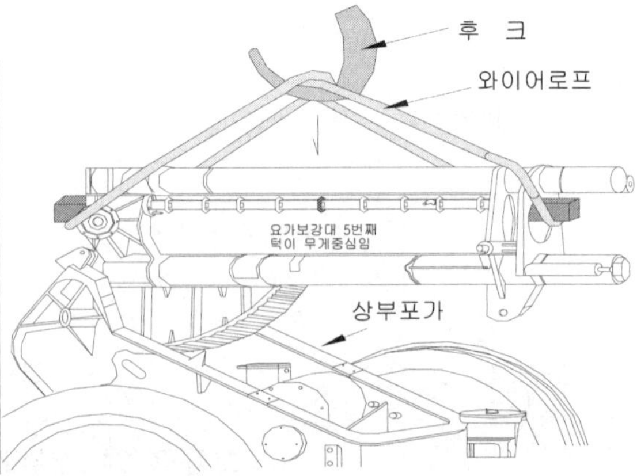

그림 3-63. 주퇴장치 제거

〈주〉

1. 결합시 좌측 트라니온 축 덮개를 틈이 없도록 먼저 조여준다.
2. 우측 트라니온 축을 결합할 때는 사격시 반동으로 발생하는 충격흡수를 위해 상부포가 면과 주퇴장치 사이 간격이 0.18~1.80mm이 되도록 한다.
3. 고저 치호와 피니언 기어 사이 쉼조정

사. 상부포가 제거

(1) 상부포가축 하부덮개 고정나사를 일자드라이버로 제거 후 하부덮개를 제거한다. 이때 하부덮개 너트의 낙하에 의한 안면부 안전에 유의한다.

(2) 상부포가축 상부덮개 고정나사를 7/16″양구렌치로 제거 후 덮개를 제거한다.

(3) 상부포가축 고정너트의 짜개핀을 플라이어로 제거 후 상부포가축 너트를 상부포가축 렌치를 이용하여 제거한다. 하부에서 이그니스로 축의 너트를 잡고 1과11/16″ 소켓렌치를 이용하여 상부포가 축을 돌려서 제거한 후 상부포가축을 제거한다.

주의) 위에서 아래로 떨어지기 때문에 안면부 안전에 유의한다.

(5) 상부 덮개 쪽에서 레이스 2개와 롤러베어링을 제거한다.

주의) 결합시 2개의 레이스 중 모따기가 된 레이스가 위쪽에 위치한다.

(6) 여닫이봉을 트라니온축 자리에 연결하고 인양로프를 걸어 제거한다.

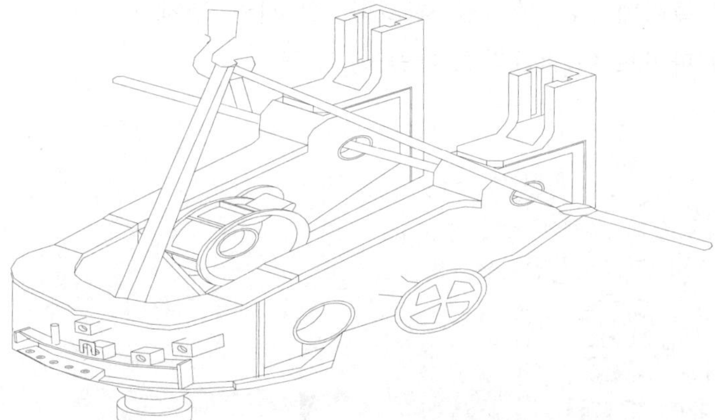

그림 3-64. 상부포가 제거

아. 고저장치 분해/결합

(1) 고저 전륜기 뭉치

(가) 공구 : 3/4″, 9/16″소켓, 토크렌치, 동봉, 훅렌치, V렌치, 펀치

(나) 분해순서

1) 전륜기 고정너트, 와셔(3/4″),전륜기손잡이, 반달키를 분해한다.

2) 수동륜지지대 고정너트(4개): 지지대 뭉치, 베어링고정 육모나사, 평씰 (9/16″, 훅렌치, 육모렌치)

3) 수동륜축 베어링, 고리형 볼 베어링(한쪽 12개, 총24개), 평씰

4) 평테이터 핀 제거, 유니버셜 조인트, 수동륜 축

(2) 웜기어 뭉치

(가) 공구 : 드라이버, 9/16″소켓, 토크렌치, 동봉, V렌치, 펀치

(나) 분해순서

1) 고각지지기 뭉치 S/C, 고각지지기 뭉치, 슬리브 붓싱 분해

2) 베벨기어 축, 축마개, 축 슬리브

3) 고저장치 덮개 멈치나사, 와셔(4개), 고저기계장치 덮개, 와셔 분해

4) 베벨기어 하우징 뭉치 멈치나사, 와셔(3개), 멈치핀(2개) 분해

5) 베벨기어 고정나사, 와셔(9/16") 분해

6) 베벨기어 그리스 씰 고정나사, 와셔, 그리스 씰 분해

7) 롤러베어링 멈치 무드나사, 롤러베어링 조정링 분해

8) 롤러베어링, 베어링 컵(2개), 웜 기어 분해

9) 파이프 마개(그리스 배출구) 분해

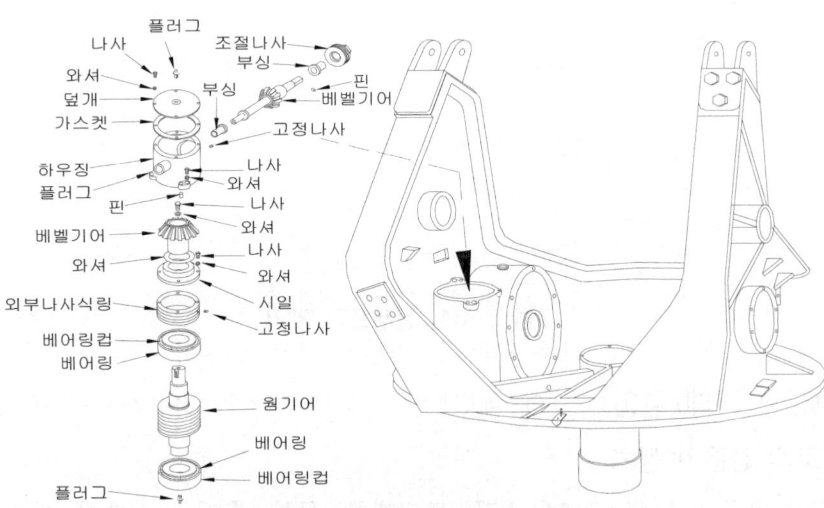

그림 3-65. 고저웜기어 분해

(3) 웜휠/피니언

(가) 좌측 피니언 베어링 덮개 고정볼트/와셔(3/4″, 4개)를 분해한다.

(나) 우측 피니언 베어링 덮개 고정나사 4개를 분해한다.

(다) 원형너트/키 와셔를 분해한다.

(라) 웜휠 덮개 고정나사(10개) 제거 후 덮개를 제거한다.

(마) 동봉을 좌측에서 우측으로 친다(나사산 흠집 주의)

(바) 우측피니언 베어링 덮개, 원통형 로울러 베어링 컵을 분해한다.

(사) 좌측 테이퍼형 로울러 베어링, 컵,스러스트 와셔를 분해한다.

(아) 우측 원통형 로울러 베어링/컵

(자) 평씰

(차) 피니언축 베어링 지지기

(카) 피니언축 베어링 지지기 고정볼트/와셔

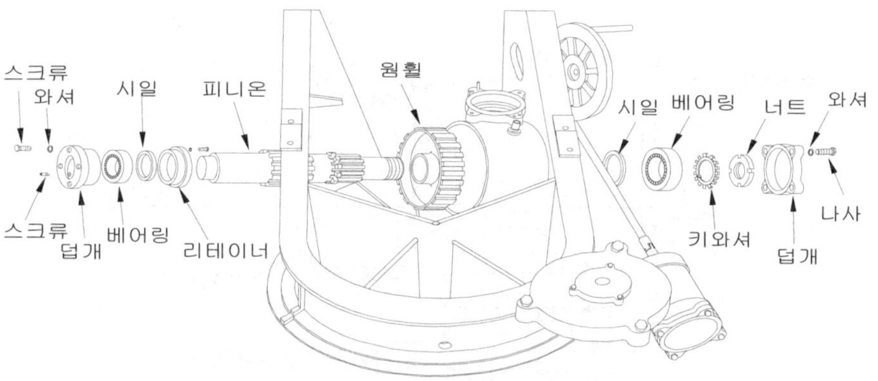

그림 3-66. 고저웜휠 및 피니언 기어 분해

(4) 고저장치 토크력 조정 및 정비요령

(가) 웜휠 및 웜 기어 토크력 조정은 원형너트를 조정한다.

베벨기어/축 결합 후 회전시 원할한 회전이 되어야 하며, 이때의 토크력은 20in-l/b 이내이어야 하며 피니언 기어의 쉼 조정은 하지 않는다.

피니언 기어의 신품 교환 후 회전이 되지 않는 경우에는 그림 3-67와 같이 웜휠의 ①,②,③에 해당되는 거리와 신품의 치수를 비교한다.

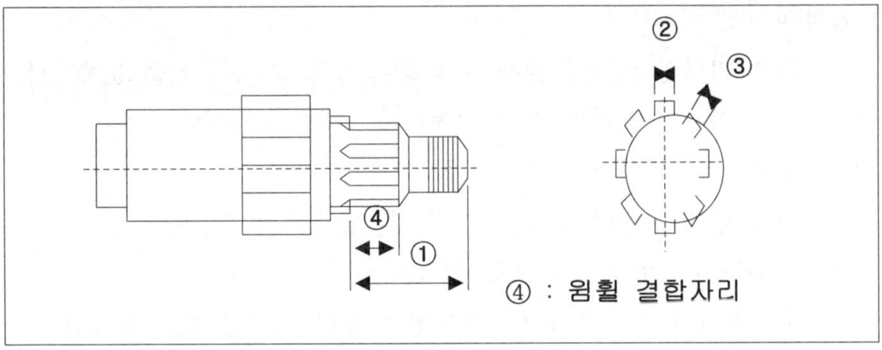

그림 3-67. 웜휠 결합

(나) 베벨기어/축/전륜기 뭉치

베벨기어의 편마모 및 유격 발생시 베벨기어 축 하단에 있는 와셔의 쉼을 조정하고, 베벨기어 축이 유동되는 경우에는 양 끝의 슬리브 2개를 교환한다. 베벨기어 ①에서의 토크력은 20~25in-l/b 이내이어야 하고,

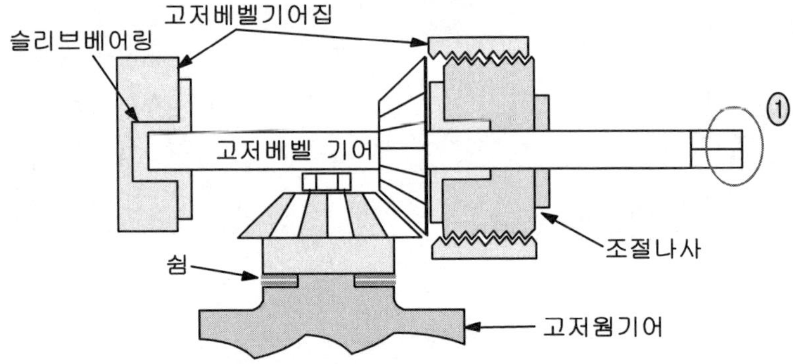

그림 3-68. 베벨기어 공회전 조정

전륜기 결합후 전륜기축에서의 토크력은 30in-l/b이내이어야 한다. 왜냐하면 유니버셜 조인트와 연결되어서 축의 방향이 바뀌는 과정에서의 조인트 및 기어의 마찰력이 발생하기 때문이다.

(다) 고저치호 쉼 조정

1) 고저치호와 피니언기어 사이에 종이 1장을 삽입하여 고저이동을 한다. 안 찢어지는 경우는 기어와 기어사이의 간격이 너무 벌어져 있기 때문에 쉼을 빼어주며 조정하고, 많이 찢어지는 경우는 기어와 기어사이 간격이 너무 밀착되어 있는 경우로 쉼을 넣어주며 조정한다.

2) 쉼 조정 요령

1 $\frac{1}{8}$″소켓을 사용하여 볼트/너트(6개)를 풀고 고저치호를 요가에서 분리하고, 종이 3장을 기어사이에 삽입시 찢어지고, 2장을 삽입시 정상이면 2장의 쉼을 고저치호와 요가가 밀착되는 부분(3군데)에 삽입한다. 편마모시에는 쉼 조정을 서로 다르게 조정이 가능하나 가급적 삼가한다. 5장 이상의 쉼 조정이 요구되면 피니언기어와 고저치호를 교환한다. 고저치호 결합시 고정 볼트/너트(6개)를 최대한 조여준다

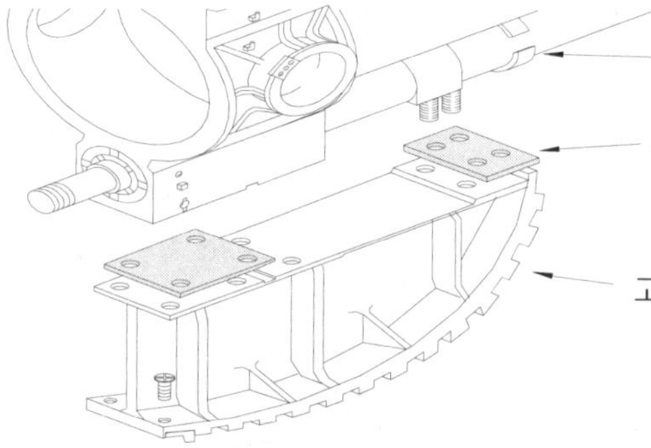

그림 3-69. 고저치호 쉼조정

자. 차륜장치 제거

(1) 필요공구는 1 9/16″소켓, 임팩트, 허브너트 분해구, 7/16″소켓, -자 드라이버, 펀치, 지렛대 이다.

(2) 차륜장치 제거시 주의해야 할 사항은 10개의 너트를 풀거나 조일 때는 대각선 방향으로 이동하며 실시하고 무리한 힘을 가해 나사선이 마모되지 않게 한다. 좌측 차륜의 왼나사와 우측 차륜의 오른나사를 구분할 수 있어야 한다.

(3) 제거 순서

(가) 발사작키를 이용하여 타이어를 지면에서 이격시킨다.

(나) 1 9/16″소켓과 임팩트를 이용하여 휠 너트 10개를 제거한다.

(다) 타이어를 약간 위로 들면서 좌·우로 흔들어 제거한다.

(라) 4개의 허브덮개 나사를 7/16″소켓을 이용하여 풀고, 덮개와 가스켓을 제거한다.

(마) 허브 내부의 그리스를 제거한 후 -자 드라이버로 잠금와셔를 편후 육각형의 너트를 허브너트 분해구로 분해한다.

(바) 잠금와셔와 링을 제거하고, 콘형 롤러베어링과 너트를 제거한다.

(사) 허브 및 스터드와 드럼을 제거한다.

차. 브레이크 결합체 제거

(1) 브레이크 캠축 제거 : 캠축 고정너트 분해 후 지렛대(2개)를 이용하여 양쪽으로 벌린 다음 캠축 제거

(2) 라이닝(2개)을 캠축 쪽으로 오므린 후 복귀용수철 제거

(3) 브레이크 캠/캠축 제거

(4) 앵커핀 덮개멈치나사 및 덮개 제거

(5) 앵커핀 멈치나사 및 앵커핀 제거 : 앵커핀 제거시 뒷부분을 톡톡 치면서 제거 하고 라이닝(2개)이 떨어져 안전사고가 나지 않도록 주의

(6) 라이닝 제거(2개)

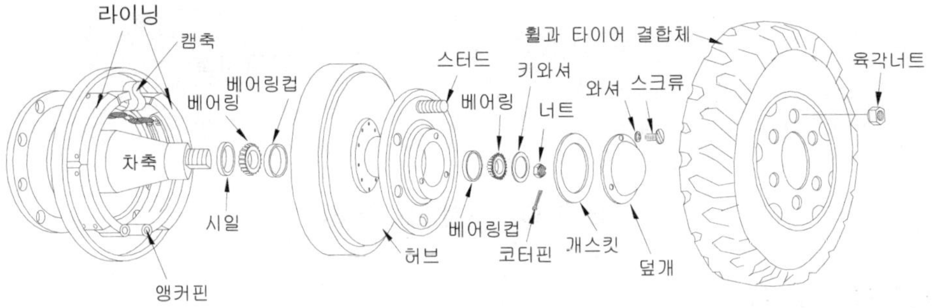

그림 3-70. 차륜장치 제거

카. 가신 제거

상부포가 이상을 제거하지 않은 상태에서 가신을 제거할 때는 차륜장치를 고정시키고, 포구끝에 적절한 받침대를 세워야 하며 받침대 대신 로프 또는 호이스트를 이용하는 경우에는 포구끝을 걸어서 고정시킨다. 이때 이동멈치는 반드시 잠궈 고저장치에 무리한 힘이 가해지지 않게 한다.

(1) 제거순서

(가) 가신을 벌리고 분리할 가신 공수고리에 슬링을 걸어 들어올려서 다른쪽 가신 끝에 목편을 받친다.

(나) 가신 힌지핀 뭉치 하단의 받침나사를 고정시키는 나사를 풀어낸다.

(다) 가신 힌지핀 상단의 플러그를 풀고 힌지핀 뽑개를 설치하여 핀을 반쯤 뽑

은 후 뽑개를 제거하고 핀을 완전히 뽑아낸다.

(라) 가신과 하부포가를 연결하는 가신호스뭉치를 분리한다.

(마) 가신을 하부포가 옆으로 빼낸다.

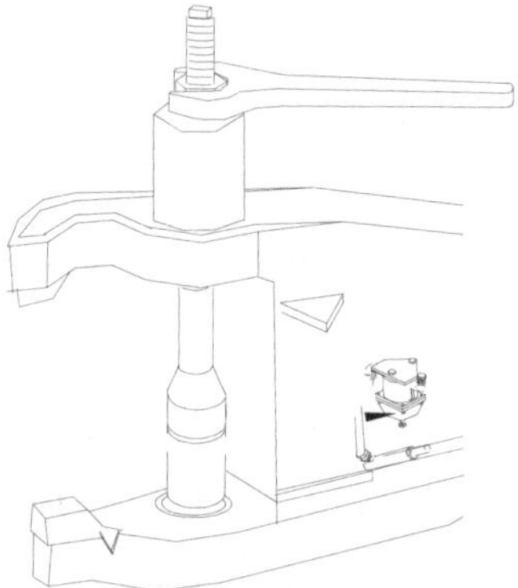

가신힌지핀 분리

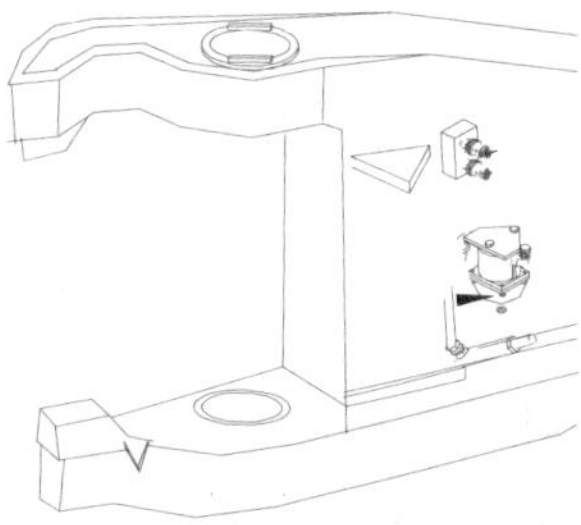

우측가신분해

그림 3-71. 가신 제거

제5절 분해결합

1. KH179 폐쇄기

가. 필요공구는 -자 드라이버, 폐비기 로드 받침이다.

나. 주의사항은 폐쇄기 분해는 2인이 작업하며 폐비기를 분리할 때는 폐비기 로드 받침을 사용한다.

다. 분해절차

(1) 포신을 수평으로 하고 폐비기 로드 받침을 사용하여 폐비기를 분리한다.

(2) M35 공이틀 뭉치와 격발장치 블록뭉치를 분리한다. 이때 격발장치 블럭 뭉치로부터 공이틀 뭉치의 분리는 공이틀 뭉치를 누른 후 시계 방향으로 60°정도 회전시키면 된다.

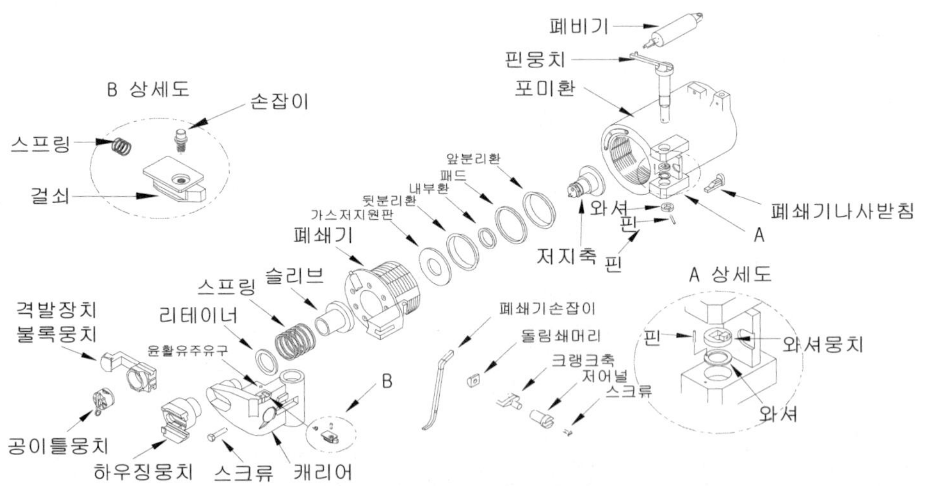

그림 3-72. KH179 폐쇄기

(3) 폐쇄기를 열고 격발하우징 뭉치에 있는 칼퀴를 뒤로 젖힌다.

(4) 격발 하우징 뭉치를 붙잡고 저지축 뭉치의 끝의 플린져를 누른다.

(5) 저지축 뭉치를 시계 방향으로 돌려 저지축 뭉치와 격발하우징 뭉치를 분리한다.

(6) 저지축 뭉치로부터 구성품을 분해한다.

2. M114A1 폐쇄기

가. 필요공구는 폐비기 로드받침, 개폐렌치, 일반공구 등이다.

나. 주의사항은 폐쇄기 분해시 2인이 작업하며, 세부 분해품은 순서대로 정렬한다.

다. 분해절차

(1) 폐쇄기를 약간 열어 폐쇄기 로드받침을 끼우고 뒷멈치 고리못과 고리를 분해한 다음 폐비기를 분해한다.

(2) 폐쇄기 지레받침 고정나사, 폐쇄기 지레받침을 분해한다.

(3) 폐쇄기 나사 멈치 용수철 받침 고정나사를 분해한다.

(4) 폐쇄기 나사 멈치 용수철 받침, 폐쇄기 나사 멈치 용수철을 분해한다.

(5) 저지축 멈치 고정나사는 폐쇄기 지레를 아래로 내리고 평드라이버로 분해한다.

(6) 폐쇄기 나사 멈치를 우로 밀고 나서 개폐렌치를 사용하여 저지축 멈치를 분해한다.

(7) 공이치기, 저지축 용수철을 분해한다.

(8) 가스저지원판, 뒷분리환, 내부환, 가스저지판, 앞분리환을 분해한다. 이때 저지머리와 저지축은 자연스럽게 분해된다.

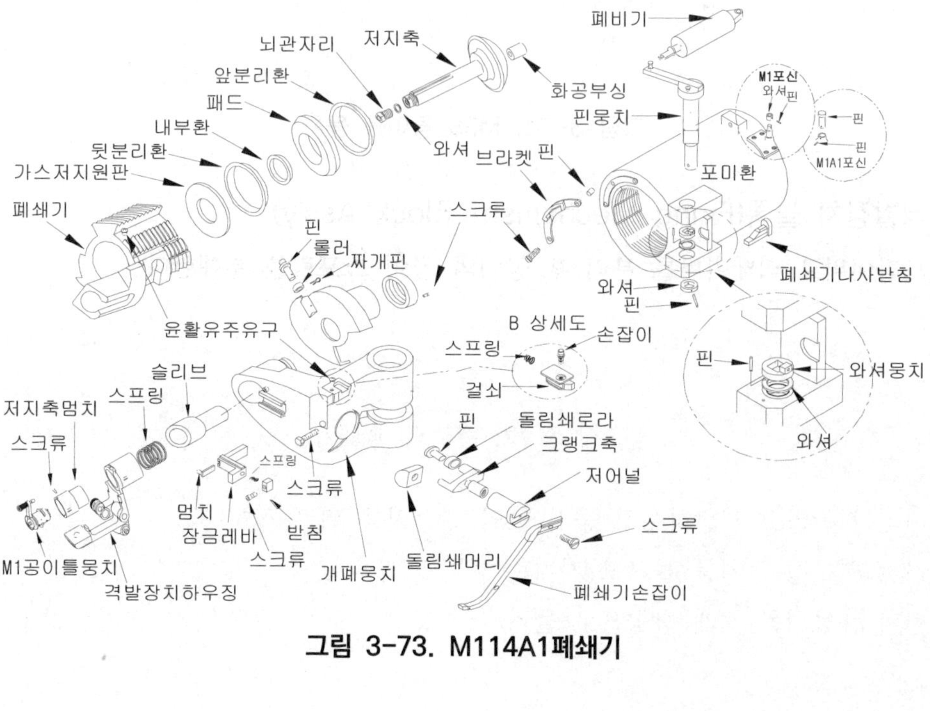

그림 3-73. M114A1폐쇄기

3. 격발장치(Firing Mechanism Ass'y)

가. M35 공이틀 뭉치

(1) 필요공구는 M18 신관렌치이다

(2) 주의사항은 햄머 용수철을 결합시 무리한 힘을 가하지 않도록 한다.

(3) 분해절차

(가) 공이틀뭉치를 일정한 크기의 목편 위에 놓고 M18신관렌치로 케이스와 할로워 상단을 누른다.

(나) 격발끈 레버와 요우크로부터 핀을 제거한 후 용수철을 서서히 풀어준다.

(다) 격발끈 레버, 케이스, 스프링 2개를 분리한다.

(라) 단발자 핀을 분리하고 요우크로부터 단발자 스프링과 단발자를 분리한 뒤 단발자와 햄머용수철을 분리한다.

(마) 햄머로부터 요우크를 분리하고, 컵으로부터 햄머를 분리한다.

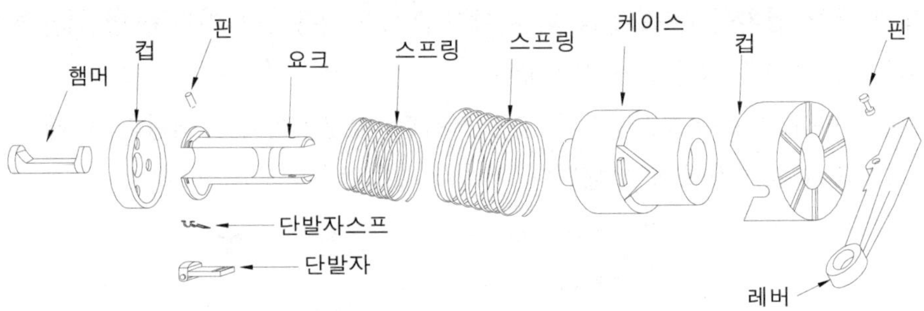

그림 3-74. M35 공이틀 뭉치

나. 격발장치 블록(Firing Mechanism Block Ass'y)

-자 드라이버로 리테이너를 분리 후 공이와 공이 스프링을 분해한다.

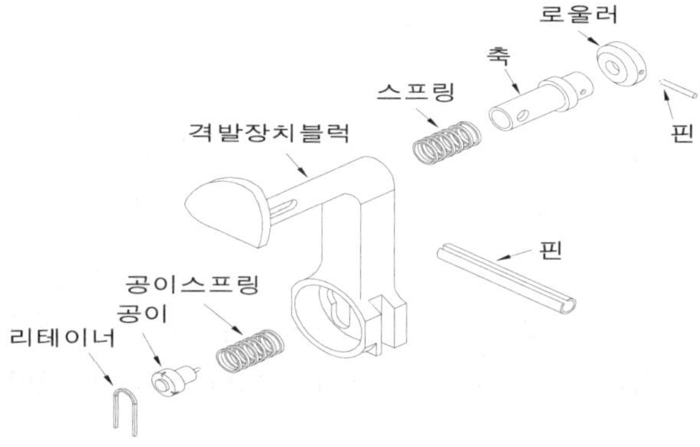

그림 3-75. KH179 격발장치 블록뭉치

다. M1 공이틀 뭉치

(1) 필요공구는 분해구, 육모렌치이다.

(2) 주의사항은 육각나사를 분해할 때 육모렌치를 사용해야 한다.

(3) 분해절차

(가) 공이틀 앞마개 고정나사를 육모렌치로 분해한다.

(나) 공이틀 뒷마개 고정나사를 육모렌치로 분해한다.

(다) 공이틀 앞마개를 공이틀 뭉치 분해구를 사용하여 시계방향으로 분해 한다.

(라) 공이잡이를 분해한다.

(마) 공이틀 뒷마개를 분해구로써 반시계 방향으로 분해한다.

(바) 공이와 공이용수철을 분해한다.

(사) 손잡이 멈치못, 손잡이, 손잡이 용수철, 손잡이축을 분해한다.

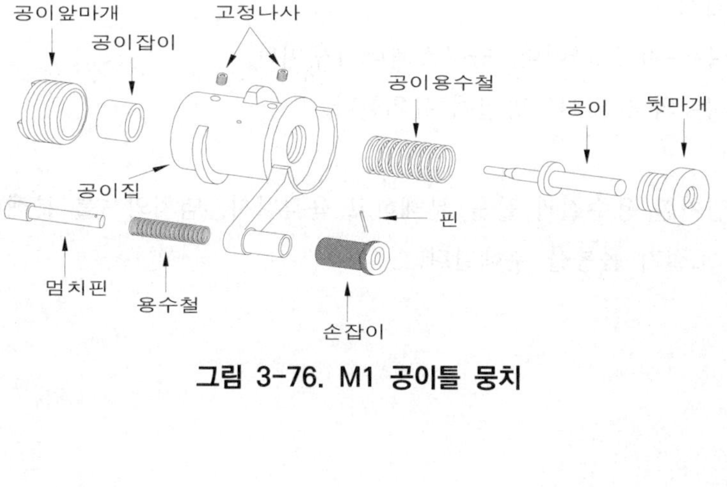

그림 3-76. M1 공이틀 뭉치

라. 폐쇄기

(1) 화공의 막힘, 저지축 플러그의 변형, 이물질에 의해 막힌 경우 손질하거나 교환한다.

(2) 폐쇄기로 가스 누출시 가스저지원판(디스크)을 교환한다.

(3) 격발장치 플란져의 오결합 여부 확인 및 결합/변형여부 확인

(4) 저지축 멈치를 결합할 때에는 두격게이지를 이용하여 두격검사를 실시한다.

가) 격발장치에 두격게이지를 삽입한다. 이때 두격게이지를 게이지의 전체가 격발장치의 격발홈에 들어가도록 밀어 넣으면 안된다. 이렇게 되면 오차의 눈금을 읽게 된다.

나) 두격 조정을 실시하면 격발장치의 뒷면과 두격게이지의 편부 사이가 1.6mm(1/16″) ~ ± 0.8mm(1/32″)의 간격이 되어야 한다.

다) 두격게이지의 편부가 격발장치의 뒷면에 접촉되면 과도한 두격으로 저지축 뭉치를 교환해 주어야 한다.

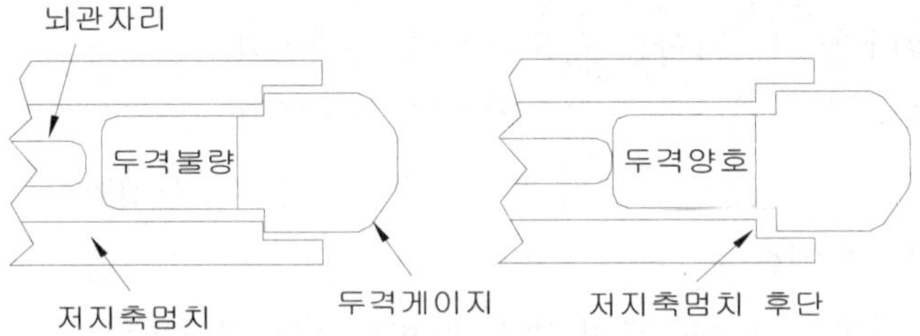

그림 3-77. M114A1 정상 두격

4. 주퇴장치

가. 공기조절기

(1) 필요공구는 -자 드라이버, 양구스패너 1셋이다.

(2) 주의사항은 와셔 및 볼 망실에 유의한다.

(3) 분해절차

(가) 외부멈치환 용수철과 볼을 분해하고 육각나사, 멈치와셔를 분해한다.

(나) 공기 조절기 몸통을 분해한다.

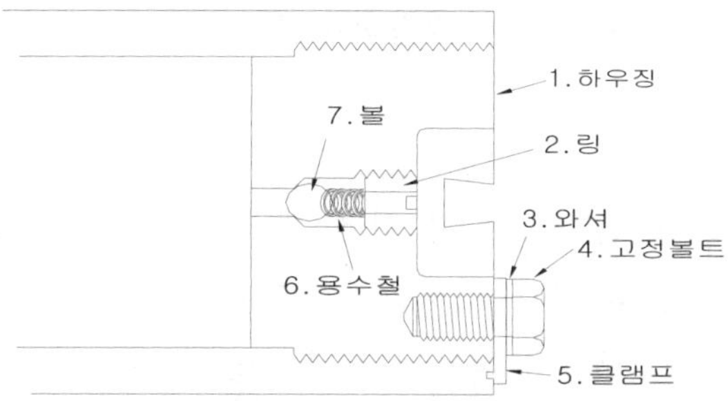

그림 3-78. 공기조절기

나. 주퇴 조절기

(1) 필요공구는 주퇴장치 렌치, 일반공구이다.

(2) 주의사항은 주퇴조절기어 분해시 기어 치합부분에 표식을 해 놓고 결합할 때 이에 맞추어 실시하며 무리한 함마의 충격을 금한다.

(3) 분해절차

가) 주퇴조절기어, 캠 브라케트 결합체, 캠 기어뭉치를 순서대로 분해한다.

나) 멈치와셔, 멈치나사를 분해한다.

다) 고정나사, 직선핀, 조절기 캠몸통, 육각나사, 와셔를 분해한다.

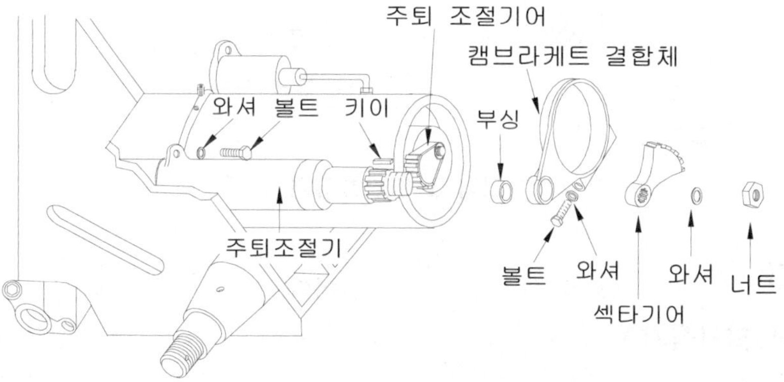

그림 3-79. 주퇴조절기

다. 보유기

(1) 필요공구는 피스톤 추출기와 조절렌치이다.

(2) 주의사항

가) 추출기를 설치하지 않고 보유기 피스톤 가이드를 제거하면 안된다.

나) 분해할 때는 바이스에 완전히 결합하여 움직이지 않은 상태에서 실시한다.

(3) 준비작업

가) 주퇴장치에서 보유기를 제거하기 전에 예비유를 배출한다.

나) 5개의 원두형 나사 및 톱니 와셔를 분해한다.

다) 보유기 연결튜브 및 보유기 하우징 캡나사 및 톱니와셔를 제거하여 보유기 결합체를 전면으로 분해한다.

(4) 분해절차

가) 충만 밸브 결합체를 사전에 제거하고 보유기 피스톤 가이드 플러그를 분해한다.

나) 피스톤 추출기를 이용 피스톤 가이드를 분해한다.

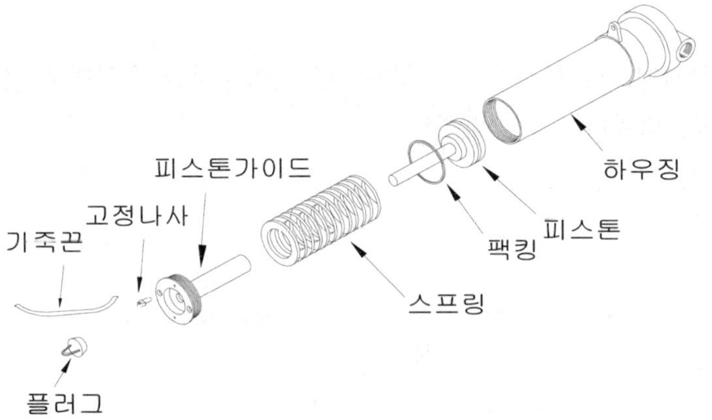

그림 3-80. 보유기

5. 발사작기

가. 나사식 발사작기

(1) 필요공구는 일반공구이다.

(2) 주의사항은 와셔 및 키 망실에 유의한다.

(3) 분해절차

(가) 라체트뭉치(11번) 스크류를 제거하여 라체트뭉치(15번)를 분해한다.

(나) 볼트 8개(14번)를 제거하여 덮개(16번)를 분해한다.

(다) 리테이너(20)를 하우징(8)으로부터 풀어내고 하우징으로부터 베어링(21)을 분해

한다.

(라) 하우징으로부터 스크류(23)와 풀런저뭉치(9)를 뽑아낸다.

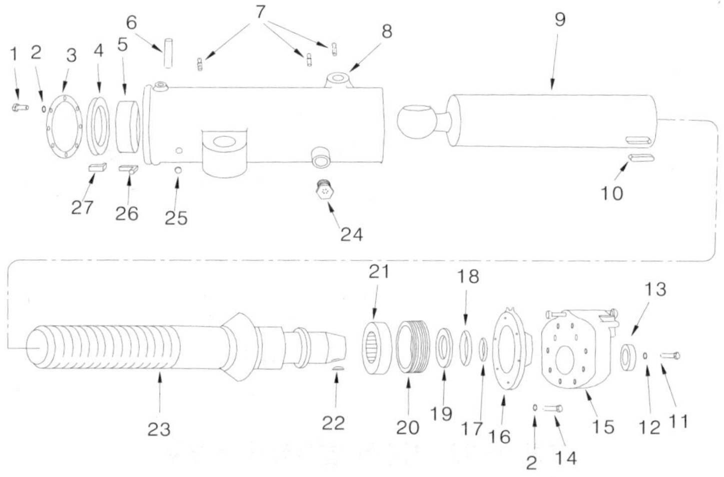

1. 볼　　트	8. 하 우 징	15. 라체트 뭉치	22. 키
2. 와　　셔	9. 플런저 뭉치	16. 덮　　개	23. 스 크 류
3. 리테이너	10. 키	17. 리테이너	24. 플 러 그
4. 씰	11. 스 크 류	18. 베 어 링	25. 플 러 그
5. 붓　　싱	12. 와　　셔	19. 베 어 링	26. 스　　톱
6. 손 잡 이	13. 와　　셔	20. 리테이너	27. 필　　러
7. 주 유 구	14. 볼　　트	21. 베 어 링	

그림 3-81. 나사식 발사작기

나. 치주식 발사작기

(1) 필요공구 : 일반공구

(2) 주의사항은 웜기어 분해시 무리한 충격으로 기어의 손상이 없도록 한다.

(3) 분해결합

(가) 웜기어축 멈치는 라체 몸통을 당겨낸 후 분해한다.

(나) 웜기어축 받침 와셔를 분해한다.

(다) 웜기어와 축을 분해한다.

(라) 웜휠 덮개 나사를 분해 후 웜휠 덮개를 분해한다.

(마) 웜휠 멈치못을 분해 후 웜휠 멈치를 분해한다.

(바) 웜휠 받침을 분해 후 웜휠을 분해한다.

(사) 피니언 축 및 피니언 기어를 분해한다.

(아) 치주를 분해한다.

(자) 몸통이 분해된다.

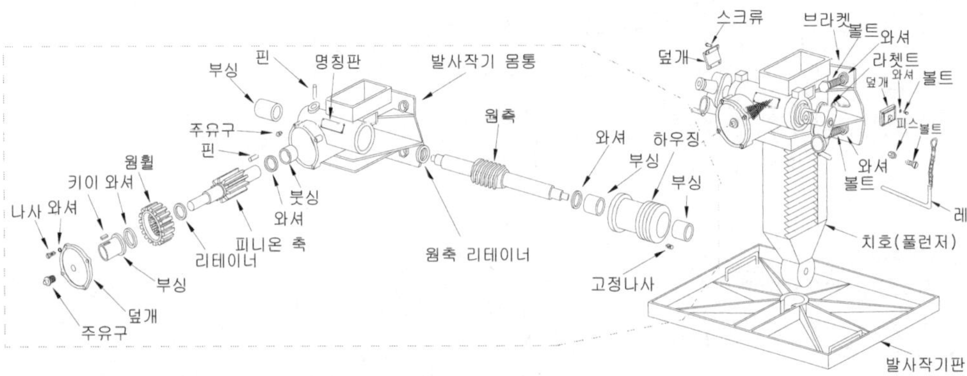

그림 3-82. 치주식 발사작기 분해도

6. KH179 고저장치

가. 필요공구는 양구렌치 1셋, 기어제거 풀러, 드라이버, 함마이다.

나. 주의사항은 기어 분해시 무리한 충격을 금지한다.

다. 분해절차

(1) 고저전륜기 기어 및 결합체를 상부포가에서 제거한다.

(2) 고저 전륜기축 및 덮개를 분해한다.

(3) 양구렌치를 사용하여 축으로부터 잠금너트를 분해한다.

(4) 고저기어 덮개부터 나사와 와셔를 축위의 피니언에 링과 씰을 움직여 분해한다.

(5) 캡나사 및 락크와셔, 고저기어 덮개를 분해한다.

(6) 풀러를 이용하여 샤후트기어를 분해한다.

(7) 상부포가상에서 베어링 씰, 멈치링 및 축을 분해한다.

(8) 고저축으로부터 베어링, 씰을 분해한다.

(9) 고저 전륜기 기어 결합체를 세부 분해한다.

(가) 전륜기 피니언으로부터 너트 및 락크와셔를 분해한다.

(나) 클러치를 분해한다.

(다) 브레이크 드럼 샤후트 엔드 카바를 분해한다.

(라) 베어링 락크너트를 분해한다.

(마) 브레이크 슈스프링 및 와셔를 분해한다.

(바) 고저전륜기 기어 하우징 덮개로부터 캡나사 및 락크와셔를 분해한다.

(사) 고저 브레이크 드럼 샤후트를 분해한다.

(아) 덮개, 드럼, 피니언, 슈, 가죽, 오일씰을 분해한다.

(자) 웜휠을 분해한다.

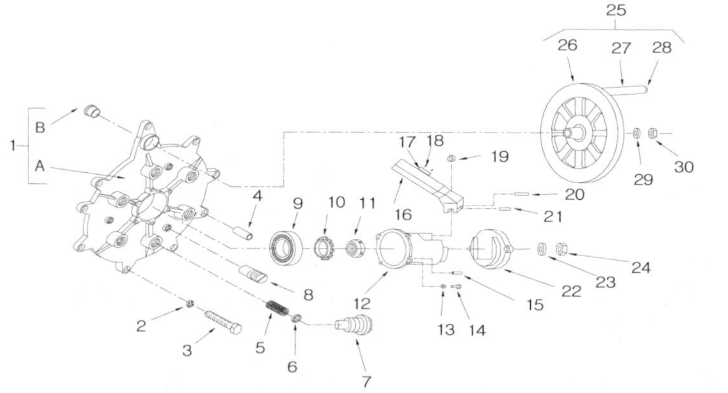

1. 덮개 뭉치
   (A) 덮　　개
   (B) 하 우 징
2. 와　　셔
3. 스 크 류
4. 핀
5. 스 프 링
6. 와　　셔
7. 플 러 그
8. 핀
9. 베 어 링
10. 와　　셔
11. 너　　트
12. 덮　　개
13. 와　　셔
14. 스 크 류
15. 핀
16. 핸들뭉치
17. 명　　판
18. 스 크 류
19. 로 울 러
20. 핀
21. 핀
22. 요　　크
23. 와　　셔
24. 너　　트
25. 전륜기 뭉치

그림 3-83. 고저 브레이크 장치 분해도

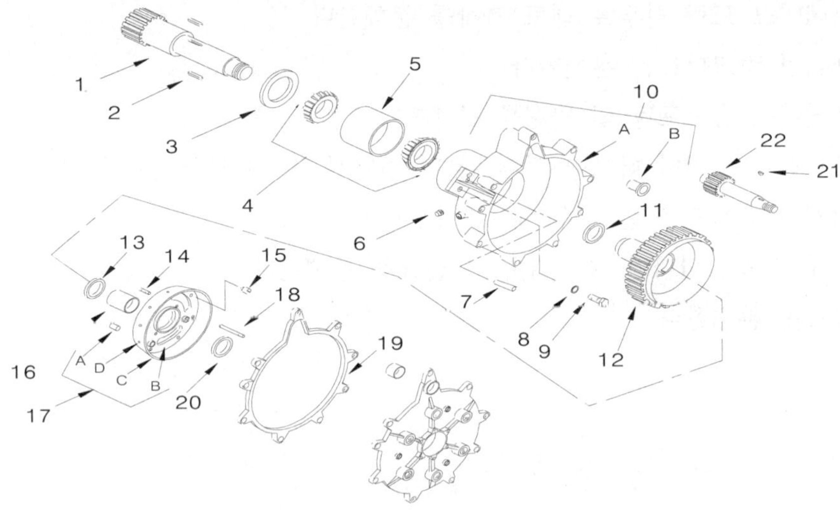

1. 축
2. 키
3. 클로우저
4. 베어링 (콘)
5. 베어링 (컵)
6. 플 러 그
7. 핀
8. 와 셔
9. 스 크 류
10. 하우징 뭉치
11. 시 일
12. 브레이크 드럼
13. 시 일
14. 스 크 류
15. 핀
16. 슬 리 브
17. 슈우 및 라이닝 뭉치
    (A) 붓 싱
    (D) 리 벳
    (C) 라 이 닝
18. 스 터 드
19. 스 터 드
20. 시 일
21. 키
22. 피니언

그림 3-84. 고저장치 하우징 뭉치 분해도

7. 방향장치

가. 방향장치 전륜기 축의 분해

(1) 방향 전륜기 기어 박스 하우징 결합체와 방향 웜휠 하우징 결합체를 연결하고 있는 축과 2개 유니버셜 조인트의 4개 테이퍼핀을 분리한다.

(2) 방향 웜휠 하우징 결합체와 철사를 풀어낸다. 4개의 육각 머리 캡나사와 평와셔를 풀어낸다. 쉼을 분실하거나 손상되지 않도록 조심하면서 방향 웜휠 하우징 뭉치를 분리한다.

(3) 유니버셜 조인트와 축을 분리한다.

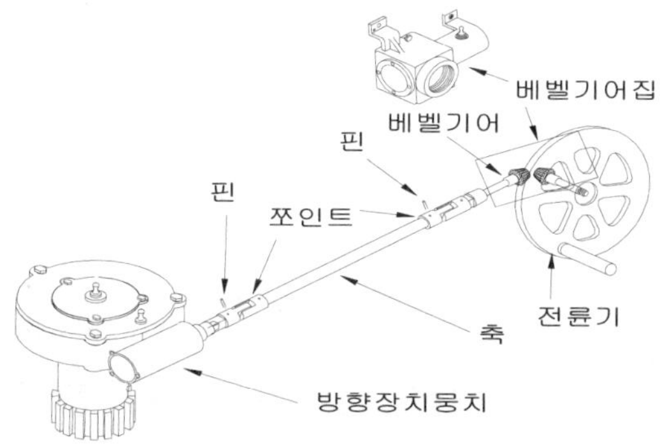

그림 3-85. 방향장치 전륜기축

(4) 방향웜휠 하우징 결합체 분해/결합절차

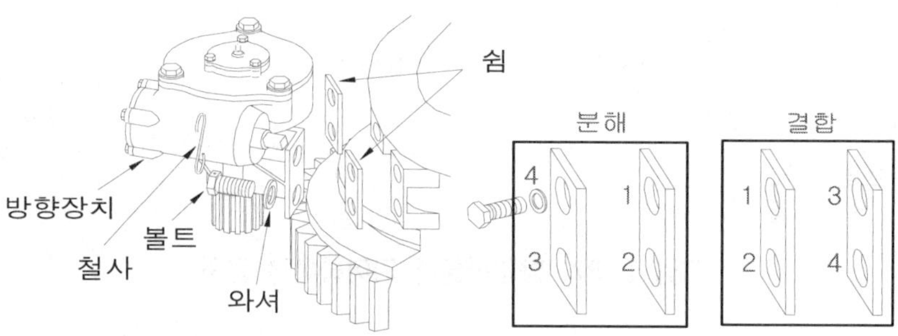

그림 3-86. 방향웜휠 하우징 결합체의 분해결합

주의) 상부포가축 암나사 파손/변형에 주의하고, 항상 순서에 의해 실시하며 분해시 방향장치를 잡아주고 분해를 한다.

분해시 4개의 육각머리나사 제거 순서는 ① → ② → ③ → ④이며, 결합시 순서는 ④ → ③ → ② → ①이다.

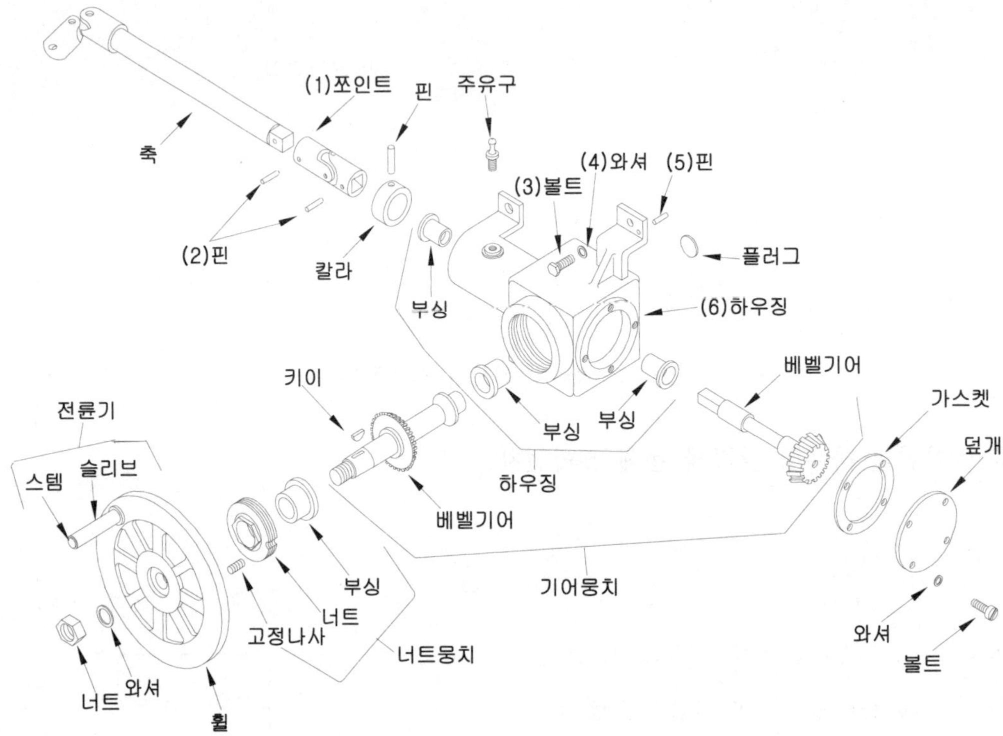

그림 3-87. 방향전륜기 기어하우징 뭉치

나. 방향 전륜기 기어 하우징 뭉치를 분리(그림 3-87)

하우징과 붓싱 뭉치(6)의 4개 육각머리 볼트(3)와 이붙이 와셔(4)를 풀어낸다.

다. 아크기어 분리(그림 3-88)

(1) 상부포가의 가이드를 조이고 있는 둥근나사(3) 13개와 이붙이 와셔(2)를 풀어낸다.
(2) 아크기어(6)를 조이고 있는 4개의 육각머리 캡나사(4)와 이붙이 와셔(5), 2개의 육각머리 캡나사(6), 이붙이 와셔(7)를 풀어낸다.
(3) 아크기어로부터 2개의 직선핀(8)을 분리한다.

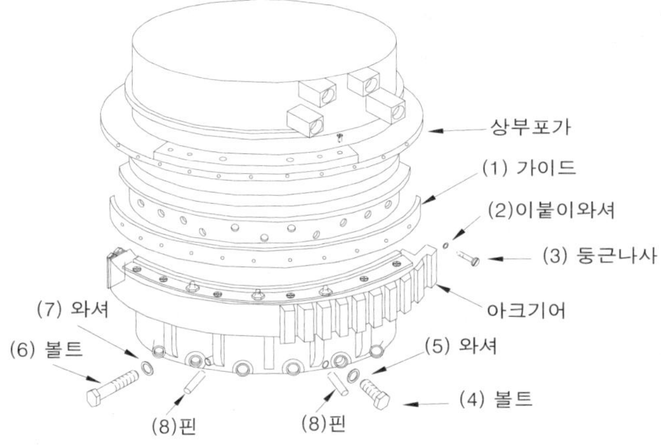

그림 3-88. 아크기어의 분해도

라. 방향장치 웜휠 하우징 뭉치 분해(그림 3-89)

(1) 3개의 육각머리 볼트(7)와 이붙이 와셔(6)를 풀고 웜휠 하우징(3)으로부터 웜 기어 덮개(8)와 쉼(5)을 떼어낸다.

(2) 웜(9)의 4각형 선단에 대고 가볍게 두드린다. 동시에 웜휠로부터 웜을 푼다. 웜이 분리될 때 테이퍼 로울러 베어링 컵(2)을 들어낸다.

(3) 웜(9)으로부터 양쪽 테이퍼로 로울러 베어링(4)을분해한다.

(4) 웜휠 하우징에서 시일(1)을 안쪽에서 밖으로 두드려서 빼낸다.

(5) 다른 테이퍼 로울러 베어링컵(2)을 하우징 내부로부터 분해한다.

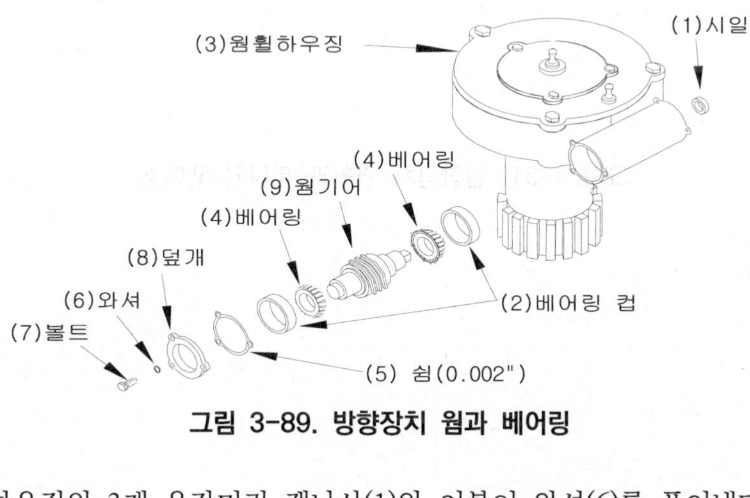

그림 3-89. 방향장치 웜과 베어링

(6) 웜휠 하우징의 3개 육각머리 캡나사(1)와 이붙이 와셔(6)를 풀어낸다. 덮개(2)와 부착된 부분품을 하우징(3) 밖으로 들어낸다. 결합체를 밖으로 들어낼 때 나무 봉으로 피니언(5)의 하부를 두드려준다.

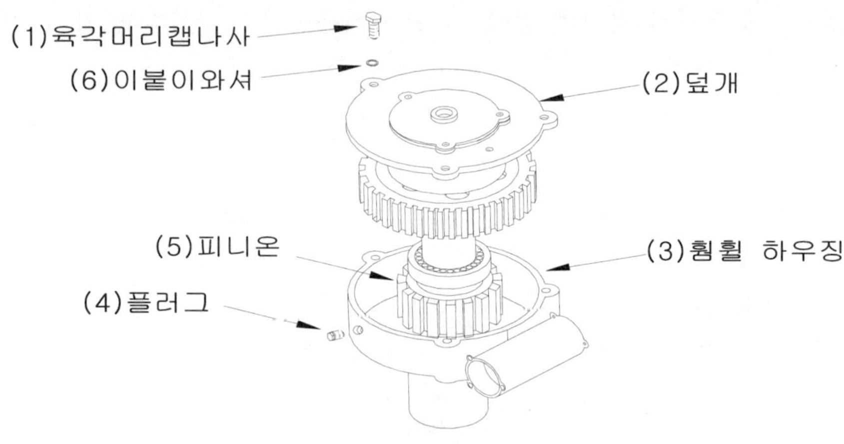

그림 3-90. 방향장치 덮개

(7) 3개의 육각머리 캡나사(7)와 이붙이와셔(6)를 풀어내고 덮개(8)를 떼어낸다.

(8) 피니언(1)의 잠금 너트(9)와 잠금와셔(5)를 풀어낸다.

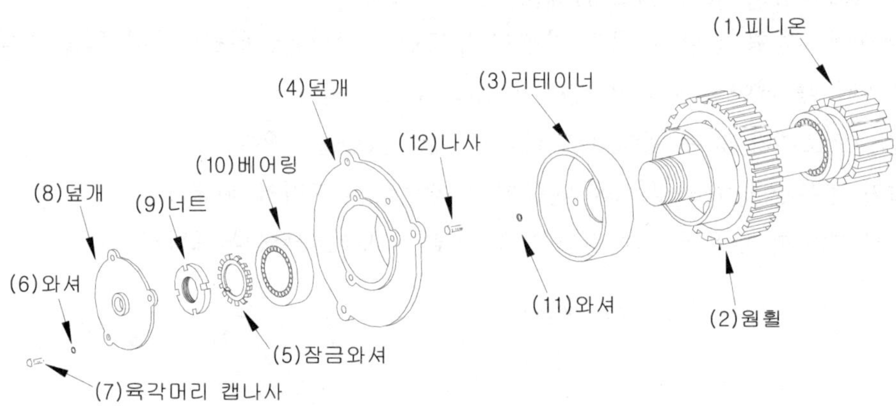

그림 3-91. 방향장치 웜휠과 피니언 베어링

(9) 그림 3-92에 명시된 것처럼 임시분해구를 사용하여 피니언과 웜휠 을 분해한다.

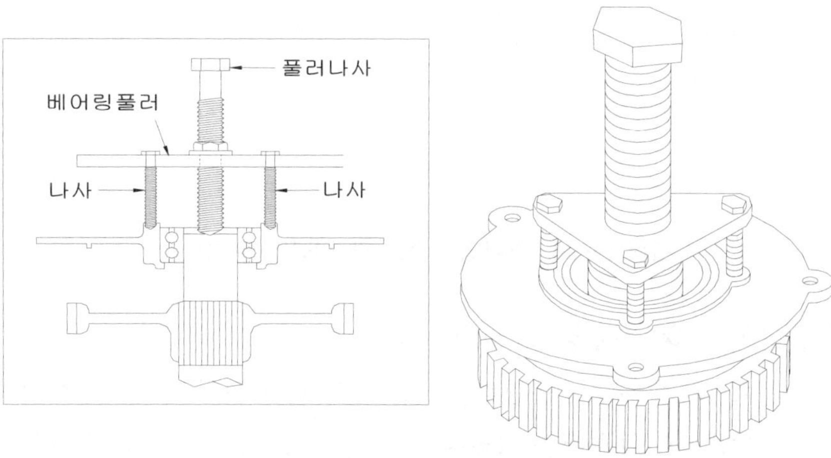

그림 3-92. 임의로 만든 분해구를 사용하여 웜휠과 피니언의 분해

(10) 그림 3-93에 명시된 것처럼 분해구를 사용하여 덮개로부터 볼 베어링(10)을 분해한다. 그리고 쉼이 있으면 떼어낸다.

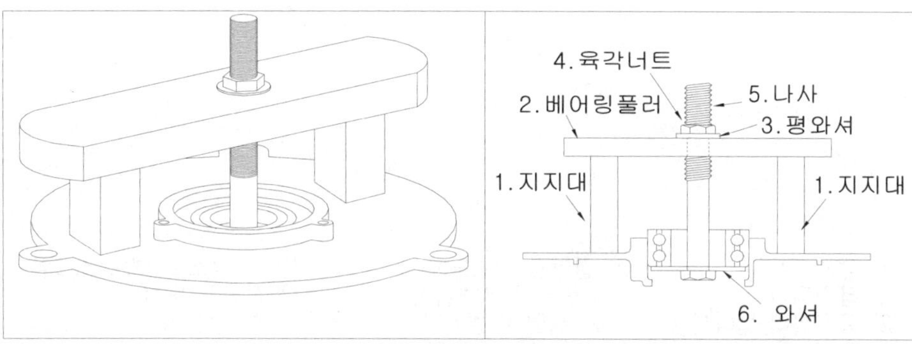

그림 3-93. 보올 베어링의 분해

(11) 둥근나사(12)와 이붙이 와셔(11)를 풀어내고 웜휠에서 리테이너(3)를 분해한다.

(12) 웜휠을 누르고 피니언으로부터 튜브 롤러베어링 및 오일 시일을 분해한다.

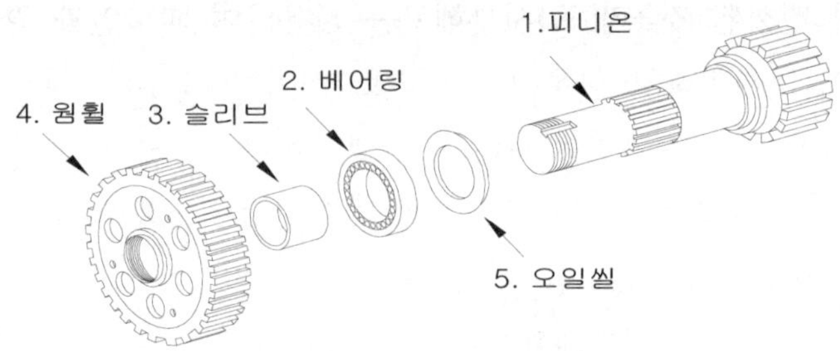

그림 3-94. 방향장치 웜휠과 피니언 분해도

마. 방향 전륜기 기어 하우징 뭉치의 분해

(1) 전륜기 뭉치(14)의 육각 풀림막기 너트(15)와 평와셔(16)를 풀어내고 전륜기(14-A)와 반달 키이(17)를 떼어낸다.

(2) 4개의 작은 나사(8)와 이붙이 와셔(9)를 풀고 덮개(7)와 가스킷(6)을 떼어낸다.

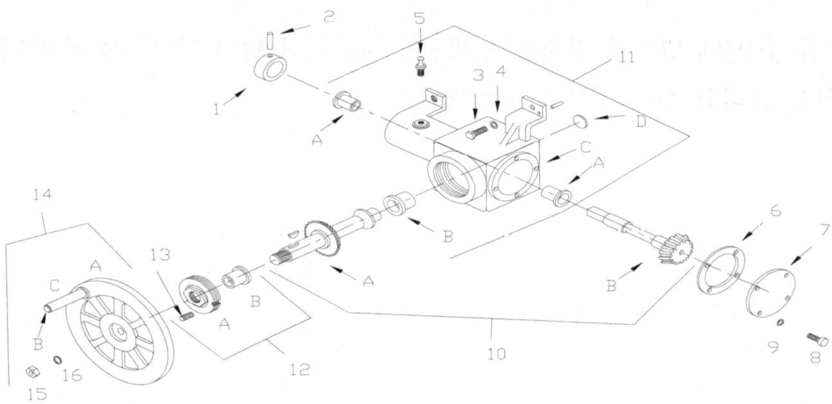

1. 멈치 고리
2. 테이퍼핀
3. 육각머리 캡나사
4. 평와셔
5. 주유구
6. 가스킷
7. 덮개
8. 작은나사
9. 이붙이 와셔
10. 결합된 기어뭉치
    A.전륜기 베벨기어
    B. 측면 베벨기어
11. 붓싱뭉치 하우징
    A. 슬리브 베어링
    B. 슬리브 베어링
    C. 하우징
    D. 1인치 플러그
12. 너트 뭉치
    A.너트 B. 슬리브 베어링
13. 육각소켓 셋트 스크류
14.전륜기 뭉치
    A. 전륜기
    B. 전륜기 스템
    C. 전륜기 핸들 슬리브
15. 육각 풀림막기 너트
16. 평와셔
17. 반달키이

그림 3-95. 방향장치 전륜기와 전륜기 기어

(3) 육각머리 캡나사를 풀고 하우징의 너트 뭉치(12)를 푼다.

(4) 하우징으로부터 베벨 기어(10-A)를 빼낸다.

(5) 베벨 기어(10-B)의 멈치 고리(1)를 고정하고 있는 테이퍼 핀(2)을 분해하고 멈치 고리를 빼낸다. 하우징 밖으로 베벨기어를 뽑아낸다.

(6) 하우징으로부터 2개의 슬리브 베어링(11-A)을 분해한다.

(7) 플러그(11-D)를 분리하고 하우징의 슬리브 베어링(11-B)을 분리한다.

(8) 너트 뭉치(12)의 슬리브 베어링(12-B)을 분해한다.

(9) 전륜기 스템(14-B)이나 전륜기 핸들 슬리브(14-C)를 교체할 필요가 있으면 전륜기에서 스템을 빼낸다. 그리고 슬리브를 빼낸다.

(10) 필요하다면 주유구(5)를 분해한다.

바. 쉼조정 및 토크력 조정

(1) 공구는 토크렌치, 3/4″, 1 1/8″, 9/16″, 13/16″, 1 7/8″소켓, 연결대, 복스대가 필요하다.

(2) 준비작업은 고정장치를 이용하여 포신을 상승시키고, 상부포가축 아래 및 윗 너트를 풀어준다. 방향장치 고정볼트(4개)와 웜기어 덮개 고정볼트(3개)는 약간(1/2회전)만 풀어준다.

(3) 쉼 조정

(가) 상부포가축 아래너트를 잡고 윗너트를 조이면서 방향전륜기에서 토크력이 20 ~ 30in-l/b이내인지 점검하며, 계속 조여도 토크력이 감소하지 않으면 하부포가의 판스프링(2개) 장력약화 또는 오결합, 파손여부를 확인 후 판스프링을 교환하거나 재결합한다.

(나) 피니언기어 너트를 조이면서 피니언기어와 아크기어를 일직선으로 일치시킨다.

(다) 방향장치 고정볼트(4개)를 조이고 방향장치 피니언기어와 아크기어 사이에 종이를 삽입하여 종이가 으깨어지지 않을 정도로 볼트 사이에 쉼(대, 중, 소)을 조정(교환)하여 토크력 측정(40in-l/b)한다.

(라) 웜기어 덮개 고정나사(3개)를 9/16″소켓으로 풀고 쉼(7장)을 빼면서 조정, 토크력은 50in-l/b 이내로 덮개나사를 너무 조이면 토크력은 증가한다.

(마) 방향전류기와 베벨기어의 유격조정은 전륜기축 너트를 조이면서 조정하되 토크력은 60in-l/b 이내로 조정한다.

화포의 이해

8. 기압식 평형기

가. 필요공구는 양구스패너 1셋, 뿔함마, 펀치이다.

나. 주의사항은 분해전에 반드시 질소가스를 완전히 배출시키고, 와셔 및 가스켓 손상에 유의한다. 내부 구성품은 재생시에만 분해한다.

다. 분해절차

(1) 질소가스주입구 마개나사를 분해하고 주기구를 설치하여 질소가스를 배출한다.

(2) 가스주입 밸브 결합체를 분해한다.

(3) 와셔 ⇒ 스크류 ⇒ 하우징 ⇒ 용수철 ⇒ 밸브 ⇒ 가스켓 ⇒ 몸체순으로 밸브결합체의 구성품을 분해한다.

(4) 공기배출 플러그2개를 분해한다.

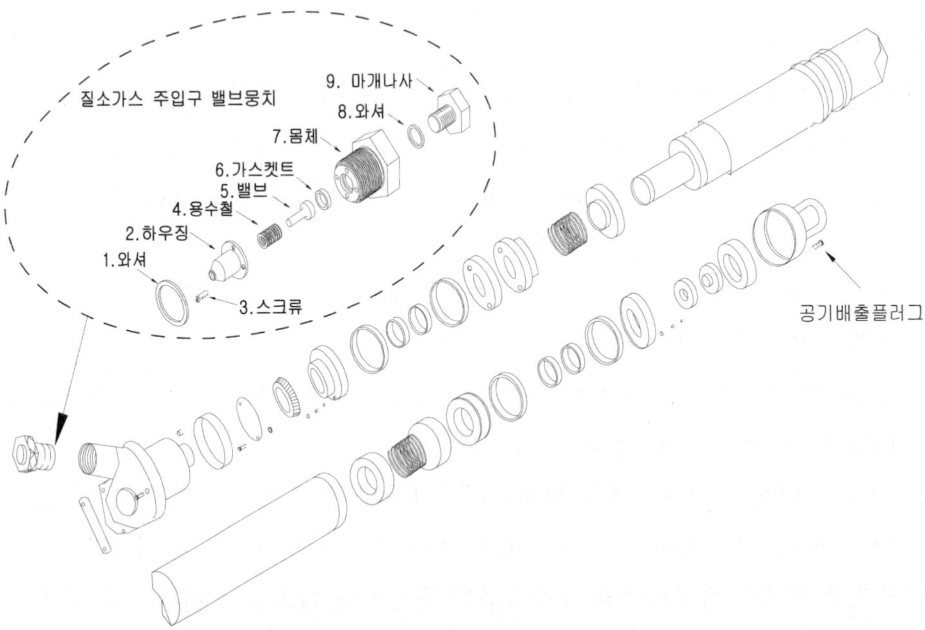

그림 3-96. 질소가스 주입구 밸브뭉치

라. 온도 조정기 교환

(1) 포신을 최저로 내리고 평형기 덮개를 열고 고정 스페이셔를 설치하여 덮개를 닫고 포신을 수평으로 위치시킨다.

(2) 앞멈치 너트와 짜개핀을 제거하고 고저장치를 이용하여 앞 멈치 앞쪽에 하중이 걸리지 않도록 한다.

(3) 뒷멈치의 떨어짐을 방지 하기 위하여 뒷 멈치를 바깥쪽을 한손으로 잡고 이그니스와 함마로 뒷멈치와 너트 와셔를 제거한다.

(4) 온도조정기 고정나사 8개(3/4″)를 제거하고 덥개를 90°로 회전 시켜 온도조정기 결합체를 제거한다.

(5) 조절 스크류를 교환하며 베어링은 평형기 뒷 멈치를 이용하여 제거

(6) 결합시 평형기를 작기레바로 지지하고 고저장치를 이용하여 뒷멈치 구멍을 일치시킨 후 평형기 뒷멈치를 결합한다, 결합이 원활하지 않을시 온도조정기를 돌려서 결합 위치를 조정후 결합한다.

그림 3-97. 온도 조정기 정비

9. 수동식 제동장치

가. 필요공구는 드라이버, 양구스패터 1셋, 뿔함마이다.

나. 주의사항은 제동기치호를 분해할 때 결합선에 표시한 후에 분해하고 이에 맞추어 결합한다.

다. 분해절차

(1) 6각머리 작은나사(16)와 와셔(15)를 분해하고 제동기 덮개뭉치(11)로부터 지지스트랩(14)을 분해한다.

(2) 앵커핀멈치(11C)의 굽은 가장 자리를 펴고 앵커제동기수유핀(13)으로부터 6각너트(10)를 분해한다.

(3) 2개의 제동기슈우스프링(17)으로부터 하부제동기슈우뭉치(18)를 갈고리에서 벗기

고 슈우와 스프링을 분해한다.

(4) 앵커핀으로부터 6각너트를 풀고 핀과 상부제동기슈우뭉치(18)를 분해한다.

(5) 2개의 마개나사(11B)를 풀고 몸통과 브래킷(11A)에서 앵커핀멈치(11C)를 분해한다.

(6) 제동기슈우(18F)에 제동기라이닝(18D)를 교정하고 있는 4개의 나사(18A), 와셔(18B), 너트(18C)를 풀고 라이닝을 분리한다.

(7) 제동기슈우(18F)로부터 부싱(18E)을 분리한다.

(8) 제동기 다이어후렘 브래킷(9)과 덮개뭉치(11)로부터 제동기 슈우작동기 캠축(1)과 평와셔(2)를 분해한다.

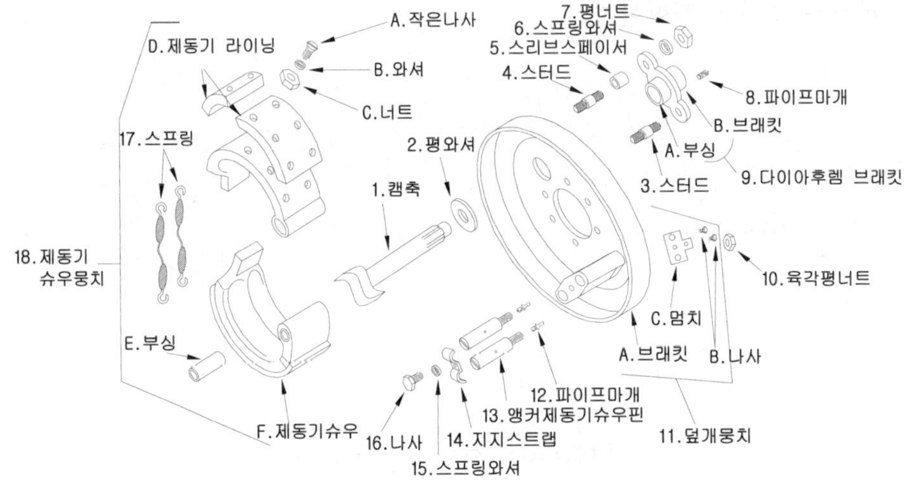

그림 3-98. 브레이크 슈 뭉치

(9) 덮개뭉치(11)안에 있는 2개의 긴 평스터드(4)로부터 평너트(7), 그림 3-98의 스프링와셔(14)를 푼다. 제동기 걸쇠판(그림3-96, 15번)과 슬리브스페이서를 분해한다.

(10) 3개의 짧은 평스터드(3)로부터 평너트(7)와 스프링와셔(6)를 풀고 덮개뭉치(11)로부터 설치 제동기 다이어후렘을 분리한다.

(11) 제동기 덮개 몸통과 브래킷뭉치(11A)로부터 5개의 평스터드를 분해한다.

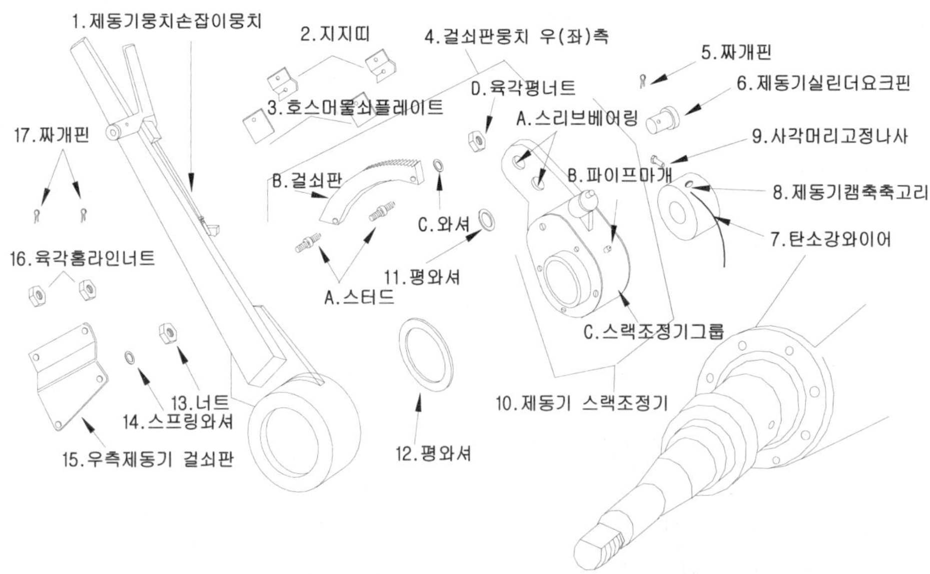

그림 3-99. 수동식 제동기 손잡이뭉치

10. 공기식 제동장치

가. 공기제동 쳄버

(1) 필요공구는 양구스패너 1셋이다.

(2) 주의사항은 내부 용수철 팽창으로 인한 안면손상에 유의한다.

(3) 공기제동 쳄버 뭉치 분해결합

가) 공기제동 쳄버를 보호관뭉치로부터 분리한다.

나) 공기앞판뭉치(6)에 앞판뭉치(2)와 제동기 쳄버 다이어후렘(5)을 고정하고 있는 클램핑 링 뭉치(1)를 분해한다.

다) 앞판뭉치(2)로부터 압축나선형스프링(3) 및 푸시로드(4)를 분리한다.

라) 공기 앞판뭉치로부터 엘보우(그림3-97, 12번)를 분리한다.

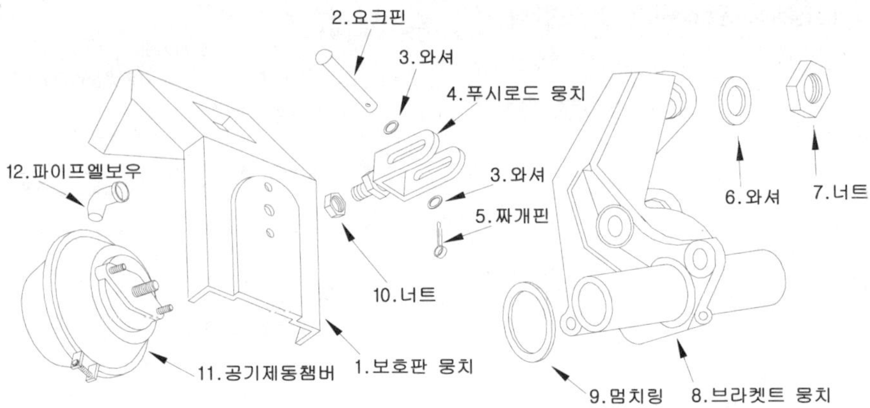

그림 3-100. 공기제동 쳄버뭉치

(3) 공기제동쳄버 분해결합

가) 클램핌 뭉치의 2개 볼트와 너트를 분해하고 플레이트를 분리한다.

나) 내부에 결합된 아래 구성품이 분해된다.

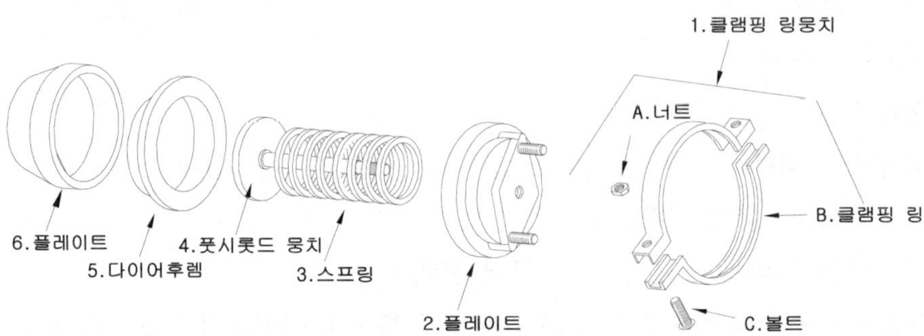

그림 3-101. 공기제동쳄버

나. 공기여과기

(1) 필요공구는 양구스패너 1셋, 조절렌치이다.

(2) 주의사항은 가스켓트 손상에 유의한다.

(3) 분해절차

가) 공기제동기호스 뭉치에 연결된 1/4인치 엘보우 파이프와 전방 공기배선 가신 브라켓에 연결된 튜브 엘보우 파이프를 분리한다.

나) 상단부의 2개 고정너트를 분해하여 여과기를 분리한다.

다) 여과기 하단의 4개 볼트와 와셔를 분해한다.

라) 몸체로부터 받침대를 분리한다.

마) 덮개로부터 받침대를 분리한다.

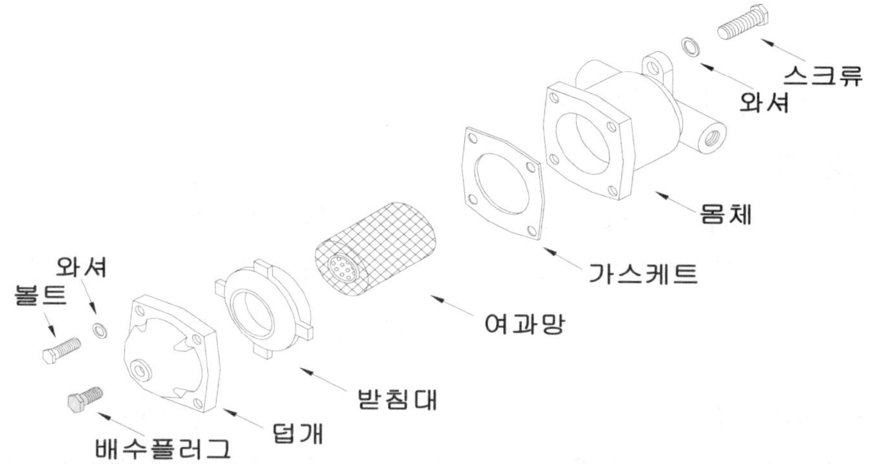

그림 3-102. 공기여과기 분해도

화포의 이해

제6절 검사정비

1. 기압식 평형기 가스압력 측정

가. 비정상 가스압력의 영향

평형기내 질소가스 압력이 정상으로 조정되어 있지 않으면 포신의 상승과 하강에 과부하가 발생하게 되어 고저작동이 어렵게 되는데 가스압력이 부족하면 포신의 상승이 곤란하고 가스압력이 과다하면 포신의 하강이 어려운 현상이 발생한다.

나. 온도 눈금 조정

평형기 온도조정기는 눈금은 질소가스 압력이 기온의 변화에 따라 압력변화에 영향을 받기 때문에 이 영향을 완화시키기 위한 장치이다.

온도조정눈금을 조정시는 화살표를 내릴 때(혹서기) 포신의 고각을 0~53mil, 화살표를 올릴 때(혹한기) 포신의 고각을 200~230mil로 각각 위치시킨 후 조정해야 한다.

포신고각을 준수하지 않은 상태에서 온도조정시는 스크류마모 및 파손이 발생한다. 평형기 온도조정시는 온도조정렌치를 사용해야 한다.

다. 측정요령

(1) 포신을 수평으로 위치하고 가스주입구 마개를 제거한다.

(2) 가스주입구에 주기구를 설치하고 밸브열개를 시계방향으로 돌려 가스 압력을 측정한다 .

(3) 가스압력을 정상압력표와 비교하여 판정을 실시한다.

(4) 재측정후 가스누출이 없을 경우 정상압력으로 조정하고 50psi이상 누출시 가스누출검사를 실시 후 가스 누출시 평형기를 교환한다.

측정하는 방법은 그림 3-103 에서 보는 바와 같이 평형기 선단에 위치해 있는 가스 주입구에 주기구를 설치하고 주기구에 압력게이지를 설치한다.

설치가 완료되면 조심스럽게 밸브 열개를 회전시키면 가스압력은 작용 되어 압력이 게이지상에 나타나게 된다. 이때의 눈금을 읽은 후 밸브 열개를 회전시켜 원위치 시키고 배기밸브를 통하여 주기구내에 남아있는 가스를 배출시킨다. 배출되는 가스의 양은 통상 10~20 psi 정도이다.

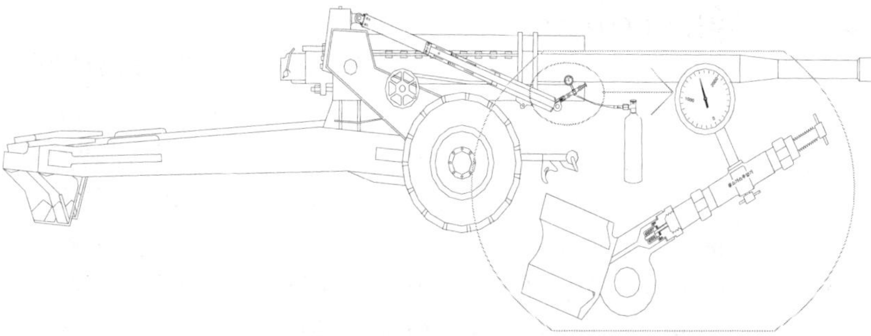

그림 3-103. 평형기 가스압력 측정

이러한 가스압력 측정작업과 더불어 평형기에 대한 정비요령을 요약하여 순서대로 정리하면 다음과 같다.

- 평형기 온도 눈금을 조정한다.
- 가스압력을 측정하여 정상압력으로 조정한다.
- 정상압력 조정후 5~6회 고 · 저 이동을 시킨다. 이때 기능장애를 일으키면 가스누출 여부를 점검 후 피스톤에서 가스가 누출되는 경우 평형기를 교환하고, 가스주입구밸브에서 가스 누출시 평형기의 질소가스를 배출 후 가스주입 밸브를 정비한 다음 질소가스를 보충한다.

라. 온도별 평형기 정상가스 압력

평형기 질소가스 압력은 대기온도 및 포신의 고각에 따라 상이하게 나타나게 되는데 이것은 보일의 법칙 또는 기체상태 방정식에서 이해할 수 있다.

평형기 가스압력은 정상 압력에서 ± 50psi까지는 허용할 수 있다.

고각을 상승시켜 평형기내 가스압력을 떨어뜨린 후 가스 주입을 하면 가능할 수 있으나 이 방법은 안전사고의 위험성을 내포하기 때문에 전시 또는 응급정비 사용해야 한다.

※ 온도별 평형기 정상 가스 압력

온 도		정상압력(KH179)	
℃	℉	kg/㎠	psi
-30	-22	92.72	1318.8
-25	-13	94.55	1344.8
-20	-4	96.38	1370.8
-15	5	98.22	1397.0
-10	14	100.05	1423.0
-5	23	101.89	1449.2
0	32	103.72	1475.2
5	41	105.56	1501.4
10	50	107.40	1527.6
15	59	109.25	1553.9
20	68	111.09	1580.1
25	77	112.94	1606.4
30	86	114.78	1632.6
35	95	116.63	1658.9
40	104	118.47	1685.0

2. 포신결합체 검사정비

가. 열리지 않는 폐쇄기정비

(1) 열리지 않는 폐쇄기는 밀폐장치(분리환, 패드, 저지축)의 팽창이나 손상 포미환, 폐쇄기 나사의 손상, 또는 작동부분의 녹 등에 의해 일어난다.

(2) 격발장치를 제거하고 단단한 나무토막으로 캠 플레이트 위에 있는 로울러를 가볍게 친다. 동시에 작동 핸들을 앞, 뒤로 당긴다.

(3) 그래도 열리지 않으면 무거운 나무토막으로 케리이를 몇 사례 때린다. 이 작업은 위의(2)의 작업과 번갈아서 이행해도 좋다.

(4) 폐쇄기가 여전히 열리지 않으면 폐비기를 폐쇄기축으로부터 분리하고 폐쇄기축의 분할핀을 제거하고 폐쇄기축을 2/3정도 뺀 다음 작동 핸들 을 앞, 뒤로 당긴다.

(5) 폐쇄기가 열린 후 폐쇄기와 포미환의 나사 및 패드를 점검하고 필요하면 수리 및 교환을 한다.

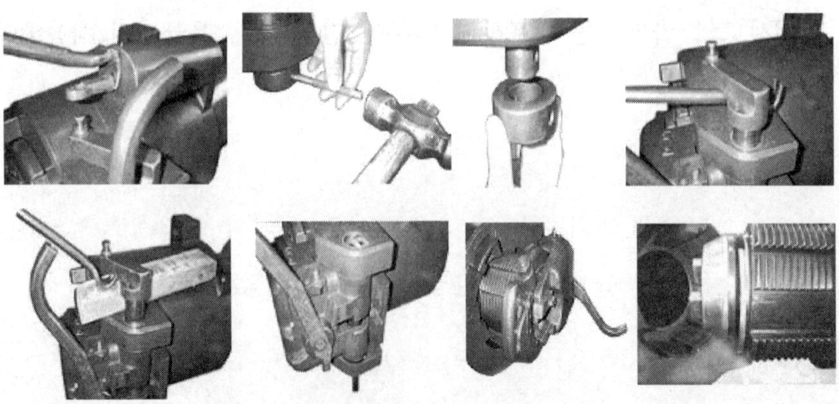

그림 3-104. 열리지 않는 폐쇄기 정비

나. 포미장치 작용검사

포미장치의 비정상적인 작동으로 인한 사격결과는 격발불능이 원인이 될 수 있으며 장약이 연소되지 않을 경우도 발생하게 된다.

포미장치에 대한 검사는 정상작동 여부를 중심으로 하며 부분품의 망실 손상 유·무를 점검한다. 기타 다음과 같은 내용을 점검하여 손상부품은 교환하고 망실된 부분품은 새로운 부품으로 결합시켜야 한다.

(1) 검사내용

가) 폐쇄기 나사 균열, 파손 여부 점검

나) 저지축 뭉치내 화공점검

다) 가스저지 뭉치의 손상 유무 점검

라) 폐쇄기 나사멈치 작용여부 점검

(2) 결함원인 및 조치

가) 폐쇄기 개폐불량은폐쇄기 나사 덧살, 손질 및 주유불량이 원인으로 폐쇄기 나사 및 기타 부분품을 손질하고 주유, 또는 교환한다.

나) 가스의 후방 누출은 가스저지원판의 마모 및 소산으로 교환한다.

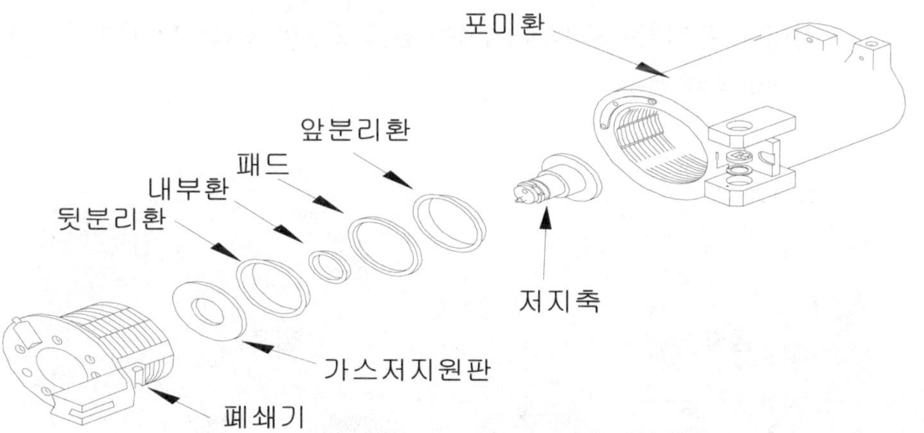

그림 3-105. 155밀리 곡측사포 포미장치 검사

다. 두격검사

두격이란 저지축 멈치 후단과 저지축 후단과의 간격을 말한다. 두격이 비정상이면 뇌관이 파손되고 뇌관자리에 가스 침전으로 저지축이 조기에 파손되는 원인이 되기도 한다. 검사에 필요한 공구는 두격 게이지, 개페렌치, 드라이버가 있다.

(1) 검사요령

M1공이틀 뭉치를 격발장치 하우징에서 제거하고 저지축 멈치 후단에 두격 게이지를 삽입하여 게이지상의 눈금을 판독하여 판정을 내린다.

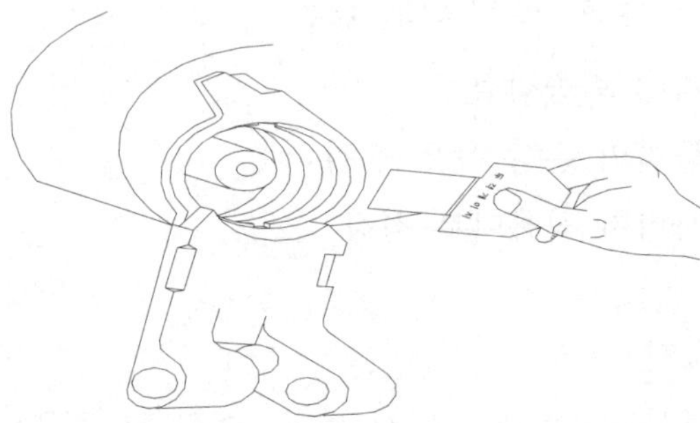

그림 3-106. 두격검사

(2) 판정

가) 저지축 멈치의 후단과 두격게이지 턱과의 간격이 1/16± 1/32″이어야 정상이다. 두격게이지 턱과 저지축 멈치 뒷면이 접촉되면 과도한 두격이므로 조정하여야 한다.

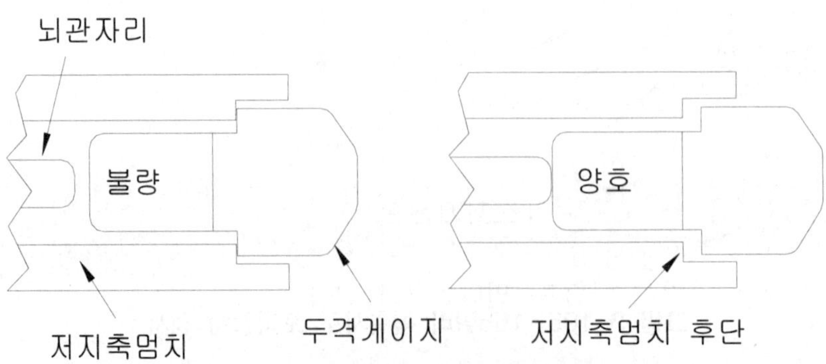

그림 3-107. 두격검사

(4) 조정

검사결과 정상 두격이 아니면 두격을 조정하기 위해서 저지축 멈치를 조일 수 있도록 폐쇄기 나사받침을 분해 후 저지축 멈치가 저지축에 완전히 결합되어 두격이 정상으로 될 때까지 개폐렌치로 조여 주면서 두격이 맞는가를 점검한다.

(5) 두격이 비정상일 경우

영향은 뇌관 파손, 격발 불량, 저지축 부품의 조기파손을 초래한다.

라. 제퇴기 검사정비

(1) 제퇴기는 사격 후 솔벤트로 포열과 제퇴기의 나사부를 손질한다.
(2) 철솔을 사용하여 제퇴기 나사부의 탄화물 및 이물질을 제거한다.
(3) 제퇴기는 발사탄수 500 EFC 이상시 또는 제퇴기에 2.54cm(1인치) 이상의 균열시 교환한다.

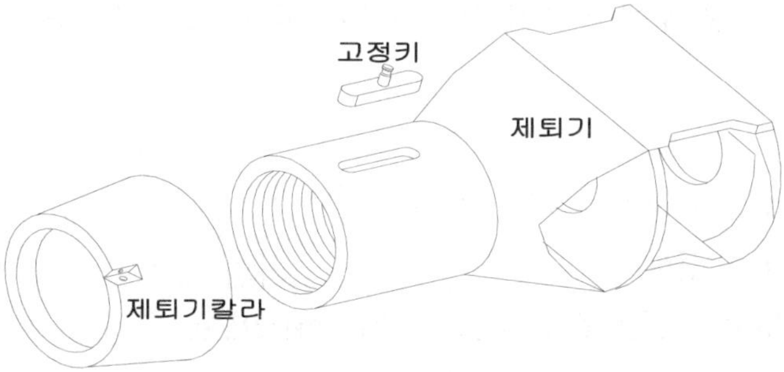

그림 3-108. 제퇴기 검사

3. 주퇴장치

가. 보유기 유량검사

주퇴기내부의 주퇴유량 적절성 여부 측정은 보유기로 측정이 가능하다. 보유기는 주퇴기내에 주퇴유를 주입하고 저장하는 구성품으로서 실린더, 피스톤, 시일, 용수철로 구성되어 있으며 외부에서 유량게이지로서 정상 여부를 측정하도록 되어있다. 검사시 필요공구에는 유량 게이지, M3 오일펌프, 일반공구가 있다.

(1) 검사요령

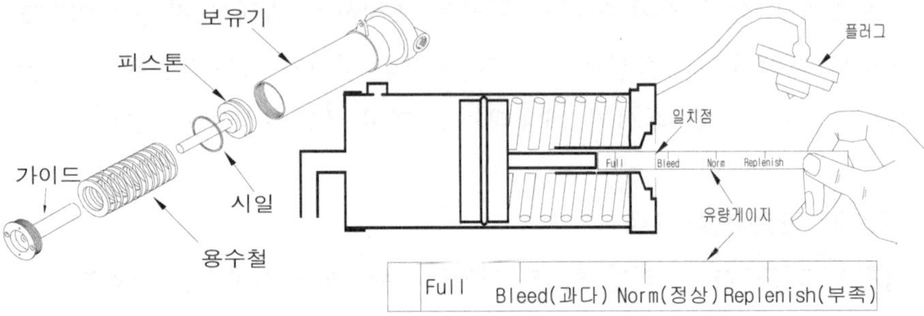

그림 3-109. 보유기 유량점검

보유기 유량상태를 측정하기 위해서는 보유기 유량 측정게이지를 사용하여 측정한다. 측정을 위해서는 그림 3-109에서 보는 바와 같이 플러그를 제거하고 게이지를 삽입하여 삽입된 양을 측정하면 된다. 이때 보유기 끝면과 게이지와의 일치점을 정확하게 읽어야 한다. 유량 측정게이지는 M3 오일펌프와 같이 보관됨으로서 측정 후에 부족하거나 과다한 비정상일 경우 즉시 조정할 수 있다.

(3) 판정

가) Bleed : 보유기 유량이 과다 상태이다.

나) Norm : 정상

다) Replenish : 보유기 유량이 부족 상태이다.

※ 보유기 정상유량

구 분	과다(Bleed)	정상(Norm)	부족(Replenish)
155밀리 HOW	3 1/2″(89mm)	5 1/2″(140mm)	7 1/2″(191mm)
8 인치 HOW	4″(102mm)	5 3/4″(146mm)	7 7/8″(200mm)

(4) 조정요령

가) 측정결과 Bleed일 경우 보유기 유량이 과도한 상태이므로 Norm까지 주퇴유를 배출시킨다.

나) Replenish에 위치해 있으면 보유기 유량이 부족한 상태이므로 Norm 선까지 주퇴유를 주입해야 한다.

다) 오랫동안 포를 사용하지 않을 경우 보유기 내부에서 오일실의 고착 현상이 발생하여 피스톤이 움직이지 않을 수 있으므로 통상 6개월에 1회 정도 주

퇴유를 배출하여 피스톤 운동을 시키고 주퇴유를 교환한다.

(5) 비정상시의 영향

가) 주퇴유가 정상보다 많거나 적음으로써 사격시 불완전한 주퇴작용이 발생한다.

5. 포가결합체 검사정비

가. 공기식 제동장치 작용검사

(1) 필요공구는 타이어압력게이지, 일반공구, 비눗물, 나사테이프, 콤프레샤가 있다.

(2) 검사내용

가) 공기호스의 공기누출 여부
나) 다이어후렘의 푸시로드 작용상태
다) 비상제동 릴레이 작용상태
라) 공기탱크의 공기 압력

(3) 검사요령

가) 포를 포차에 연결한 다음 브레이크를 누르고 제동상태를 관찰한다.
나) 제동작용이 비정상으로 작용할 때 공기 제동기에 압축을 가해 놓고 모든 에어호스, 공기 제동기호스 어댑터 및 기타 호스 연결부 공기제동기, 호스 연결기, 여과기, 다이어후렘, 비상제동릴레이에 비눗물을 칠해서 공기식 제동기의 공기누출 유무를 검사한다.

(4) 판정

가) 공기호스의 공기누출 검사결과 비누거품이 발생될 정도의 공기누출이 있으면 비정상이다.
나) 제동을 걸었을 때 푸시로드의 이동거리가 3/4″~1″(19~25.4mm) 사이를 벗어나면 비정상이다
다) 공기 탱크내 공기압력은 70~90psi가 정상이며 이를 초과하거나 너무 낮아 제동작용이 잘 안되면 비정상이다.
라) 라이닝 정상간격은 0.025~0.050″이어야 하며 이 이상을 초과하면 비정상이다.

(5) 조치

가) 공기호스에서 공기가 누출되면 즉시 교환한다.

나) 공기 압력이 비정상일 경우 공기호스와 비상제동릴레이 및 공기여과기를 점검하여 막힌 부분을 정비한다.

다) 푸시로드의 이동거리가 비정상이면 푸시로드를 3/4″~1″(19~25.4mm)가 되도록 조정한다.

라) 라이닝 간격이 비정상이면 간격 조정기를 조정하여 3번째 치호에서 제동이 걸리도록 조정한다.

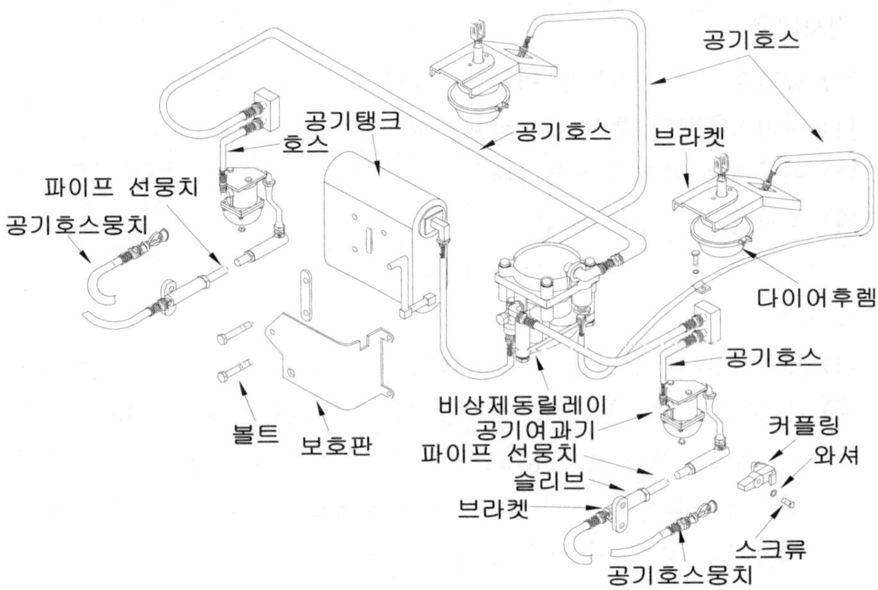

그림 3-110. 공기식 제동장치검사

나. 발사작기 작용검사

(1) 필요공구는 이그니스, 양구스패너 1셋, 함마가 있다.

(2) 검사내용

가) 정상 작용 여부

나) 각 부품 마모 및 손상여부

(3) 검사요령

가) 정상작동 여부를 점검하기 위해 최대로 상승 또는 하강시켜 보고 불규칙하게 작용되는가를 관찰한다.

나) 치호 및 기어작용 상태를 관찰한다.

(4) 판정 및 조치

가) 발사작기가 불규칙하게 작용되면 스크류나 웜기어가 마모된 것으로 스크류나 웜기어를 교환한다.

나) 와셔나 랙기어의 마모로 인해서도 역시 불규칙한 작용이 있을 수 있기 때문에 교환하여야 한다.

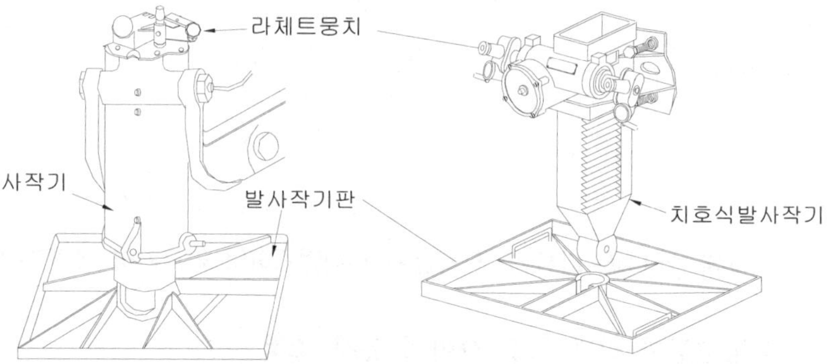

그림 3-111. 발사작기 검사

다. KH179 방향 장치 정비

(1) 방향 토크력 조정

(가) 상부포가의 그리스 주입을 용이하게 하기 위하여 포신을 상승시키고 그리스를 주입하며 폐 그리스는 공기탱크 부분의 플러그를 제거하고 배출한다.

(나) 방향토크력(상하부 포가의 간격을 조정)을 점검하기 위하여 방향 장치 4개의 고정볼트와 웜기어 덮개 고정볼트 3개의 고정나사를 약간 풀어준다.

(다) 상부포가축을 이그니스로 잡고 방향전륜기에서의 토크력 점검이 20~30in-l/b가 될 때까지 상부포가축 너트를 조여준다.

계속 조여도 토크력이 감소하지 않으면 하부 포가의 판스프링 장력이 약화 되었거나 파손되었으므로 판스프링을 교환한다.

(2) 방향장치 유격검사

(가) 방향장치의 피니언기어와 아크기어 사이의 유격 조정

1) 피니언기어와 아크기어 사이에 습자지 등과 같은 얇은 종이를 삽입하여 공 회전을 조정한다.

2) 종이가 으깨어지지 않을 정도로 3개의 쉼(大, 中, 小)을 교대로 끼워가며 조정한다. 이때의 토크력은 40 in-l/b이 된다.

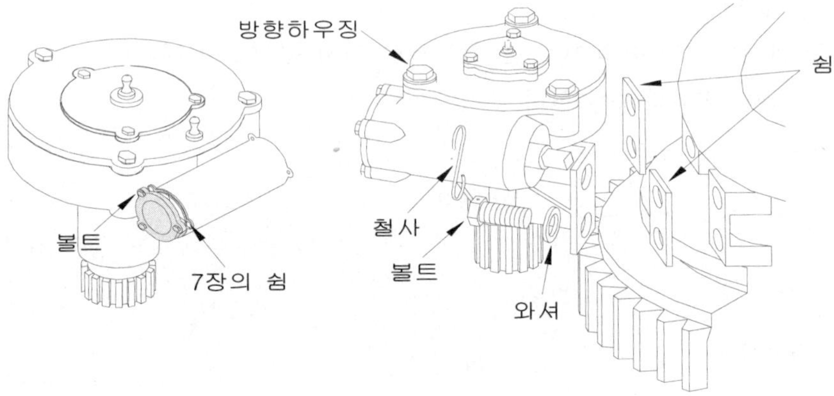

그림 3-112. KH179 방향장치 피니언기어와 아크기어 유격조정

(나) 방향장치 웜과 웜휠 사이의 유격 조정

3개의 조정너트와 7개의 쉼을 빼내어가며 조정하며 이때의 토크력은 50 in-l/b 이내가 되어야 한다. 덮개나사를 너무 조이면 웜기어의 토크력이 증가한다.

(다) 방향 전륜기의 베벨기어 유격 조정

전륜기 전면에 있는 전륜기 축 너트를 조이면서 조정하며 이때의 토크력은 60in-l/b 이내가 되어야 한다. 전륜기축 너트의 조정이 끝나면 펀칭 작업을 하여 고정시킨다.

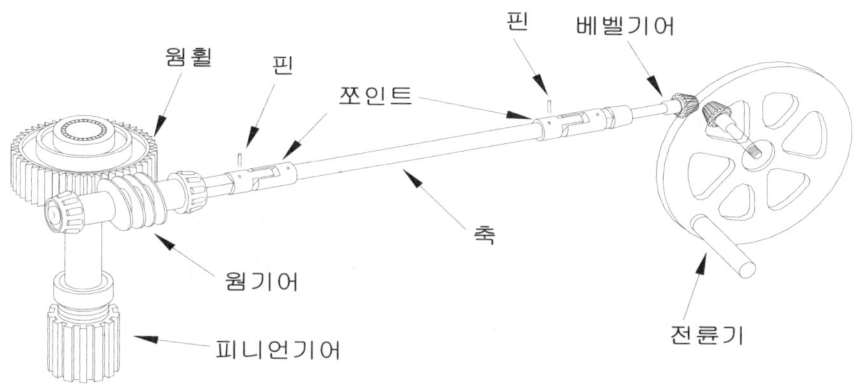

그림 3-113. 방향전륜기 베벨기어 유격조정

라. M114A1 방향 장치 정비

(1) 필요공구는 토크렌치, 3/4", 1-1/8", 9/16", 13/16", 1-7/8", 소켓, 연결대가 있다.

(2) 준비작업

(가) 고저장치를 이용하여 포신을 상승시킴(작업 편리성 보장)

(나) 상부포가축 고정너트를 1바퀴정도 풀어준다.

(다) 방향장치 고정볼트(4개)와 웜기어 덮개 고정 볼트(3개)를 1/2바퀴정도 풀어준다.

(3) 조정

(가) 상부포가축 고정볼트를 아래에서 이그니스로 잡아주고 상부포가축 너트를 1 7/8소켓과 복스대를 이용하여 조여 주면서 방향 전륜기에서 토크력이 20~30 in-l/b가 되도록 조여준다.

※ 계속 조여도 토크력이 감소하지 않으면 하부포가의 판스프링의 장력약화 및 오결합이다. 이때에는 판스프링 파손여부 확인 후 판스프링을 교환하거나 재결합한다.

(나) 방향장치 고정볼트(4개)를 조이면서 방향장치 피니언기어와 아크기어 사이에 종이를 삽입하여 종이가 으깨어지지 않을 정도로 볼트사이에 쉼(3장 : 대, 중, 소)을 조정하여 토크력이40in-l/b이내가 되도록 조정

※ 편마모시 서로 다르게 쉼 조정은 가능하나 가급적 삼가 할 것

※ 고정볼트(4개)는 항상 견고하게 조인다(토크력 과다시 쉼 조정)

(다) 웜기어 덮개 고정나사(3개)를 9/16“소켓으로 풀고 쉼(7장)을 빼면서 조정하여 토크력이 50in-l/b이내가 되도록 조정

※ 덮개나사를 조일때 토크력 증가 : 쉼을 넣어준다.

※ 덮개나사를 조여도 공회전발생 : 쉼을 빼준다.

(라) 방향전륜기와 베벨기어의 유격조정은 전륜기축 너트를 조이면서 조정하여 전체 도크력이 60in-l/b 이내로 조정한다.

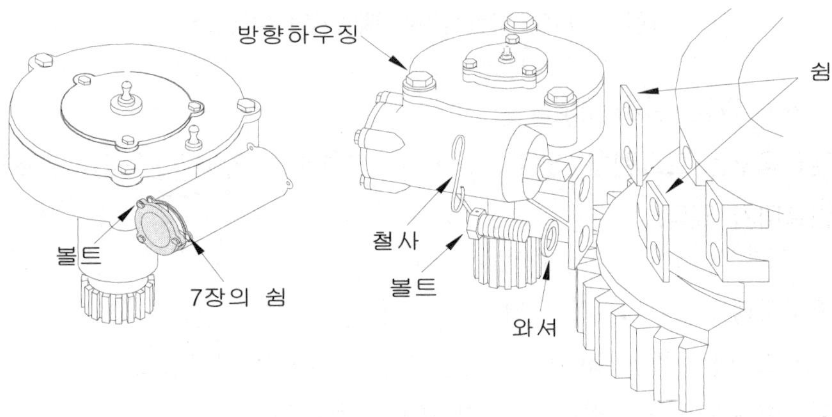

그림 3-114. M114A1 방향장치 토크력 조정

마. KH179 고저장치 미끄러짐 조정요령

(1) 클러치를 당겨서 고저장치의 하중을 제거한다.

(2) 고저장치 고정너트 2개를 풀어서 고저장치를 제거한다.

(3) 고저장치에 인양 로프를 걸어주고 구난 차량으로 들어주면서 여닫이봉을 사용하여 제거한 후 받침대 위에 놓아둔다.

(4) 라이닝과 드럼을 분해하여 녹과 이물질을 연마포로 제거한다.

(5) 결합시 클러치 고정너트를 적당히 조여서 원활한 제동이 되게 한다. 이때 클러치 고정너트를 꽉 조이면 제동이 잡히지 않고, 너무 풀어주면 제동이 풀리지 않으며, 드럼에 부식이 발생하면 근탄 발생의 주 원인이 된다.

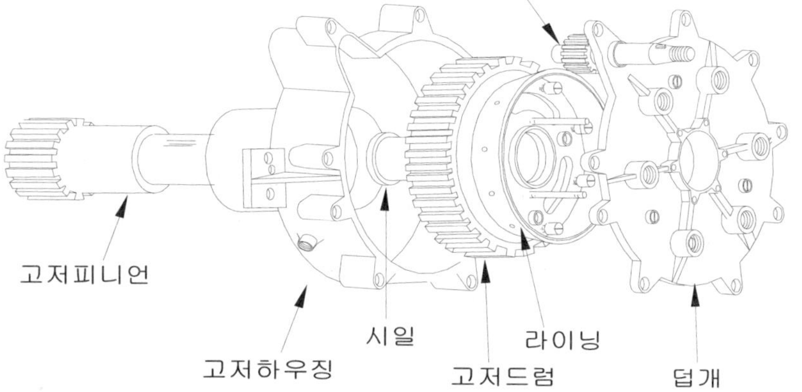

그림 3-115. 고저장치 미끄러짐 정비

바. 기타

(1) 폐쇄기 개방이 되지 않는 경우에는 폐비기 분해구로 폐비기를 폐쇄기 축으로부터 분리하고 폐쇄기축을 제거한 뒤 폐쇄기를 분해한다.
주의) M114A1은 저지축을 밀어 넣는다.

(2) 장치대 및 거리상한틀 수평조정나사는 수평조정 후 펀칭 작업을 해준다.

(3) 평형기에 질소가스를 주입할 때는 포신을 수평 상태에 두고 보충하며 질소가스 통의 압력이 정상 압력보다 낮을 시는 포신을 상승시켜 가스를 주입 할 수 있다.

(4) 고저치호 및 아크 기어는 이동멈치로 고정 하였을 때 고정되는 부분이 포의 유동으로 가장 많이 마모되는 부분이다.

(5) 우측 가신호스 절단될 때는 비상제동 작동이 좌측 가신호스가 절단되면 일반 제동이 작동하지 않는다.

(6) 비상제동 해제 방법은 화포 공기탱크의 공기를 배출하면 된다.

(7) 다이아후렘 푸시로드의 정상 작용거리는 3/4~1″이다.

(9) 트라니온축 베어링이 파손된 경우는 트라니온 축에 하중이 과다한 상태이다.

(10) 제거설치 후에는 반드시 조준감사를 실시한다.

제4장 부 록

제4장 부 록

제1절 용어해설

1. 가스 저지자리(Gas Check Seating)

폐쇄기의 가스 저지축이 밀착되는 약실의 입구를 말하며, 가스 저지자리는 사격시 강력한 약실 가스 압력이 누출되는 것을 방지해 주는 역할을 함

2. 감손 우라늄(減損, DU : Depleted Uranium)

질량수가 235인 우라늄의 함유량이 존재 백분율 0.715%인 천연상태의 우라늄보다 존재비가 낮은 우라늄을 말하며, 일명 열화우라늄이라고도 함. 감손 우라늄은 천연우라늄에서 235U를 분리하고 난 나머지, 또는 핵원료로서 235U만을 핵분열(연소)시킨 후의 사용 후 핵연료를 처리할 때 생김

3. 감청(紺靑, Prussian Blue)

청색안료로서 1700년경 베를린에서 발견하여 베를린 블루 혹은 프러시안 블루라고도 함. 화학명은 핵사시아노철(II) 산철(III)칼륨이며 화학식은 KFe [Fe(CN)6]임

4. 강선(腔線, Rifling)

탄환이 비행간 안정을 유지할 수 있도록 회전을 시켜주는 역할을 하는 총신(銃身)·포신(砲身) 내부에 나선형으로 파여진 홈을 말함. 강선은 강저와 격장으로 이루어짐

5. 강저(腔底, Groove)

총포의 강선에서 홈같이 파인 부분, 즉 격장과 격장사이를 말함

6. 격장(隔墻, Land)

총포의 강선에서 돌출된 부분, 즉 강저와 강저 사이를 말함

7. 동제화(銅製化, Brass Impingement)

화포 사격시 포신의 가열로 인해 포탄 탄대부의 동(銅) 성분이 포강내부에 접착되는 현상을 말함

8. 기선부(基線部, Origin of Rifling)

포강내에서 강선이 시작되는 부분. 즉 포탄 발사시 탄대가 강선에 물리기 시작하는 곳. 기선부는 포탄이 비행간 중심을 유지하게 하는 역할을 하며, 포강내에서 가장 많이 마모되는 부분임

9. VEL-MIX-STONE

석고의 일종. 물과 혼합하면 단시간내 굳어지는 성질이 있기 때문에 미세하고 정교한 부분의 상태를본뜰 때 이를 물과 반죽하여 사용함

10. 부식(腐蝕, Corrosion)

공기, 습기, 약품, 가스, 곰팡이 등 생물학적, 화학적 작용에 의해 포신의 내·외부가 썩어 들어가는 것을 말함

11. 소진 약협(燒盡藥莢, Combustible CartridgeCase)

기존 약협의 재질인 동, 철 및 천과는 달리 주 성분이 솜(Cotton)과 유사한 에너지 물질인 니트로셀룰로오스(NC ; Nitrocellulose) 섬유를 사용하고, 물리적 특성을 향상시키기 위해 천연펄프, 합성섬유를 혼합하고, 기계적 특성을 개선하기 위해 수지 및 포신 마모 감소재 등을 첨가하여 제조한 약협. 금속 약협과 비교시 생산비가 저렴하고, 사격 후 약협의 제거가 필요 없으며, 자동 장전이 용이하고, 추진탄에 대한 추진 에너지 부가 가능, 포신의 마모 감소 등 많은 장점이 있으나, 견고성이 부족하여 외적 환경요인에 의한 내부 화약의 손상이 우려됨

화포의 이해

12. 약협(藥莢, Cartridge Case)

총포에 사용되는 탄약에서 탄두의 추진력을 제공하는 추진장약을 수용하는 용기를 말함. 약협의 제질은 일반적으로 특수 조성 진유(황동)를 사용하지만 탄종에 따라 강철, 알루미늄, 종이 등도 사용됨

13. 연단(鉛丹, Red-lead, Minium)

황색이 도는 적색 안료로서 화학식은 Pb3O4(사산화삼납)이고 광명단(光明丹) 또는 적연(赤鉛)이라고도 함. 납을 용해한 후 공기를 통과시켜 황색의 산화납(PbO)로 만든 다음 400~450℃의 고열로 산화시켜 만들며, 철의 방청제 페인트로 사용됨

14. 완전장약당량(完全裝藥當量, EFC : Equivalent Full Charge)

해당 화포에서 사용하는 포탄중 기준되는 주 탄종이나 최대 장약을 사용하여 포탄약을 발사했을 경우를 계수 1로 적용 한 것을 말하며, 이를 완전장약당량 1발이라 함.

15. 자국주물 검사(Impression Casting Inspection)

석고의 일종인 VEL-MIX-STONE을 사용하여 손상된 부위의 자국을 본떠 그 상태와 깊이를 검사하는 방법, 일반적으로 이러한 검사는 구경이 작은 화포의 포강내 생긴 미세한 손상 부위의 상태나 깊이 등을 측정할 때 적용함

16. 잔여 수명 (殘餘壽命,Remaining life)

화포의 기본 수명에서 현재까지 사격한 실적을 감하여 산출한 수명을 말하며, 일반적으로 완전장약당량(EFC)으로 환산된 발수로 표시함

17. 주물 쐐기(Casting Stop)

자국주물 검사시 손상 부위의 자국을 본뜨기 위해서 VEL-MIX-STONE 반죽을 부을때 반죽이 불필요한 곳으로 흐르지 않도록 차단하기 위해 만들어 사용하는 도구

18. 침식(浸蝕, Erosion)

물, 바람, 고압가스 등 물리적, 기계적 압력에 의해 포신의 내부가 깎이거나 패이는 것

19. 탄약 악작용(彈藥 惡作用)

사격, 시험, 장비 저장중에 각종 폭발사고 및 불발 등 탄약의 비정상적 기능이 나타나는 것

20. 포강(砲腔 : Cannon Bore)

포신내부 약실로부터 포구까지의 원통형 부분. 총기류는 총강(銃腔, Rifle Bore)이라고도 함

21. 포신(砲身 : Cannon Tube/Tube, Barrel of a Gun)

각종 화포의 몸통. 탄약이 장전되어 발사되는 부분. 일반적으로 포열이라는 용어와 동의어로 사용되며, 총기류에서는 총신 또는 총열(Barrel) 이라고 함.

※ 현재 군에서는 포신과 포열이라는 용어를 구분하여 사용하는데, 포신은 포미환과 포열이 결합된 것을 지칭하며, 포열은 포신에서 포미환이 제외된 나머지 부분만을 지칭함

22. 화학작용제 방호 코팅(CARE : Chemical Agent Resistant Coating)

각종 금속이 화학물질로부터 보호될 수 있도록 표면에 칠하는 도료

제2절 조준감사

1. 정 의

조준감사란 고각 및 방향상으로 방렬하는데 있어서 방향 포경의 조준선이 포신 축선과 평행이 되도록 정렬하고 확인하는 과정이다.

2. 조준 감사 시기

이동 후, 사격전, 평상시 주1회 실시한다.

3. 조준 감사 방법

시험 표적방법, 원거리 조준점 방법, 겨냥틀 방법이 있다.

4. 조준 감사 기재

포구용 감사망, 포미용 감사공, 시험표적, 공구, 추선이 있다.

가. 포구 포미 조준감사구

포구 포미 조준감사구(감사망과 감사공)는 표준각 방법을 제외한 모든 조준 감사시에 필요하다. 만일 감사망이 없으면 포구에는 실과 같은 선을 이용하여 십자 세선을 만들고 감사공이 없을 때는 폐쇄기를 닫고 공이 구멍으로 대치한다.

나. 시험표적

시험표적은 조준감사와 기본 정기 시험시 포신과 방향 포경에 대한 정확한 조준도표이다(그림 4-1, 4-2 참조). 시험표적을 지면의 평탄 부분에 설치하고 안정을 유지하기 위하여 시험표적을 시험표적대에 결합한다. 시험표적의 수평유지를 위해 추선을 설치하고"밀" 눈금을 표시한다. 포이가 수평이 아닐 때에는 시험표적을 포이 수평에 필요한 양 만큼 동일한 방향으로 기울이기 위하여 수직참조선을 이용한다.

야간 조준감사를 위하여 시험표적상의 나비날개 중앙에 1.6밀리의 구멍을 뚫고 두꺼운 천으로 구멍을 덮는다. 야간에는 이 구멍을 통해 손전등을 시험표적 뒤에서 비추어 줌으로써 그 불빛의 점을 조준점으로 사용한다. 주의해야 할 사항으로는 시험표적을 자대에서 제작시 규격에 맞도록 정밀하게 제작되어야 한다. 그렇지 않을 경우 조준감사가 절차에 의해서 정확히 실시되었다 하더라도 조준 감사는 실제로 되지 않은 것과 같다.

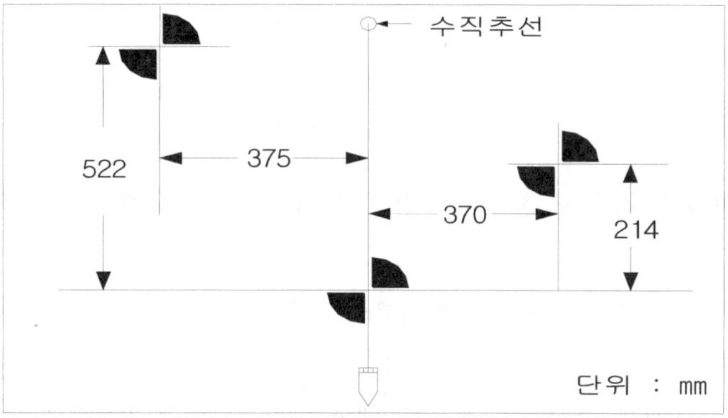

그림 4-1. 105밀리 곡사포 시험표적지

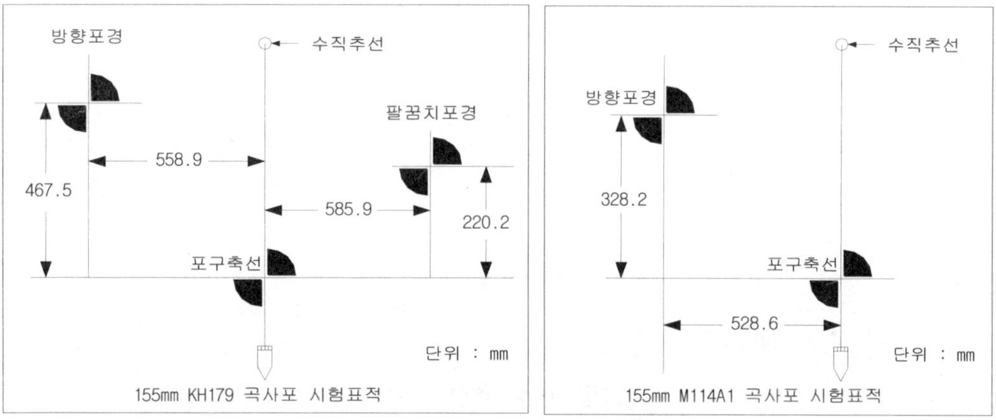

그림 4-2. 155밀리 곡사포 시험표적지

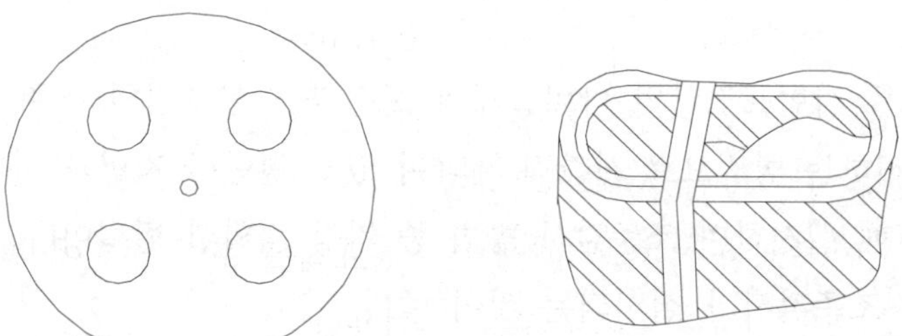

그림 4-3. 포구, 포미 조준감사구

다. 공구

반장비에는 조준감사에 필요한 모든 공구가 보급된다. 조준감사에 사용되는 공구는 그 장비에 해당하는 공구만 사용되어야 하며 기타의 공구 사용은 사격통제기재를 쉽게 파손 또는 마모시킨다.

라. 추선

추선은 시간적 여유를 가지고 조준감사와 시험을 하기 위하여 사용되며 다음과 같이 준비된다.

먼저 포구 전방 1.5m 정도 거리의 편리한 곳에 추선을 매어달고, 정확한 조준감사와 시험을 위하여 추선은 가능한 최대고각까지 포신을 조준할 수 있도록 충분히 길어야 한다. 매어 단 추선의 끝에 추를 달아 추선을 팽팽하게 하고 물 또는 기름이 담긴 용기속에 추를 중간쯤 잠기도록 넣어 추의 흔들림을 방지한다(그림 4-4 참조).

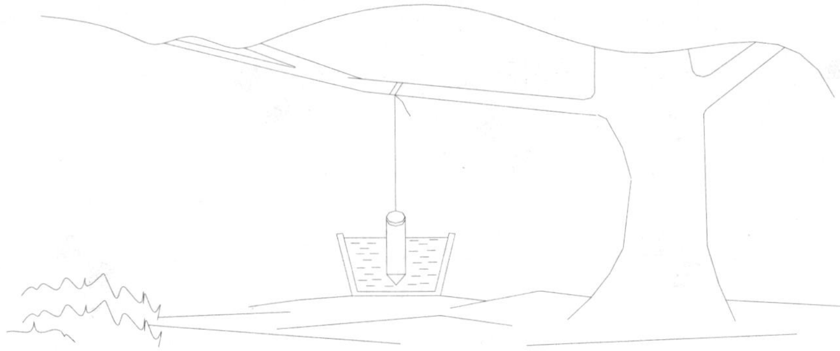

그림 4-4. 추선 설치

5. 시험표적 방법

가. 개요

시험 표적 방법은 시험표적상의 나비날개의 포신과 방향포경의 조준선을 각각 일치시켜 조준감사를 실시하는 방법으로 시간적 제약이 있고 평탄한 지면과 시험표적을 놓을 수 있는 공간이 있을 때 실시하며 조준감사 방법 중 가장 정확한 방법이다. 그러므로 가능한 이 방법에 의해서 조준감사가 실시되는 것이 좋다.

나. 준비작업

시험표적 방법 전 준비작업은 평탄한 지면에 포를 위치하고 포신을 중앙에 위치시킨 뒤

감사망과 감사공을 설치하고, 추선, 사수상한틀 그리고 방향포경 장치대상에 표시해 놓은 선을 사용하여 포신을 수평하게 한다. 포신 수평에는 추선을 사용하는 방법이 가장 좋다. 사수상한틀 반사시험에서 결정된 수정량을 적용하여 상한틀을 사수상한틀 자리에 놓고 포신의 고각을 "0" mil이 되게 한다. 방향포경 장치대의 고저 및 수평수포를 중앙에 맞춘다.

다. 포신 수평 점검 요령

(1) 추선에 의한 방법

추선을 설치하고 포구를 통해 감사망, 감사공 그리고 추선이 일직선이 될 때까지 포신을 이동한다. 포신을 고각한계까지 올리고 내리는 동안 포구감사망, 감사공, 추선이 항상 일치하여야 한다. 만약 일치되지 않을 경우 가신을 올리거나 내려서 일치시킨다. 상기 절차를 반복하여 가신을 조정 추선과 포구를 통한 감사망의 십자 세선과 일치되면 포신이 수평된 것이다.

(2) 방향포경 장치대상에 표시된 선을 이용하는 방법

추선 또는 사수상한틀 방법을 사용할 수 없을 때 적용되며 기본 정기시험을 끝낸 후 표시한 선을 맞추고 방향포경 장치대 수평수포가 중앙에 올 때까지 가신을 올리든가 낮추어서 포신을 수평시킨다.

(3) 사수상한틀 방법

추선 방법을 사용할 시간적 여유가 없는 야전에서 포신을 수평하게 하기 위한 방법으로 반사시험을 마친 점검된 사수상한틀을 사용한다. 상한틀의 모든 가늠자"0"눈금을 지표에 맞춘다. 수평판을 부주퇴 피스톤로드 멈치위에 놓고 그 위에 사수상한틀을 포신축과 평행되게 놓는다.

사수상한틀의 수포가 중앙에 올 때까지 낮은쪽의 가신을 올려 조정한다.

라. 조준감사 요령

(1) 곡사포 전방 50~100m 사이에 시험표적을 위치시킨다.

(2) 시험표적을 정렬한다.

(3) 포신을 움직이지 않고 시험표적을 상 · 하 · 좌 · 우로 움직여 시험 표적상의 중앙 나비날개가 포미감사공과 포구감사망의 십자세선이 일치하게끔 포구를 통해 조준 정

렬한다.

(4) 정렬을 완료하고 시험표적을 고정시킨다.

(5) 방향포경좌 감사

포경좌 감사는 상한틀 자리 수정과 사각가늠자 수정으로 나누어진다.

(가) 상한틀자리 수정

상한틀자리 수정은 내측 상한틀자리 수정과 외측 상한틀자리 수정으로 나누어지며 그 절차는 다음과 같다.

(나) 내측 상한틀자리 수정

점검된 사수상한틀에"0"눈금을 맞춘 다음 상한틀을 내측 상한틀자리에 올려놓고 수포를 관찰했을 때 수포는 중앙에 와 있어야 한다. 만일 수포가 1/2밀을 초과하면 포경 장치대 상의 2개의 조임나사를 풀어주고 중앙에 있는 구심나사를 조정해서 수포를 중앙에 맞추고 조임나사를 조여준 다음 재 점검 한다.

(다) 외측 상한틀자리 수정

외측 상한틀자리 수정은 내측 상한틀자리 수정이 완료된 후 실시하며 점검된 사수상한틀에"0"눈금을 맞춘 다음 외측 상한틀자리에 올려놓고 이때 수포를 관찰한다. 수포는 중앙에 맞아 있어야 한다.

만일 수포가 1/2밀을 초과하면 사격기재반에 정비 의뢰한다.

(라) 사각 가늠자 수정

방향포경 장치대의 고저 및 수평수포를 중앙에 맞추고 사각 가늠자를 점검한다. 이때"0"눈금은 지표와 일치하여야 한다. 만일"0"눈금과 지표가 일치하지 않으면 가늠자 판상의 두개의 나사를 풀고 사각 가늠자판을 이동시켜 맞추고 나사를 조여 준 다음 점검한다.

사각 나눔 가늠자를 점검한다. 이때 나눔 가늠자의"0"눈금은 지표와 일치하여야 한다. 만일 맞지 않으면 사각 손잡이 상의 3개의 나사를 풀고 가늠자를 이동시켜서"0"눈금과 지표를 일치시키고 나사를 조여준 다음 재점검한다.

(6) 방향포경 검사 및 수정

(가) 방향포경의 탄젠트 나사가 견고하게 결합되었는가 확인한다.

(나) 방향포경의 모든 가늠자의"0"눈금을 지표에 일치시킨다.

(다) 방향포경의 수직세선이 시험표적상의 좌측 나비날개의 수직세선과 일치하는가 점검한다. 만일 맞지 않으면 조임나사를 풀고 탄젠트 나사로 조정한 후 조임나사를 조이고 조정을 확인한다.

(라) 방향포경의 수직세선이 시험 표적상의 좌측 나비날개의 수평세선과 일치하는가 점검한다. 만일 일치하지 않으면 포경 상단의 고저 손잡이를 조정하여 수평세선을 맞춘다. 이 때 고저 작은 지표와"0"눈금이 일치하지 않으면 고저 손잡이 상단에 있는 3개의 나사를 풀고 손잡이를 잡은 다음"0"눈금이 지표와 일치하도록 돌려서 맞춘 후 3개의 풀어진나사를 다시 조이고 조정을 확인해야 한다.

6. 원거리 조준점 방법

가. 개요

원거리 조준점 방법은 지형이 협소하고 시간적 여유가 충분하지 못한 야전 상황에서 비교적 많이 사용된다. 원거리 조준점은 적어도 포로부터 1,500m떨어져 있어야 한다. 이와 같은 조준점은 포신의 기계적인 축과 방향 포경의 조준축이 원거리 조준점에서 교차하므로 1/2밀 이하의 적은 각을 형성하기 위한 거리가 된다.

나. 준비작업

(1) 포신을 방향상으로 중앙에 위치시키고 대략 원거리 조준점 방향으로 지향시킨다.

(2) 포구 및 포미에 조준 감사구를 설치한다.

(3) 정확한 포신 수평은 요구되지 않으나 가능한 정확히 하는 것이 좋다.

(4) 모든 기재와 포가를 견고히 한다. 이것은 조준 감사 실시도중 불필요하게 포 또는 사수 통제 기재를 건드려서 일어나는 조준 감사의 오차를 방지하기 위한 것이다.

(5) 반대 시험으로 점검된 사수 상한틀을 사용하여 포신의 고각을 "0"밀에 맞춘다.

(6) 방향 포경 우감사를 실시한다.

(7) 방향 포경 장치대의 고저 및 수평 수포를 중앙에 맞춘다.

다. 조준 감사 요령

(1) 포미 감사공을 통해 보면서 포구 감사망의 십자세선이 원거리 조준점에 맞추어질 때까지 포신을 방향과 고저 상으로 움직인다.

(2) 방향 포경 조정

방향 포경의 모든 가늠자의"0"눈금을 지표에 일치시키고, 방향 포경 장치대의 수평 수포를 중앙에 위치시킨다. 방향 포경의 조임 나사를 풀고 탄젠트 나사를 조정하여 원거리 조준점에 방향 포경의 수직세선을 조준한 후 풀어진 조임 나사를 다시 조여 준다.

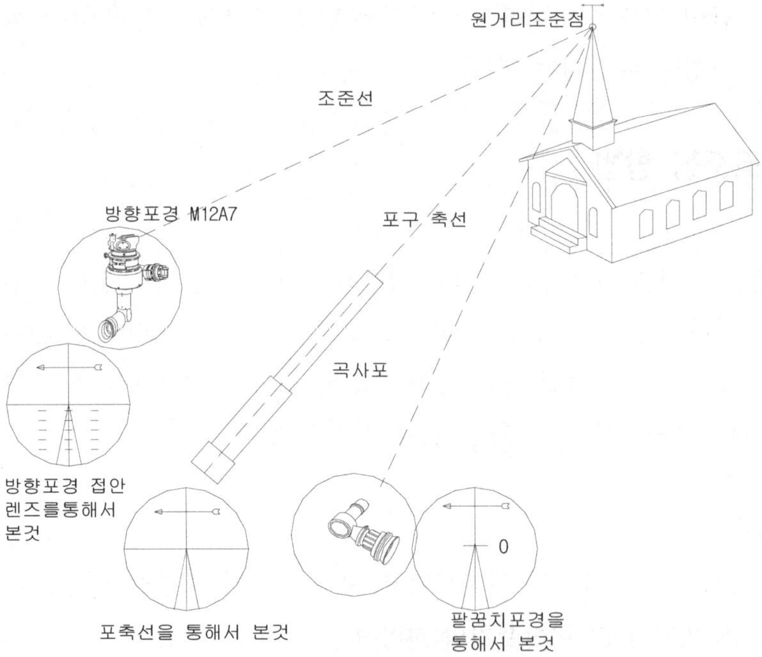

그림 4-5. 원거리 조준점 방법에 의한 조준감사

방향 포경의 고저 손잡이를 사용하여 원거리 조준점에 수평세선을 조정하여 맞춘다. 이때 고각 작은 지표와"0"눈금이 일치해야 되는데 일치하지 않을 경우는 수정한다. 방향 포경을 장치대에서 떼었다가 헐겁지 않은지 또는 탄젠트 나사가 너무 단단히 조여지지 않았는지를 확인하기 위하여 다시 제자리에 설치해 본다. 이때 재점검 조정되어야 한다.

7. 겨냥틀에 의한 방법(코리메타)

시험표적 원거리 조준점 방법으로 조준감사를 못할 때 실시하는 방법으로 겨냥틀 망선의 "0" 수직 눈금과 포구 감사망의 수직선과 일치 겨냥틀 방법은 시험표적 원거리 조준점 방법 표준각 그리고 방향틀 조준감사 방법이 사용될 수 없을 때, 사용되며 이 방법은 겨냥틀망선의 "0" 수직 눈금에 포구에 설치된 감사망의 수직선을 일치시킴으로써 방향상의 오차를 수정할 수 있다.

가. 조준감사 요령

(1) 겨냥틀을 포구 전방 약 10m (30피트)거리에 설치한다.

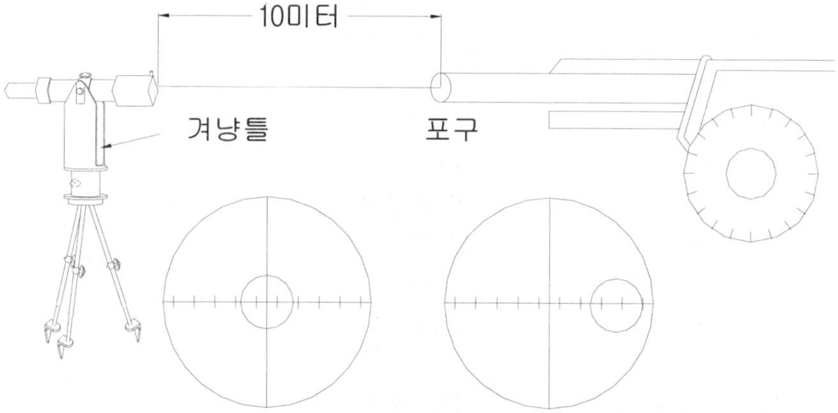

그림 4-6. 겨냥틀에 의한 조준감사

(2) 포구를 통하여 포미 감사공에서 보이는 포구 감사망의 수직선과 겨냥틀 망선"0"눈금을 일치시킨다.

(3) 포신을 움직이지 않고 방향포경의 모든 수치를"0"으로 맞추고 겨냥 틀을 조준하여 방향 포경상에서 보이는 겨냥틀의 망선수치(이때 겨냥틀의 좌측 망선부분이 보임)와 방향 포경의 좌측 망선 수치가 일치하도록 탄젠트나사를 조정하여 맞춘다.

제3절 화포 부수기재

1. 105밀리 곡사포 부수기재

순번	재 고 번 호	품　　　명	1문당기준수	비　고
1	6110-00076-0065	전원공급용바테리상자	1	
2	1240-00066-6065	코리메타(겨냥틀)	1	
3	1240-00878-5566	원거리 전원통제	1	
4	1290-00344-4652	신관돌림기 M26	1	
5	1290-00764-7761	신관돌림기 M27	1	
6	1290-00300-8033	신관돌림기 M28	1	
7	1290-00966-9318	신관돌림기 M63	1	
8	1290-00535-7617	겨늠대	2	
9	1290-00891-9999	사수 상한틀	1	
10	1240-00759-7781	팔꿈치 포경	1	
11	1240-00917-6433	방향 포경	1	
12	1015-00759-7781	방아끈 6″	1	
13	1015-00678-7110	손질솔	1	
14	1015-00558-3758	손질솔 덮개	1	
15	1015-00529-5783	포구 마개	1	
16	1015-00559-1873	탄환 빼기	1	
17	4933-00723-8954	감 사 공	1	
18	1090-00699-0633	손질봉	3	
19	6920-00714-8907	시험표적지	1	
20	4933-00730-6159	불발탄 제거기	1	
21	4933-00723-1161	신관렌치 M18	1	
22	4933-00622-4479	렌치(주퇴복좌기용)	1	
23	4933-00723-0851	렌치스패너(신관)	1	
24	1015-00523-0374	손질솔(소)	1	
25	1015-00603-9322	테일라이트 연결코드	1	
26	1015-00653-4198	기재상자	1	
27	1015-00089-9634	포 카바	1	
28	4930-00274-5711	그리스 주입공구	1	
29	4930-00556-0682	여닫이봉	1	
30	7025-00072-4946	테일라이트	1	
31	4930-00287-8474	수동식 주입구	1	

순번	재 고 번 호	품 명	1문당기준수	비 고
32	7240-00160-0455	손질통(손질용)	1	
33	5120-00239-8251	플라이어	1	
34	5140-00712-4170	공구쌈지	1	
35	5120-00222-8852	평드라이버(1/4″× 4″)	2	
36	5120-00278-1283	평드라이버(5/16″× 6″)	1	
37	5120-00293-3138	평드라이버(1/8″× 2″)	1	
38	5120-00224-3136	복스렌치	1	
39	5120-00240-5328	렌치 15/16″× 8″	1	
40	5120-00423-6728	렌치 11/16″× 15″	1	
41	4933-00550-6661	M3오일펌프(스크류식)	1	
42	4933-00626-4157	배유기	1	
43	4933-00622-4486	공기 조절기	1	
44	1290-00824-7245	신관 돌림기상자(M26, 28)	2	
45	1290-00654-5472	등명구 상자	1	
46	1290-00653-7993	겨늠대 주머니	1	
47	1240-00653-7993	거리상한틀 카바	1	
48	1240-00658-2823	방향포경카바 M412	1	
49	1290-00535-7629	겨늠대 등명구 M14	2	
50	1290-00654-3648	방향포경등명구 M19	1	
51	1290-00769-0564	등명구 M36	1	
52		정비교범	1	
53		주유명령서	1	

화포의 이해

2. 155밀리 곡사포 부수기재(M114A1)

순번	재 고 번 호	품 명	1문당기준수	비 고
1	1240-00066-6065	코리메타(겨냥틀)	1	
2	1240-00878-5566	원거리 전원통제	1	
3	6110-00076-0065	전원공급용바테리상자	1	
4	1290-00344-4652	신관돌림기 M26	1	
5	1290-00300-8033	신관돌림기 M28	1	
6	1290-00966-9318	신관돌림기 M63	1	
7	1290-00535-7617	겨늠대 M1A2	2	
8	1290-00891-9999	사수 상한틀	1	
9	1240-00917-6428	방향포경 M12	1	
10	1025-00557-0485	뇌 관 집	1	
11	1025-00860-5446	뇌 관 띠	1	
12	1025-00730-7400	손질 솔	1	
13	4933-00730-7183	공이구멍 손질솔	1	
14	4933-00601-9667	화공 손질구	1	
15	1025-00557-6513	손질솔 덮개	1	
16	4933-00722-5952	두격게이지	1	
17	1025-00600-6780	방아끈 6~	1	
18	1025-00566-3789	포구마개	3	
19	1025-00546-5945	포탄 장진기	1	
20	1030-00730-7416	불발탄 제거기	1	
21	4933-00501-2216	뇌관 구멍 손질구	1	
22	1005-00650-7349	부속 공구 쌈지	1	
23	4933-00723-8962	조준 감사구	1	
24	4933-00520-7129	개폐 렌치	1	
25	1090-00563-7232	손질 봉	6	
26	4933-00723-1161	공이틀뭉치 분해구	1	
27	1025-00557-3641	탄약 운반구	1	
28	4933-00723-1161	신관렌치 M18	1	
29	5210-00723-0275	렌치 스패너	1	
30	4933-00616-7037	렌치 스패너	1	
31	5120-00224-1388	지렛대	1	
32	5120-00224-1388	와이어 부러쉬	1	
33	1025-00072-4944	테일라이트 연결코드	1	
34	1025-00072-4946	테일라이트	1	
35	5140-00653-4193	공구상자	1	

순번	재 고 번 호	품 명	1문당기준수	비 고
36	1025-00713-8607	공구쌈지	1	
37	1025-00713-4630	포 카버	1	
38	1025-00711-0403	작기 커버	1	
39	4930-00274-5711	그리스 주입구	1	
40	5120-00265-7462	함마	1	
41	5120-00242-5300	육모렌치	1	
42	2540-00653-7589	PAULIN(시트)	1	
43	4933-00712-2378	주퇴유펌프(수동)	1	
44	5140-00650-5103	공구쌈지	1	
45	5120-00293-3180	평드라이버	1	
46	5120-00278-1283	평드라이버	1	
47	5120-00236-2140	평드라이버	1	
48	4933-00626-4157	배 유 기	1	
49	5120-00423-6728	개폐렌치	1	
50	5120-00240-5328	렌 치	1	
51	5120-00264-3777	렌치 스패너	1	
52	1290-00824-7245	신관돌림기 상자(M26)	1	
53	1290-00768-9300	방향포경등명구 M34	1	
54	1290-00654-5472	겨늠대등명구상자 M21	1	
55	1290-00653-7993	겨늠대 주머니	1	
56	1290-00535-7629	겨늠대 등명구 M14	2	
57	7240-00160-0455	손질통	1	
58	4933-00723-0851	신관렌치 M16	1	
59		주유명령서	1	
60		정비교범	1	

3. 155밀리 KH179 부수기재

그림번호	국가재고번호	품명(부품번호)	기준수
1	1290-00764-7761	신관돌림기 M27 (7647761) Fuze Setter	1
2	4933-00723-0851	신관렌치 (7230861) Fuze Setter M16	1
3	4933-00723-1161	신관렌치 (7231161) Wrench, Fuze Setter, Combination	1

그림번호	국가재고번호	품명(부품번호)	기준수
4	1290-00078-4367	신관돌림기 M34(20006839) Fuze Setter	1
5	1290-00201-3507	신관돌림기 M35(20006870), 1172019 Fuze Setter	1
6	1290-00535-7617	겨늠대 M1A2(7687114) Post, Aiming	1
7	1290-00653-7993	겨늠대 주머니 M40(6537993) Cover, Aiming Post	1
8	1025-99600-6780	격발끈, 1.8m(6006780) Lanyard, Firing	1

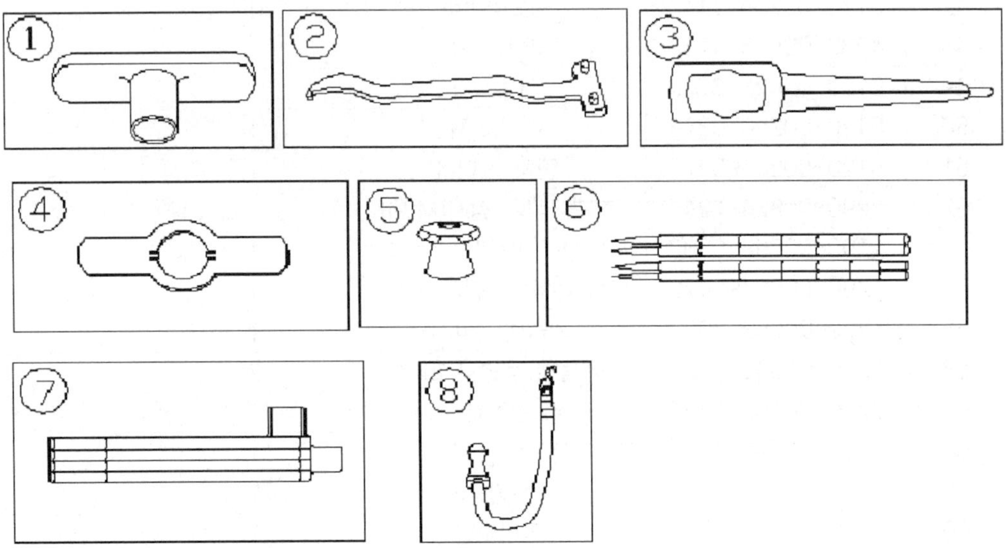

그림번호	국가재고번호	품명(부품번호)	기준수
9	1025-37140-1359	격발끈 7.6m (20006829) Lanyard, Firing	1
10	1025-00730-7400	포구 손질솔 (8765994) Brush, Cleaning, Artillery	1

그림번호	국가재고번호	품명(부품번호)	기준수
11	1025-00557-6513	포구 손질솔 주머니 (5576513) Cover Assembly, Brush	1
12	1030-00730-7416	포탄 장진 헤드 (7307416) Rammer, Loading	1
13	1025-00563-7232	장진봉 1.2m (7309228) Staff, Section	8
14	1025-01044-2587	장진봉 0.6m (20006847) Staff, Section	1
15	1030-00859-4511	약실 세척 스폰지 홀더 (20006840) Holder, Chamber, Swabbing	1
16	1025-00072-4946	테일 라이트 (8426965) Light, Blackout	1
17	1025-37140-1366	테일 라이트 케이블 (8426960) Cable Assembly	1

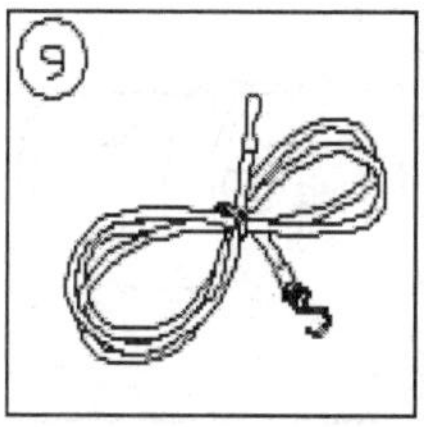

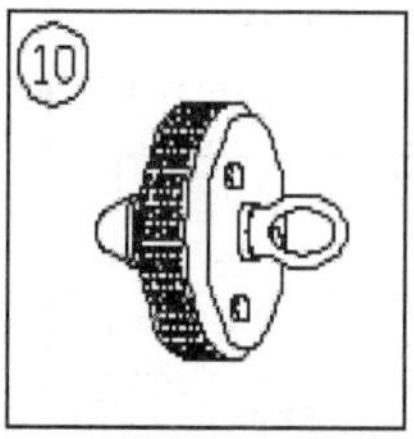

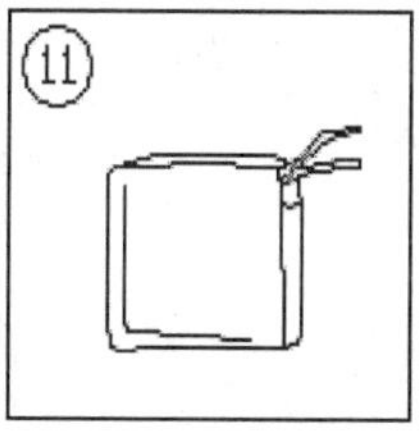

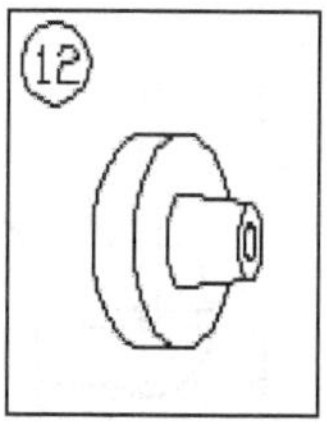

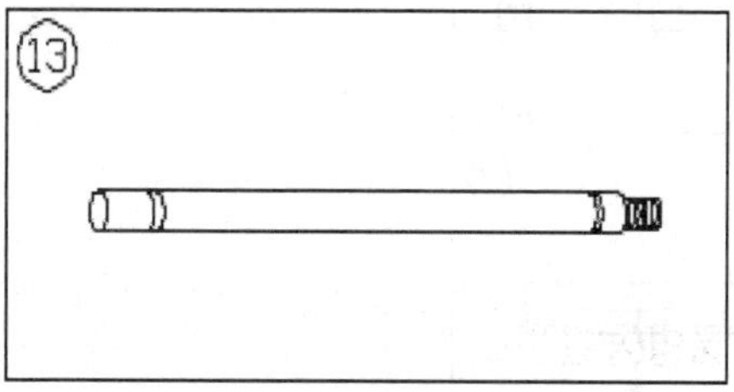

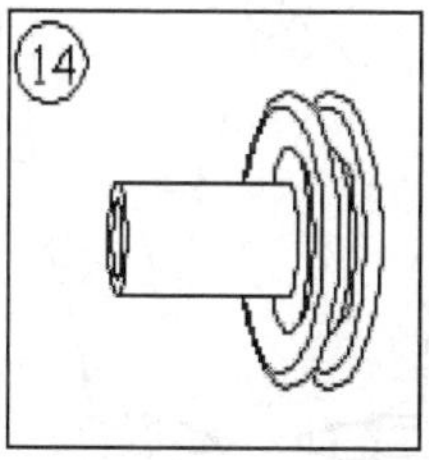

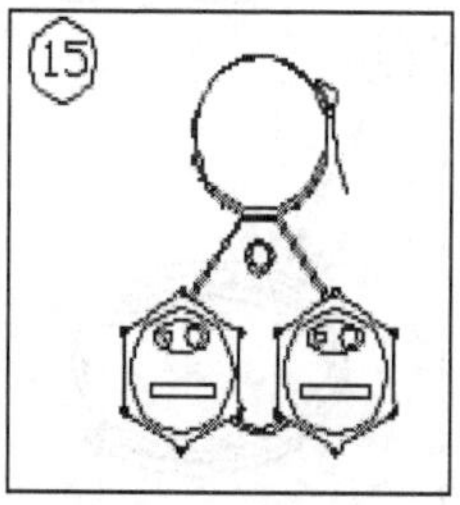

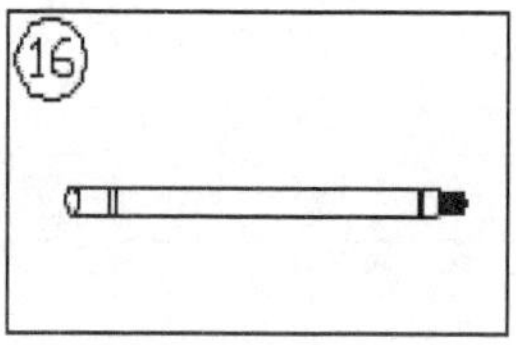

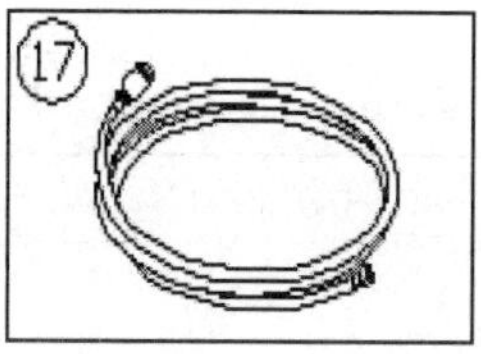

그림번호	국가재고번호	품명(부품번호)	기준수
18	4933-00712-2378	주퇴유 펌프 키트(20006950) Pump Kit, Hydraulic Oil, Gun Recoil	1
18-1	4933-00449-6811	어댑터	1
18-2	4933-00449-6812	어댑터	1
18-3	4933-00449-9644	캡	1
18-4	4933-00449-6900	나무상자	
18-5	7240-00826-4099	펀 넬	1
18-6	4933-00449-7166	펌 프	1
18-7	5210-00600-5757	자	1
18-8	5120-00187-7129	렌 치	
18-9	4930-00449-6636	호 스	
19	1025-00566-3789	포구마개(7309257) Plug, Muzzle	1

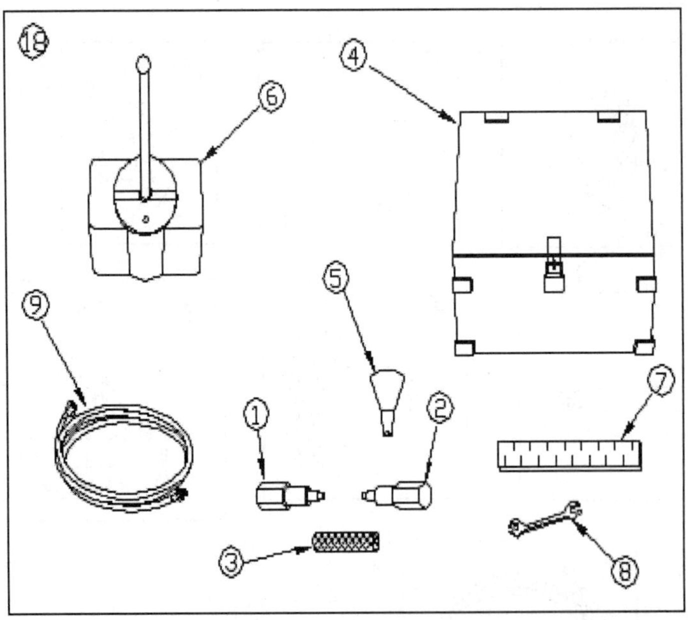

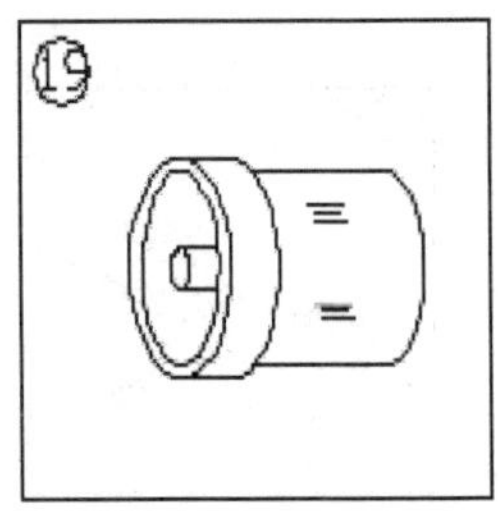

그림번호	국가재고번호	품명(부품번호)	기준수
20		사수상한의 KM1A2 및 케이스(1173246) Quadrantm Fire Control, Gunner's and Case, Carrying	
20-1	1290-00150-8898	사수상한의 KM1A2(20007871),11731007	1
20-2	1290-00769-2958	사수상한의 케이스 KM82(7692958)	1
21	1290-00169-1934	겨늠대 등명구 KM58(200007731),1173095 Light, Aiming Post	1
22	1290-00169-1935	겨늠대 등명구 KM59(200007744),1173096 Light, Aiming Post	1
23	1290-37140-1355	조준감사기 KF814 (20007691) Alinement Device	1
24	1025-00895-9182	격발장치 뭉치(20004482), 8767203 Firing Mechanisem Assembly	1
25	1025-37140-1185	패드(가스저지판) (20004461) Pad, Obturator	1

20
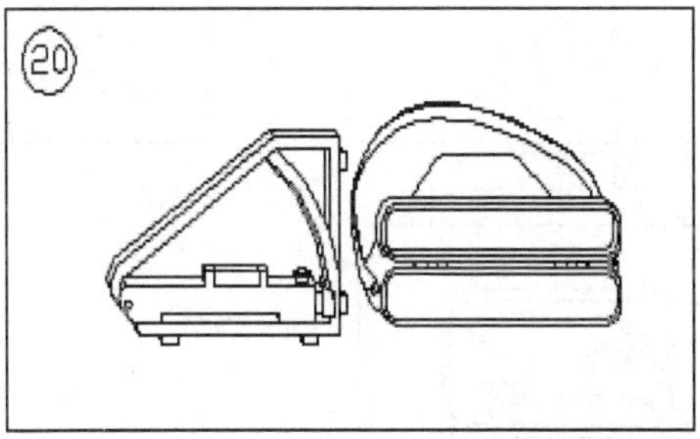

21
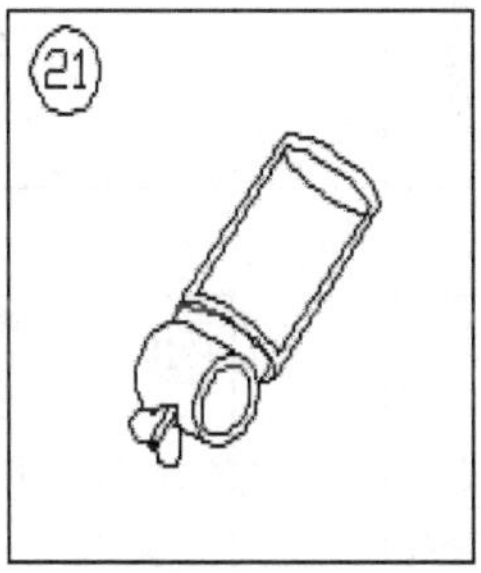

22
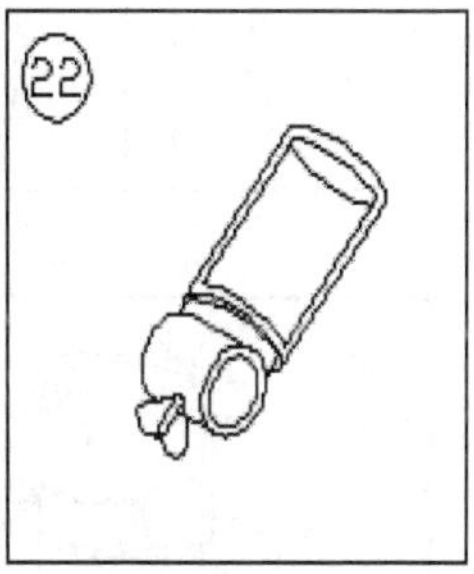

23

24
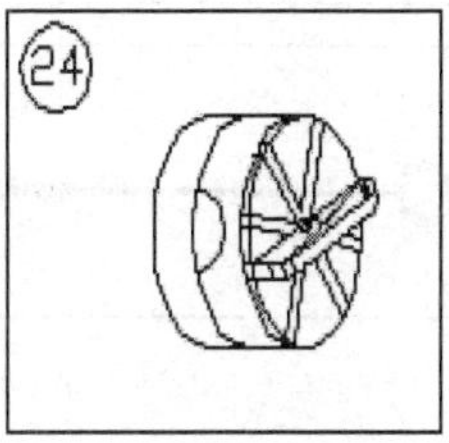

25
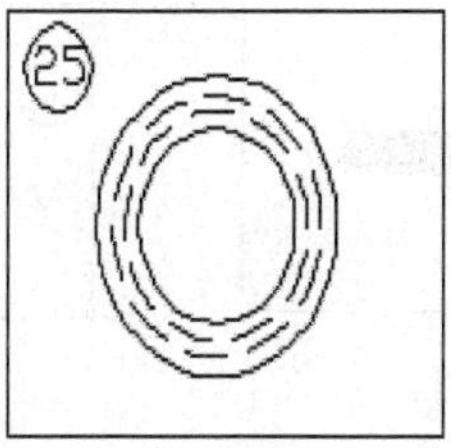

그림번호	국가재고번호	품명(부품번호)	기준수
26	1025-37140-1357	앞짜개링(앞분리환) (20004508) Ring, Split, Front	1
27	1025-37140-1358	뒷짜개링(뒷분리환) (20004509) Ring, Split, Rear	1
28	1025-00042-5307	칼퀴(20004471), 11578080 Extractor, Cartridge	1
29	1025-01038-5608	공이(20004475), 11578911 Pin, Firing	1
30	1290-37140-1354	조준 방광구(20007746) Beacon Sight	1
31	1240-37140-1356	포경 상자 KF815(20007681) Case, Telescope	1
32	4933-00226-6129	뇌관자리 세척리머(20006844), 8769912 Reamer, Assembly	1
33	4933-00601-9667	화공 손질구(공구, 화공손질용) 6019667 Cleaning Tool, Vend	1

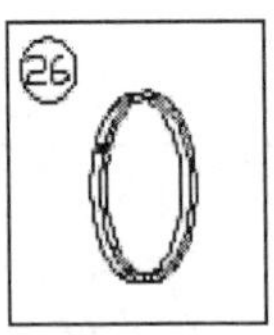

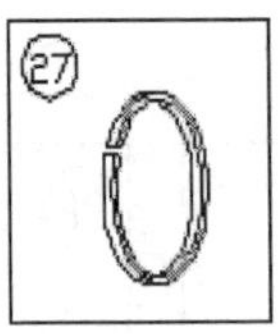

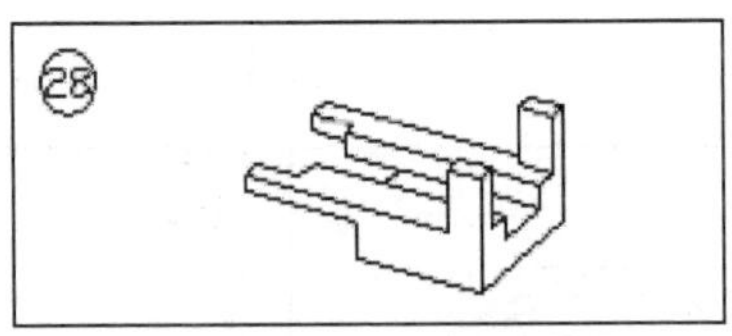

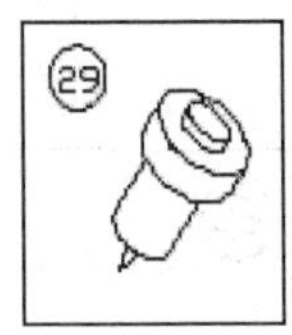

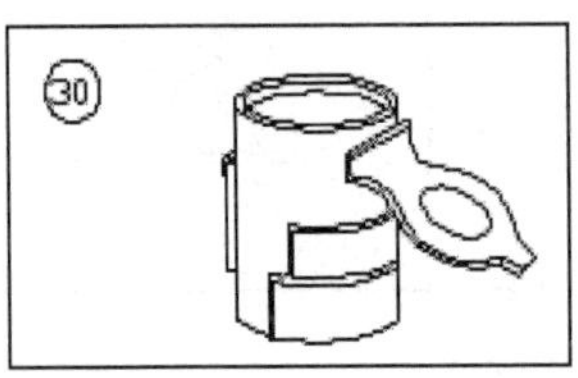

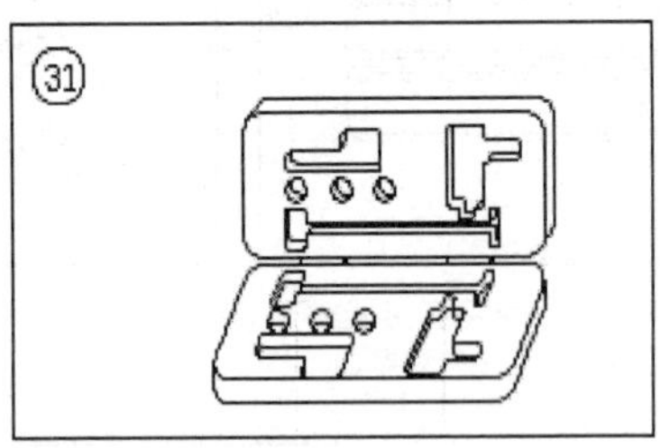

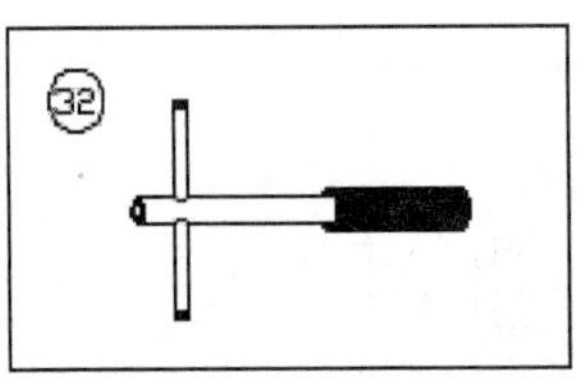

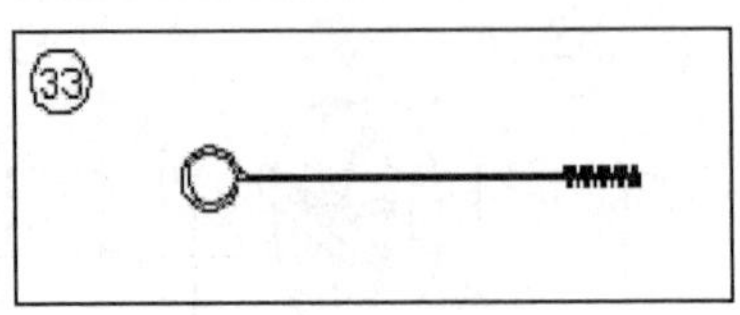

그림번호	국가재고번호	품명(부품번호)	기준수
34	4933-37180-6690	뇌관구멍세척솔(손질솔, 모) (20006836) Brushm Cleaning, Primer	1
35	1025-37140-1360	포 덮개(20007000) Cover, Overall	1
36	1025-00745-7658	제퇴기 덮개 Cover, Muzzle	1
37	1240-37140-1361	방향포경 장치대 덮개(20006880) Cover, Fire Control, Left	1
38	1290-37140-1362	거리상한틀 덮개(20006890) Cover, Fire Control, Right	1
39	4933-37180-6692	뇌관 추출기(20006859) Puller, Primer	1
40	4933-00520-7129 L	폐비기분해구(폐비기 로드받침)(20006861) Spacer, Counterblance Cylinder	1

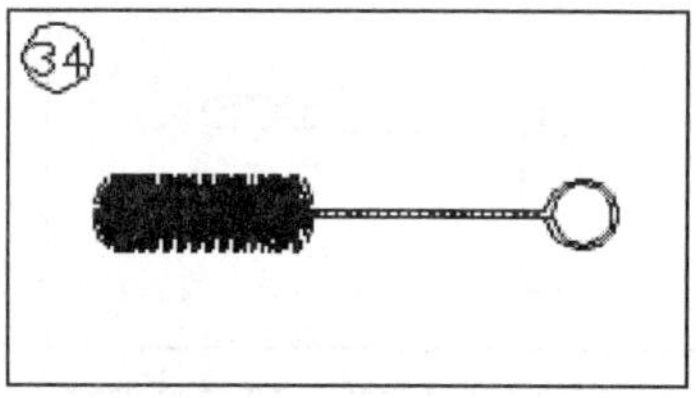

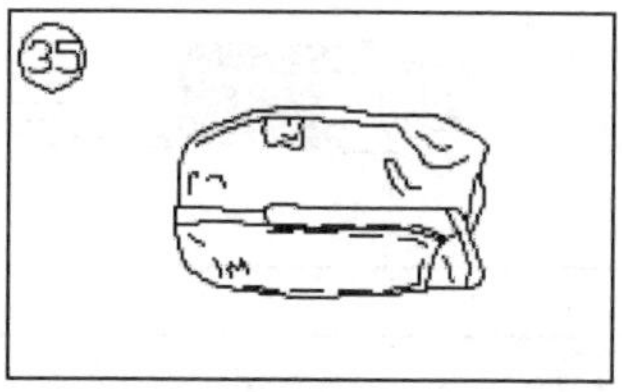

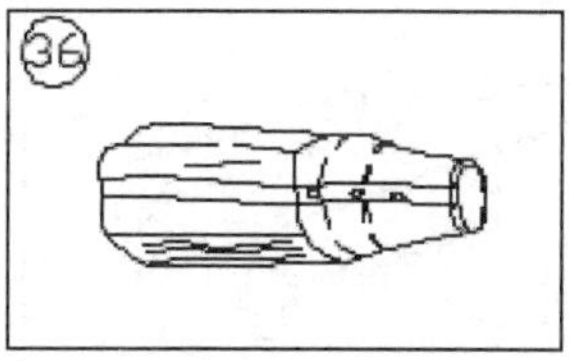

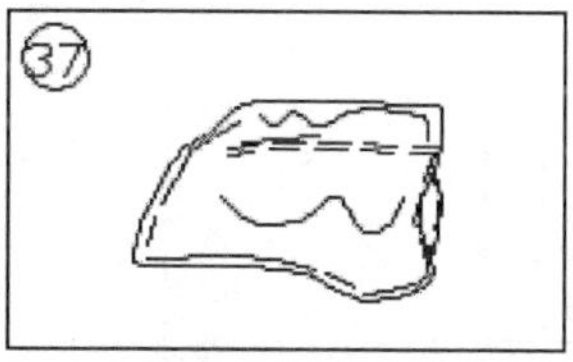

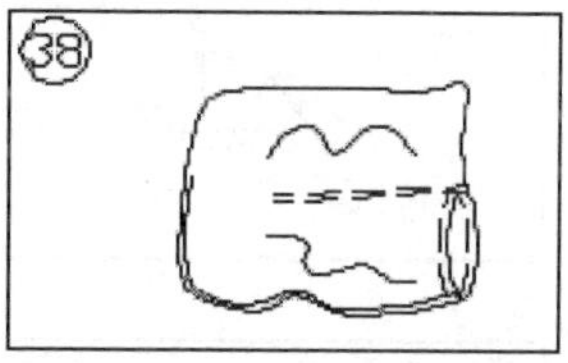

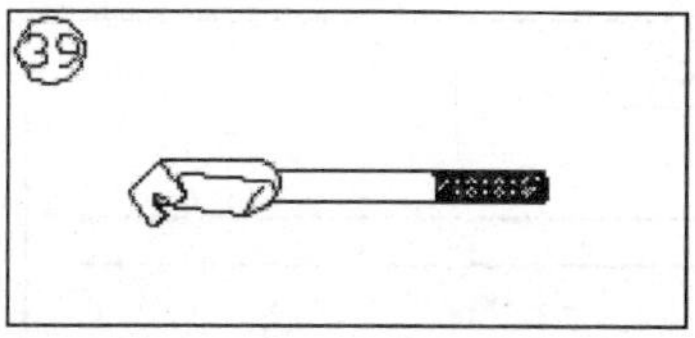

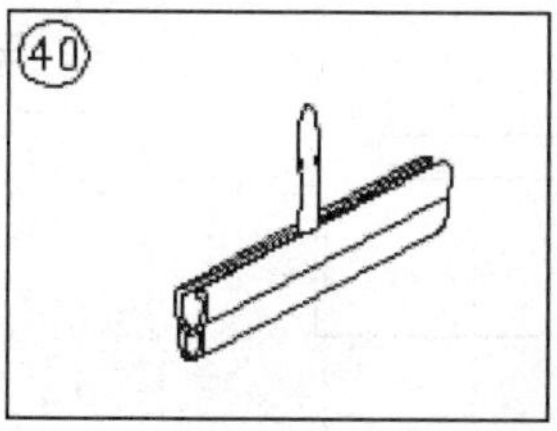

그림번호	국가재고번호	품명(부품번호)	기준수
41	4933-00626-4157	배유기(주퇴유 공구결합체) (20006873) Tool Assembly, Liquid Release	1
42	4933-37180-6693	제퇴기분해구(20006586) Tool, Cillar Assembly Removal and Installation	1
43	4933-00557-6543 L	허브 너트 분해구(20006852) Wrench, Combination	1
44	1025-37140-1363	탄약운반구(20006849) Tray, Loading, Ammunition	1
45	5120-00617-0995 L	여닫이봉 1.5m(20006831-1) Bar, Weapon Handlng	2
46	1090-37140-1365	여닫이봉 2.0m(20006831-2) Bar, Weapon Handlng	2

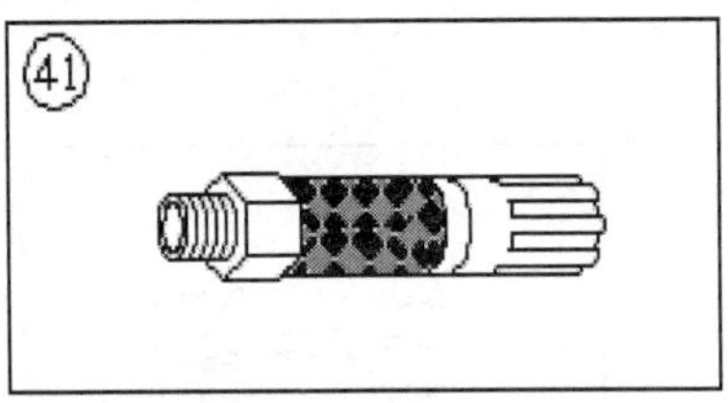

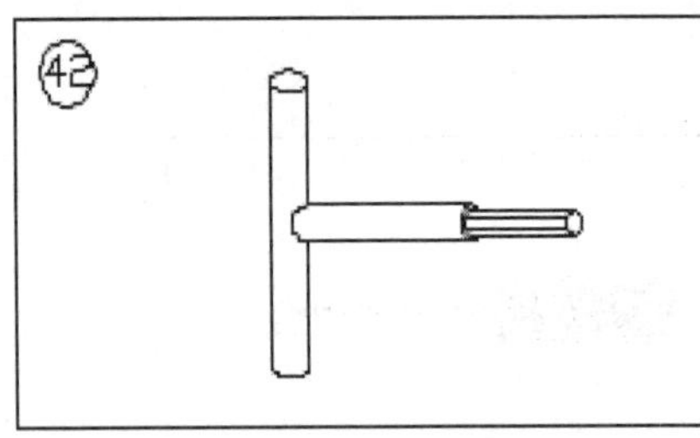

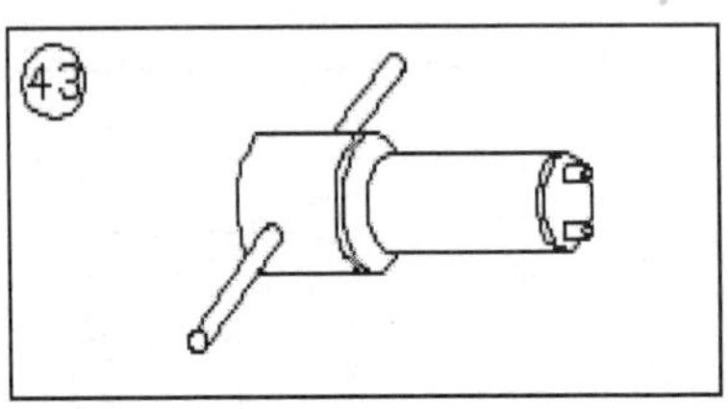

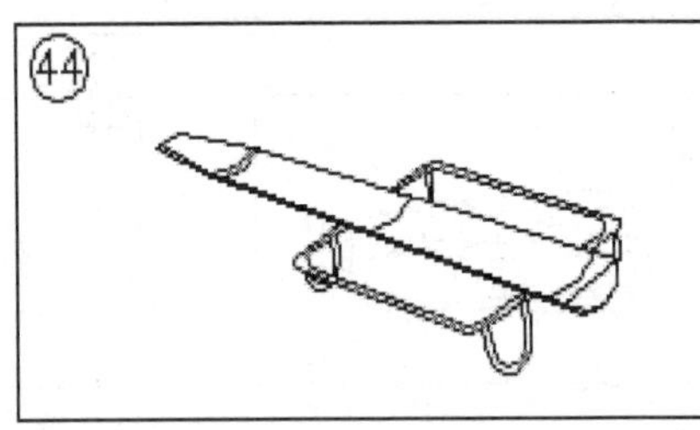

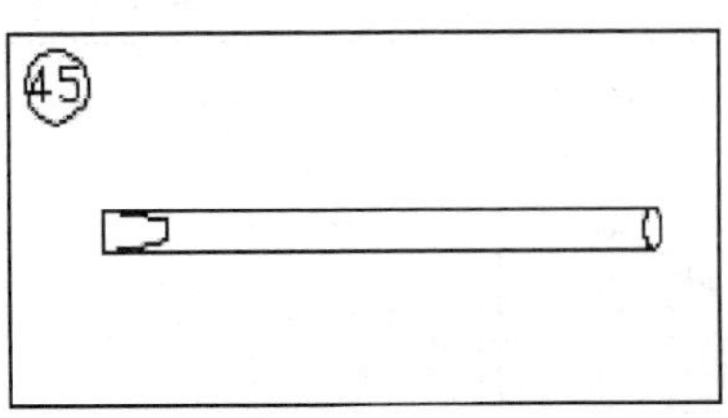

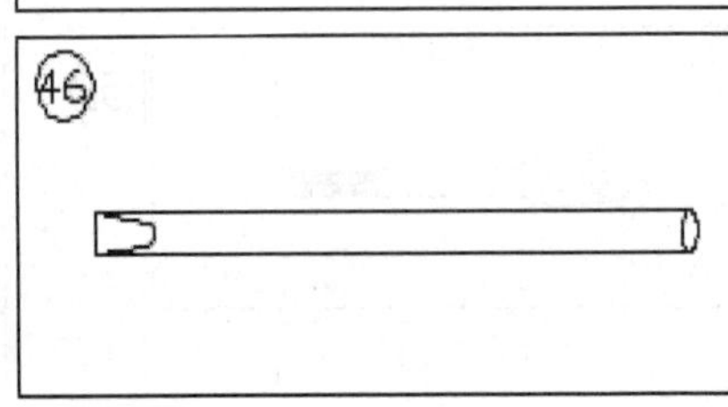

그림번호	국가재고번호	품명(부품번호)	기준수
47	6920-37180-6694	조준감사 시험지(20006790) Target, Bore Sighting	1
48	1025-37140-1367	병기 이력부 주머니(20006768) Cover, Data Record	1
49	1025-37140-1368	가신 지주핀(20006860) Pole, Spade Supporting	6
50	1025-00860-5443	포탄 빼기(8767210) Rammer, Artillery	1
51	1240-00332-1780 L	겨냥틀 KM1A2(10556235) Collimator, Infinity Aiming Reference	1
52	5120-00247-3274	라쳇렌치(온도 조정용 렌치) Wrench, Ratchet, Reversible	1

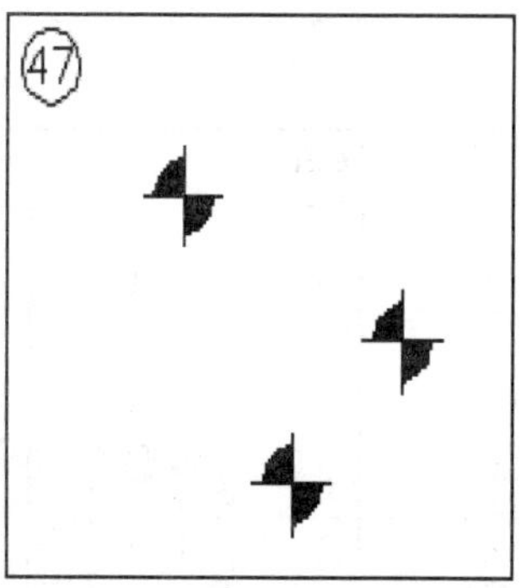

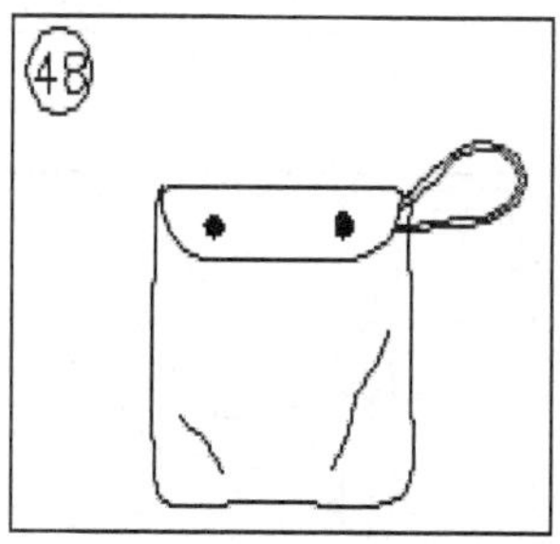

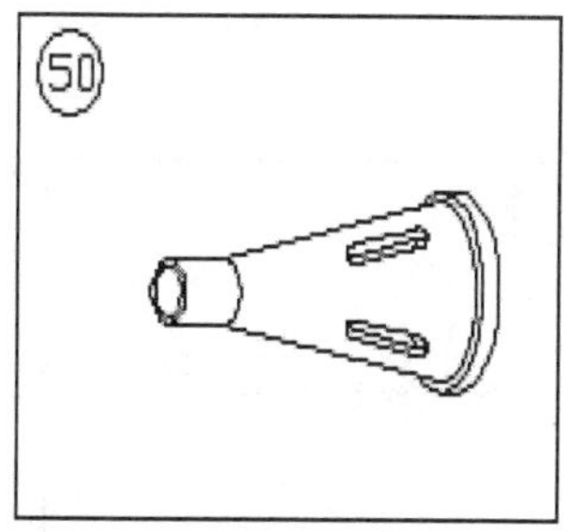

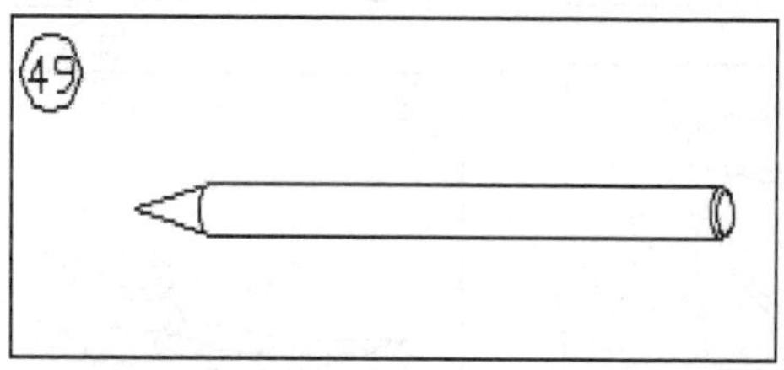

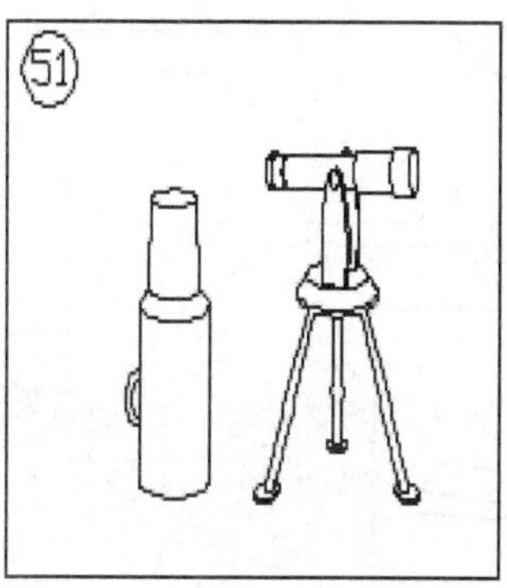

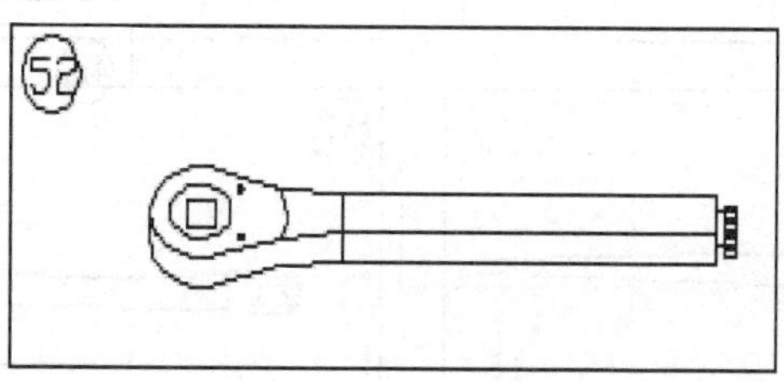

그림번호	국가재고번호	품명(부품번호)	기준수
53	4930-00253-2478	그리스 주입기 Lubricating Gun, Hand	1
54	5120-00251-4489	햄머 8 파운드 Hammer, Hand	2
55	4930-00174-5713	윤활유 주입기 Oiler, Hand	1
56	5120-37180-0948	곡괭이 Mattock	2
57	5120-00288-6574 K	곡괭이 자루	1
58	7240-00160-0455	물　　통 Pail, Utility	1
59	5120-00224-1389	지렛대(장약 개폐기) Bar, Pry	1

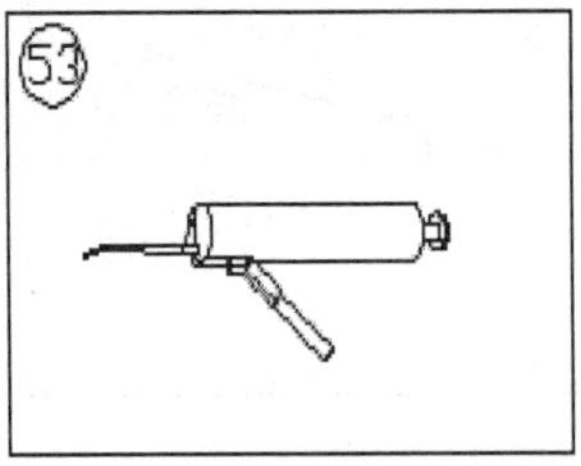

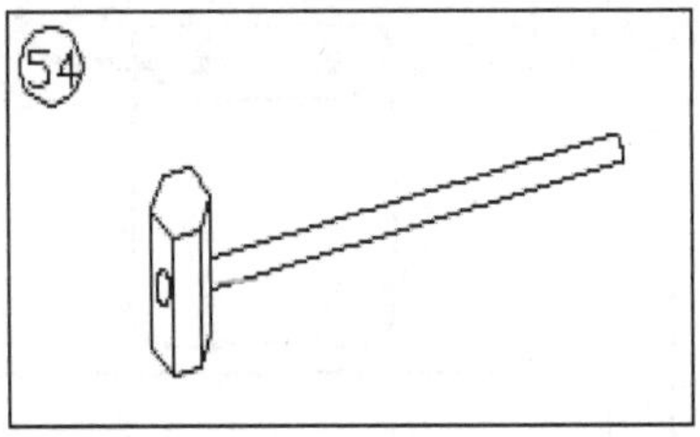

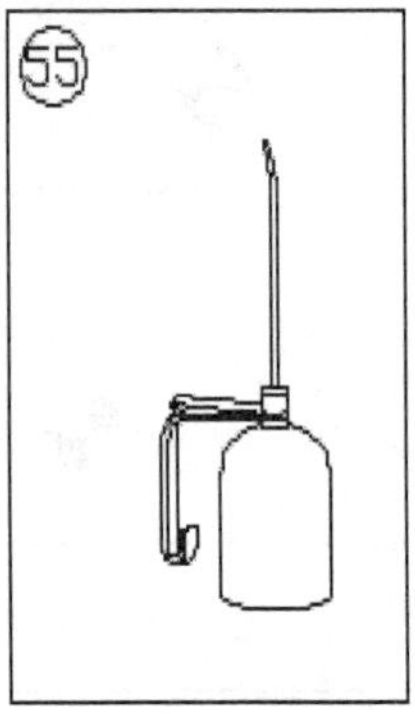

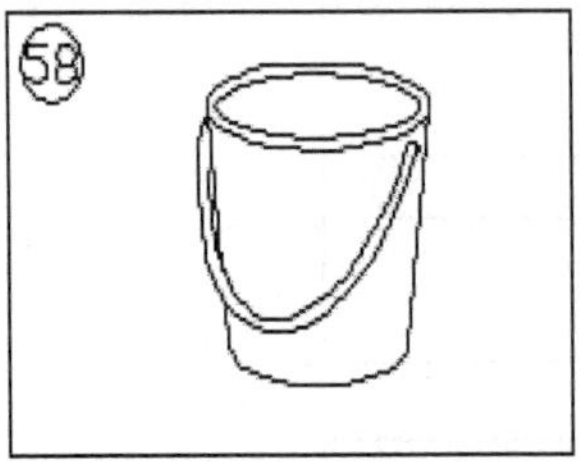

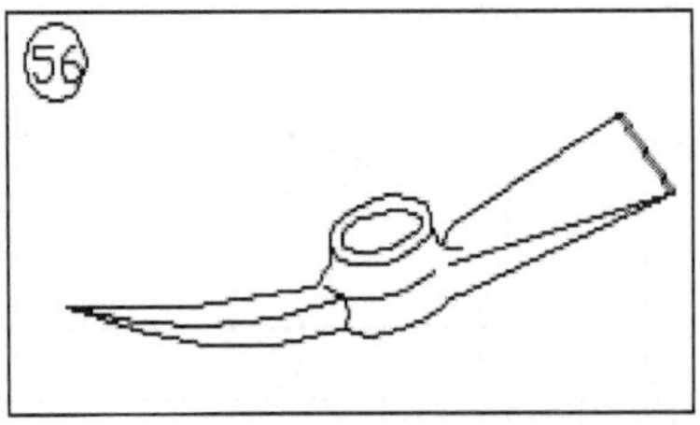

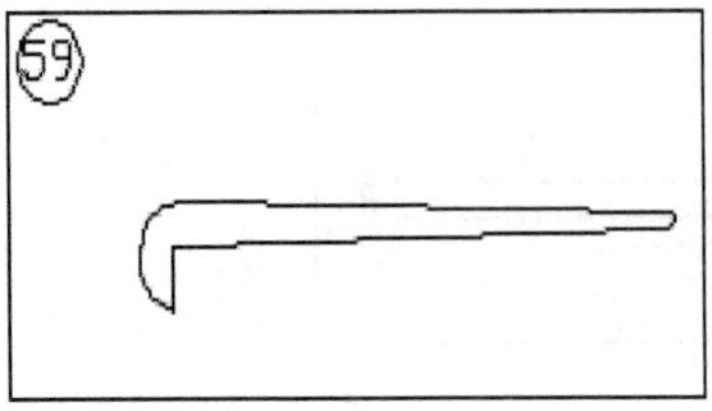

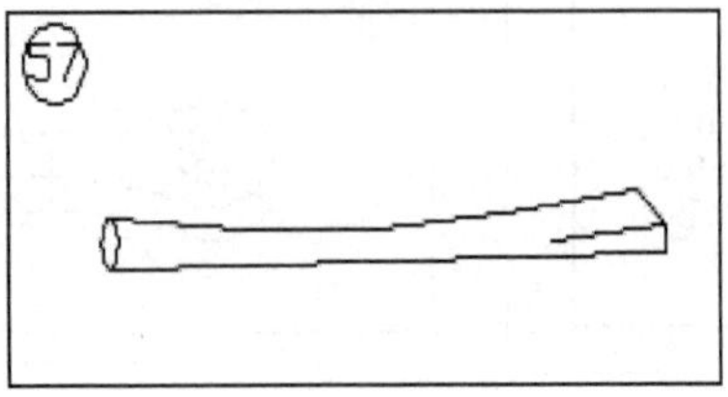

그림번호	국가재고번호	품명(부품번호)	기준수
60	1025-00860-5446	뇌관 밸트 (8767215) Belt, Primmer	1
61	5140-00653-4198	기재상자 (6534198) Chest, Tool	1
62	5120-00423-6728	조정렌치 15인치 Wrench, Adjustable	1
63	5120-00240-5328	조정렌치 8인치 Wrench, Adjustable	1
64	5120-00293-3180	평 드라이버 Screwdriver, Flat Tip	1
65	5120-00278-1282	평 드라이버 Screwdriver, Flat Tip	1

60

61

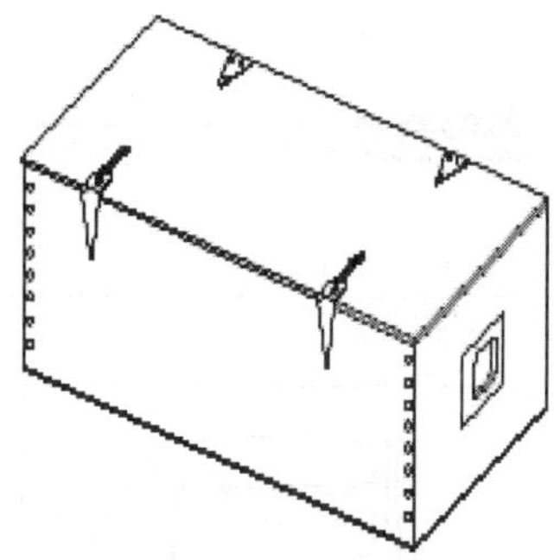

62

63

64

65

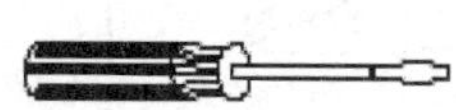

그림번호	국가재고번호	품명(부품번호)	기준수
66	5120-00278-1280	평 드라이버 Screwdriver, Flat Tip	1
67	5120-00240-8716	십자 드라이버 Screwdriver, Cross Tip	1
68	5140-37180-6691	공구쌈지(20006876) Roll Assembly, Toll and Equipment	1
69	7920-00291-5815	철 솔 Brush, Wire, Scratch	1
70	5110-00273-0128	절단기(가위, 금속 절단용) Shear, Metal Cutting	1
71		포미덮개(20007028)	1
72	1290-00966-9318	신관돌림기 M63	1

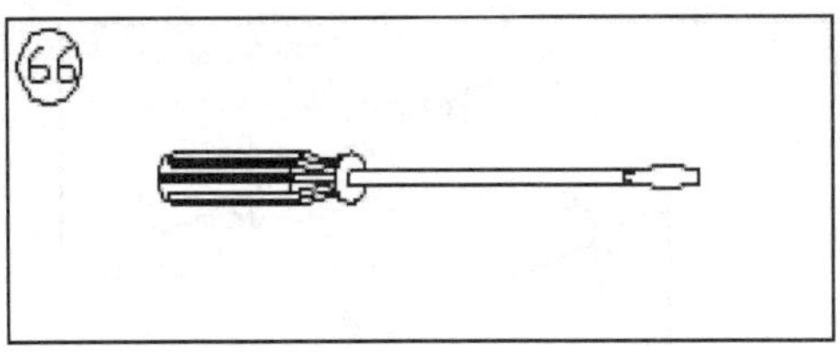

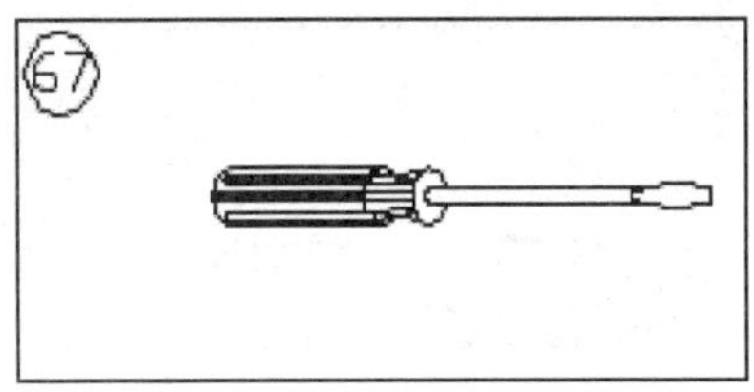

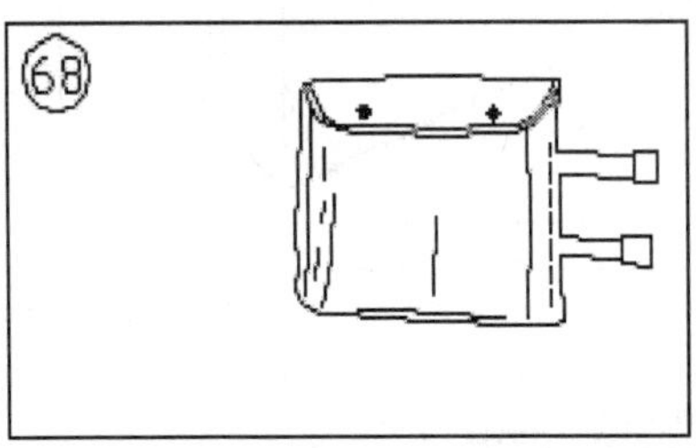

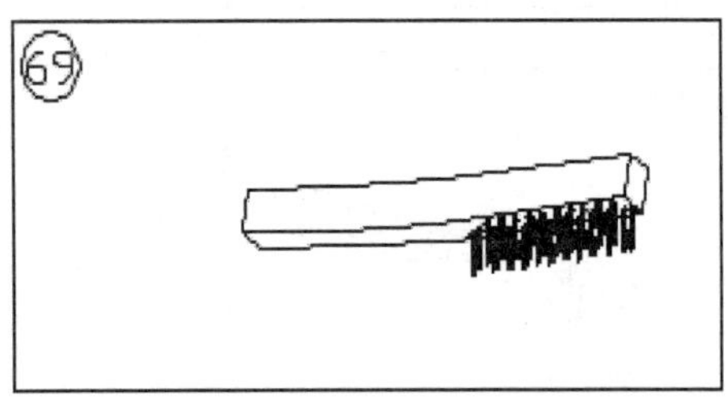

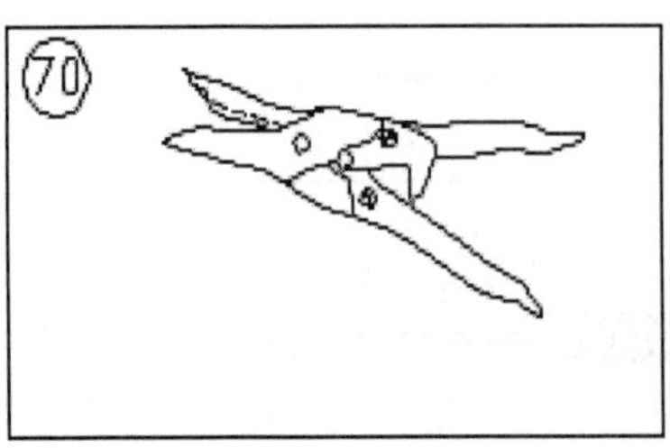

제4절 화포정비용 일반/특수공구

1. 공구의 분류

가. 일반 공구

나. 특수공구

2. 공구의 종류와 용도

가. 일반 공구

(1) 공구상자

공구상자라고 말하며 상자 아래는 큰 공구를 위에는 가볍고 작은 공구를 보관한다.

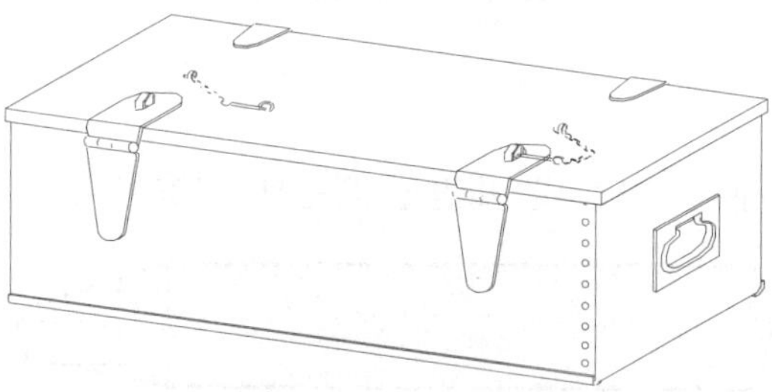

그림 4-7. 공구상자

(2) 지렛대

발사 작기를 작동시키는데 지렛대로 사용된다.

그림 4-8. 지렛대

(3) 빗트

드라이버로서는 너무 작아서 나사못을 풀거나 조일 수 없는 부분에 사용된다.

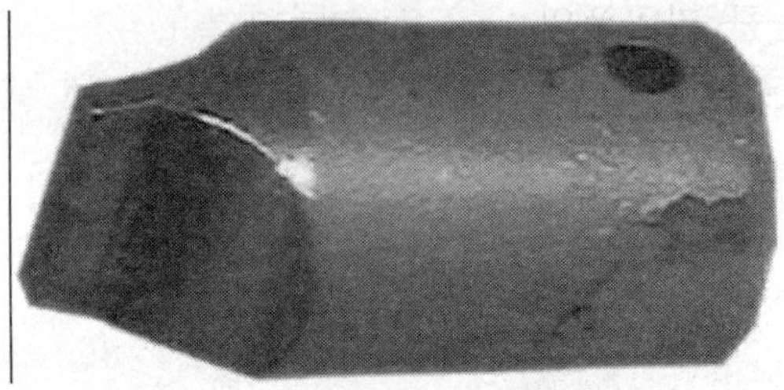

그림 4-9. 빗트

(4) 브러시

공구 기타 기재 손질용으로 사용되며 페인트를 칠할 때도 사용된다. 그러나 페인트 칠 후에는 깨끗하게 손질해야 한다.

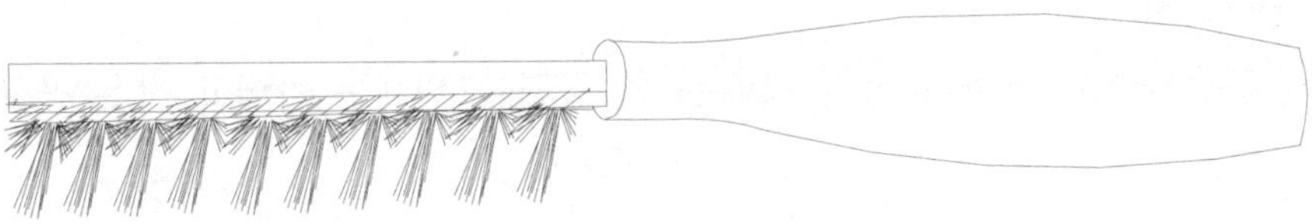

그림 4-10. 브러시

(5) 치슬

쇠 끌로서 철재의 절단 및 표면을 깎는데 사용한다.

그림 4-11. 치슬

(6) 원봉

직접 함마로 치면 상처 입을 우려가 있을 때 이것을 중간에 놓고 친다.

그림 4-12. 원봉

(7) 줄

1) 넓적줄 : 평면을 가공하는데 사용된다.

2) 둥근줄 : 둥근 가공품의 내면을 연마한다.

3) 세모줄 : 각(모)진 부분을 가공할 때 사용한다.

그림 4-13. 줄

(8) 시그니스 게이지

부싱 간격이나 라이닝 간격과 같이 좁은 간격을 측정하는데 사용한다. 26매의 측정계기가 있으며 매장마다 그 두께가 이래와 같이 다르다.

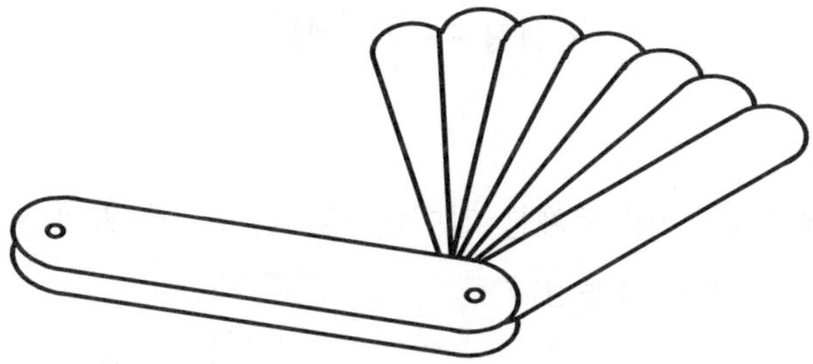

그림 4-14. 시그니스 게이지

(9) 함마

평탄한 머리는 보통 함마 작업에서 사용되고 둥근 머리는 좁은 곳 또는 리벳팅 작업에 사용된다.

그림 4-15. 함마

(10) 핸들

나무로 만든 자루로서 줄에 끼워서 사용한다.

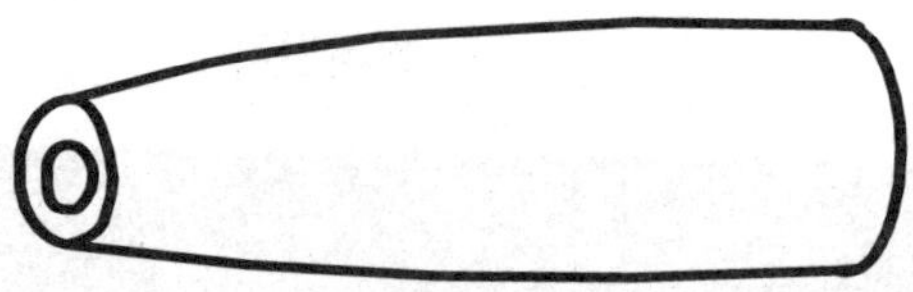

그림 4-16. 핸들

(11) 밀칼

페인트 또는 카본 등 불필요한 오물을 제거하기 위해서 사용된다.

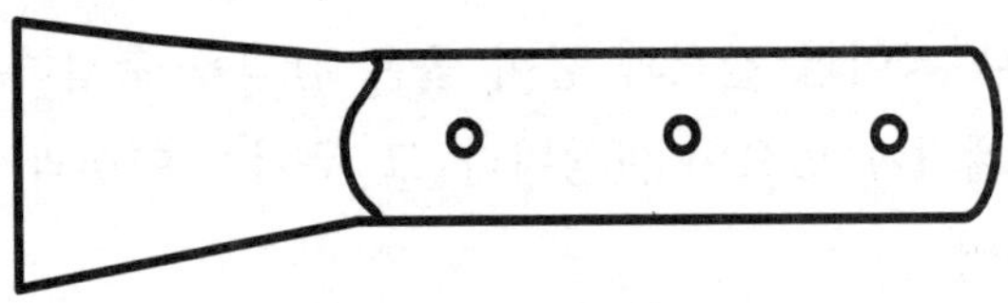

그림 4-17. 밀칼

(12) 플라이어

깊숙이 들어있는 어떤 물체를 집어내거나 잡아주기 위해 사용되며 가느다란 철사를 절단하는데도 사용된다.

그림 4-18. 플라이어

(13) PUNCH, CENTE, SOLID(센터펀치)

구멍을 뚫을 때 중심부에 점을 찍어서 드릴 날의 중심을 유지시키는데 사용된다.

그림 4-19. 센터펀치

(14) +자 드라이버

나사머리가 +자형으로 생긴 것을 제거 또는 설치하기 위해 사용되는 +자형 드라이버이다.

그림 4-20. +자 드라이버

(15) -자 드라이버

표준형 드라이버로서 -자형 표준나사를 풀거나 조일 때 사용한다.

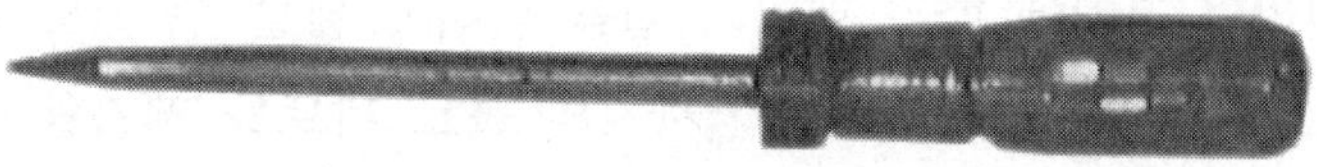

그림 4-21. -자 드라이버

(16) S자 드라이버

수직으로는 나사를 조이거나 풀 수 없는 좁은 장소에 있는 나사에 사용된다.

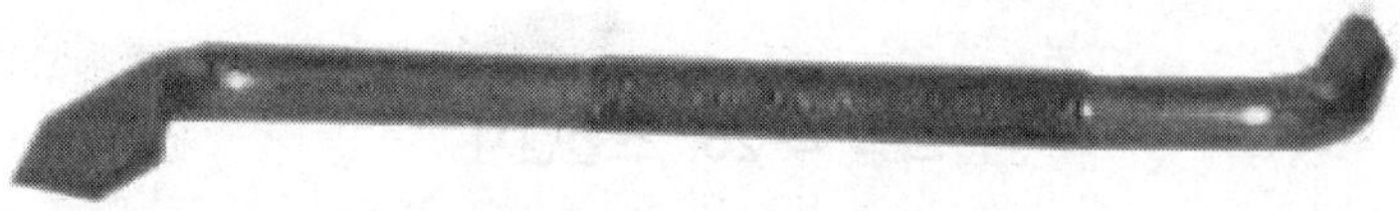

그림 4-22. S자 드라이버

(17) 소켓렌치

볼트 너트를 제거 또는 설치할 때 사용되며 이음대 핸들 조인트와 함께 사용된다.

그림 4-23. 소켓렌치

(18) 복스 렌치

5/8IN 와 3/4IN의 볼트 너트를 제거 또는 설치할 때 그 앞에 또는 상하에 장애물이 있어서 작업하기 곤란할 때 또는 일반 양구 렌치로서는 활동범위가 좁아서 작업하기 곤란할 때 사용한다.

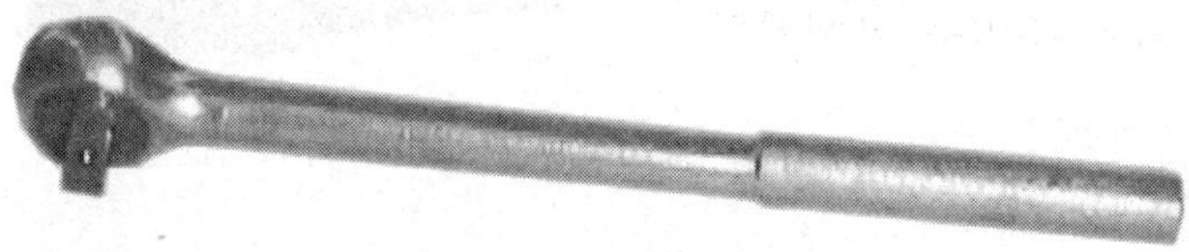

그림 4-24. 복스 렌치

(19) 조절렌치

나사 머리의 크기에 따라 렌치의 입을 좁히고 넓힐 수 있도록 조정 나사가 붙어있다. 이 렌치로서 15/16인치까지의 볼트 너트를 제거할 수 있다.

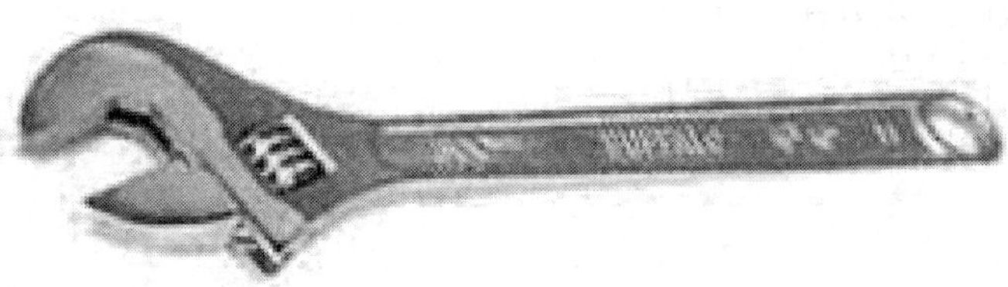

그림 4-25. 조절렌치

(20) 양구렌치

볼트 너트를 제거 또는 설치하는데 사용

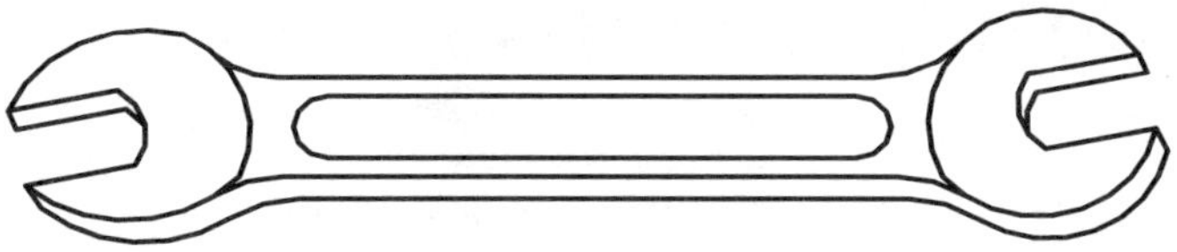

그림 4-26. 양구렌치

나. 특수공구

(1) 105밀리 곡사포 정비용 특수공구(야전 정비용)

(가) 공구상자 : 특수공구만 보관할 수 있도록 공구의 위치가 정해져 있다.

(나) 렌치스패너 : 포열 멈치환 분해에 사용한다.

(다) 감사공 : 조준감사시 포구에 결합하여 사용한다.

(라) 주퇴유 주입구 분해렌치 : 주퇴유 주입구 밸브 분해에 사용한다.

(마) 스터핑 박스 분해렌치 : 주퇴장치의 스터핑박스 분해에 사용한다.

(바) 부싱분해공구 : 포가의 가신힌지 부싱과 축 분해시 사용 한다.

(사) 포열 멈치환 렌치 : 포열 멈치환의 분해에 사용한다.

(아) 핸드리머 : 부싱의 내경을 가공하는데 사용한다.

(자) 렌치 핸들 : 각종 렌치의 손잡이로 사용한다.

(차) 주퇴장치 분해렌치 : 주퇴장치 부품의 분해에 사용한다.

(카) 슬리브 스페이셔 : 스페이셔, 슬리브, 와셔 등을 분해하는데 사용한다.

(타) 가신 힌지핀 가이드 : 가신 힌지 핀의 분해에 사용한다.

(파) 축사포 손질봉 : 손질솔에 연결하여 사용한다.

(하) 손질솔 : 축사포 포강 손질에 사용한다.

그림 4-27. 105밀리 곡사포 정비용 특수공구

(2) 155밀리 곡사포 정비용 특수공구(야전 정비용)

(가) 배유기 : 주퇴유 배출에 이용된다.

(나) 분해구 : 공이틀뭉치 분해에 사용된다.

(다) 개폐렌치 : 폐쇄기 분해 결합에 사용된다.

(라) 공구상자 : 주퇴유 주입공구를 보관하는데 사용한다.

(마) 캡 : 어댑터와 같이 공구연결에 사용한다.

(바) 어댑터 : 공구연결에 사용한다.

(사) 깔때기 : 주퇴유를 오일펌프에 주입시키는데 사용한다.

(아) 호 스 : M3오일펌프에 연결하여 주퇴유 주입 및 배출에 사용한다.

(자) M3오일펌프 : 주퇴유를 저장하여 주퇴장치에 주퇴유를 주입시키는데 사용한다.

(차) 주퇴장치렌치 : 주퇴장치 부품 분해결합에 사용한다.

(카) 두격게이지 : M114A1 두격 검사에 사용한다.

(타) M1공이틀뭉치 분해구 : M1 공이틀뭉치 분해결합에 사용한다.

(파) 폐비기로드 받침 : 폐비기 제거 시에 사용한다.

(하) 화공 손질구 : 화공 손질에 사용된다.

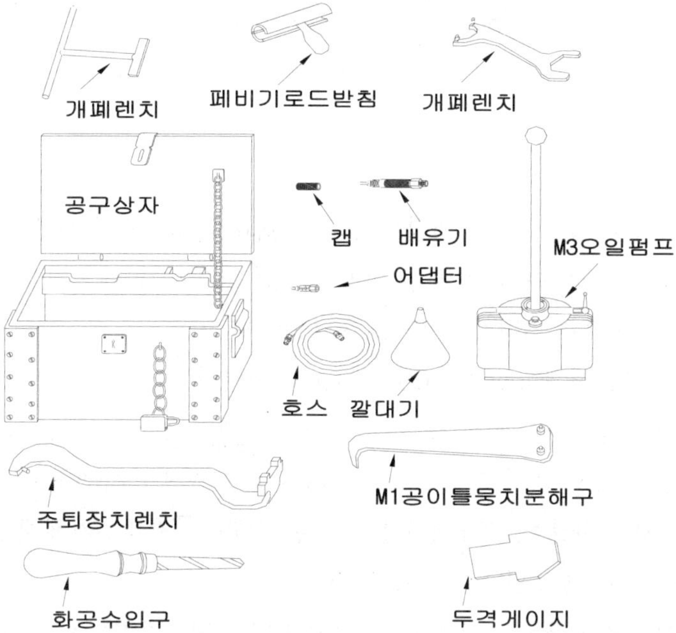

그림 4-28. 155밀리 곡사포 정비용 특수공구

참고문헌

1. 지상무기 체계원리(Ⅰ) / 전력개발관리단 / 2002.10 / 육군본부
2. 신편 병기공학 / 이홍주 외 6명 / 1994.1.10 / 청문각
3. 총과 탄도학 / 이홍주 6명 / 1990.8.5 / 청문각
4. 무기체계학 / 육군사관학교 / 2001.8.16 / 청문각
5. 문답으로 알아보는 군사과학기술 / 최윤대외 1명 / 1995.12.15 /형설출판사
6. 무기체계@현대 · 미래전 / 최석철 / 2003.3 / 21세기군사연구소
7. 월간 국방과 기술 9월호, "21세기를 대비한 우리의 지상무기체계", 1998
8. 세계의 첨단 무기, 총포편, 권재상, 2002
9. 기교 K9-1015-203-35 　105미리 M101A1 직접, 일반 및 창정비 교범 (육본, `84. 6. 15)
10. 기교 K9-1015-203-35P 　105미리 M101A1 직접, 일반 및 창정비 수리부속 교범 (육본, `83. 11. 4)
11. 기교 9(1)-1000-202-14 　사용자, 부대, 직접 및 일반지원 정비교범 포신평가 (육본,`2003. 12. 31)
12. 기교 K9-1000-258-BD 　사용자, 부대, 직접 및 일반지원 정비교범 155밀리견인곡사포 장응급정비(육본,`99. 9. 30)
13. 예방정비 지침서 (3군 사령부, 2002. 8.20)
14. 화포교육 지침서(국방과학연구소, 1988.7)
15. 기술교범 9-1025-200-12 : 조작병 및 부대정비교범 (155밀리곡사포 M114 및 M114A1)
16. 기술교범 9-1025-200-35 : 직접 및 일반지원, 기지정비교범 (155밀리곡사포 M114A1)
17. 기술교범 9-1025-200-35P : 직접 및 일반지원, 기지정비수리부속품 및 특수공구 목록 (155밀리곡사포 M114 및 M114A1)
18. 기술교범 K9-1025-202-12 및 P : 조작병 및 부대정비 및 수리부속교범

(155밀리곡사포 KH179)

19. 기술교범 K9-1025-202-35 : 직접 및 일반지원, 기지정비교범
(155밀리곡사포 KH179)

20. 기술교범 K9-1025-202-35P : 직접 및 일반지원, 수리부속교범
(155밀리곡사포 KH179)

21. 기술교범 9-2305 : 포병화기의 기본원리(원서)

22. 기술교범 9-1000-202-14 : 포신 평가

23. 팜플렛 45-8-1 : 화포의 예방정비

24. 팜플렛 708-5 : 화포 부수기재

저자약력

이영욱 교수

전) 대덕대학 특수무기과 학과장
호원대학교 국방기술학부 교수
전주기전대학 부사관과 학과장
현) 대전과학기술대학교 교수